智能制造与工业自动化技术丛书

U0280694

# 工业网络和现场总线技术
# 基础与案例

郑发跃　李宏昭　吕　健　编著

电子工业出版社.

**Publishing House of Electronics Industry**

北京·BEIJING

# 内 容 简 介

本书分为两篇。上篇主要介绍现场总线的基础知识，包含第 1~5 章。第 1 章介绍了几种典型的现场总线；第 2 章阐述了数据通信基础与网络互联技术，包括网络硬件、网络互联设备与技术、通信参考模型；第 3、4、5 章分别详细阐述 DeviceNet、ControlNet 和 EtherNet/IP 的网络模型、应用方法、组态软件等，并以实例说明它们的具体配置和使用方法。下篇主要阐述现场总线技术方面的应用网络案例，重在罗克韦尔 PLC 的三种总线技术的基本应用。罗克韦尔自动化公司以 NetLinx 技术的开放现场总线网络为核心，采用统一的 Logix 控制器和可视化平台，实现控制系统、批处理、运动/传动系统等的数据共享和信息无缝连接。

本书提供 PPT 课件和案例工程文件的免费下载，读者可以登录华信教育资源网（www.hxedu.com.cn）查找本书并下载。

本书可作为自动化领域工程技术人员设计、开发、应用 NetLinx 网络架构的参考书或培训教材，也可作为专业院校相关专业高职生或本科生学习工业网络和现场总线的教材或参考书。

未经许可，不得以任何方式复制或抄袭本书之部分或全部内容。

版权所有，侵权必究。

**图书在版编目（CIP）数据**

工业网络和现场总线技术基础与案例/郑发跃，李宏昭，吕健编著. —北京：电子工业出版社，2017.8
（智能制造与工业自动化技术丛书）

ISBN 978-7-121-32336-2

Ⅰ．①工… Ⅱ．①郑… ②李… ③吕… Ⅲ．①总线—技术 Ⅳ．①TP336

中国版本图书馆 CIP 数据核字（2017）第 182919 号

策划编辑：陈韦凯
责任编辑：康 霞
印　　刷：北京虎彩文化传播有限公司
装　　订：北京虎彩文化传播有限公司
出版发行：电子工业出版社
　　　　　北京市海淀区万寿路 173 信箱　邮编 100036
开　　本：787×1 092　1/16　印张：19.75　字数：505.6 千字
版　　次：2017 年 8 月第 1 版
印　　次：2021 年 6 月第 2 次印刷
定　　价：59.00 元

凡所购买电子工业出版社图书有缺损问题，请向购买书店调换。若书店售缺，请与本社发行部联系，联系及邮购电话：（010）88254888，88258888。

质量投诉请发邮件至 zlts@phei.com.cn，盗版侵权举报请发邮件至 dbqq@phei.com.cn。

本书咨询联系方式：chenwk@phei.com.cn，（010）88254441。

# 前　言

随着信息技术的发展及其在控制领域的广泛应用，工业网络技术已经成为管理、检测、控制的全局性网络。工业控制网络技术对现代工业企业生产实现网络化控制具有重要的促进作用。编写此书的目的就是为了满足当前相关专业的教学与工程技术人员的学习需要。

本书系统介绍了数据通信基础与网络互联技术，参照 OSI 参考模型，着重分析了 DeviceNet、ControlNet 和 EtherNet/IP 三种现场总线的网络模型、应用方法、组态软件等，并以实例说明它们的具体配置和使用方法。在理论学习的基础上，深入进行相关案例实践，让读者系统掌握罗克韦尔现场总线技术知识及应用技术。

全书分两篇。上篇主要介绍现场总线的基础知识，包含第 1～5 章。第 1 章介绍了几种典型的现场总线；第 2 章阐述了数据通信基础与网络互联技术，包括网络硬件、网络互联设备与技术、通信参考模型；第 3、4、5 章分别详细阐述了 DeviceNet、ControlNet 和 EtherNet/IP，它们各具不同的网络模型，有各自的特点和使用场合，并用实例演示了各种网络的使用方法。下篇主要通过实践操作案例，掌握罗克韦尔 PLC 的主要应用技术。首先认识 CompactLogix 系列 PLC 和 Flex I/O 的硬件结构及安装与组态，再学习利用编程软件 RSLogix5000 完成几个案例的编程操作；然后利用 DeviceNet、ControlNet 和 EtherNet/IP 三种总线技术组网，实现电动机的启停、转速控制和开环控制；最后学习使用 FactoryTalk View，运用 FactoryTalk View 与 PLC 进行三种总线技术的网络通信。

本书由郑发跃、李宏昭、吕健编著，参与本书编写的还有郑永刚、曲鸣飞、赵丹、陈容红、崔健、邱利军、张赛昆、薛梅、刘大千。本书得到西安市地下铁道有限责任公司机电设备处的帮助，在此表示衷心感谢！在编写过程中参考了大量相关文献和著作，再次向这些文献的作者致以诚挚的谢意！

由于作者水平所限，加之工业网络技术的不断发展，错误和不妥之处在所难免，敬请广大读者批评指正。

编　著　者

# 目　录

## 下篇　案　例　篇

# 上篇

# 基 础 篇

　　本篇主要介绍现场总线的基础知识。第 1 章现场总线概述，介绍几种典型的现场总线。第 2 章阐述数据通信基础与网络互联技术，包括网络硬件、网络互联设备与技术、通信参考模型。第 3、4、5 章分别详细阐述 DeviceNet、ControlNet 和 EtherNet/IP，它们各具备不同的网络模型，有各自的特点和使用场合，并用实例演示了各种网络的使用方法。通过本篇的学习，读者可以逐渐建立工业网络与现场总线的基本概念，了解其主要技术与应用。

# 第1章 现场总线概述

现场总线控制系统技术是于20世纪80年代中期在国际上发展起来的一种崭新的工业控制技术。现场总线控制系统（FCS）的出现引起了传统PLC和DCS控制系统基本结构的革命性变化。现场总线系统技术极大地简化了传统控制系统烦琐且技术含量较低的布线工作，使其系统检测和控制单元的分布更趋合理，更重要的是从原来的面向设备选择控制和通信设备转变为基于网络选择设备。尤其是自20世纪90年代现场总线控制系统技术逐渐进入中国以来，结合Internet和Intranet的迅猛发展，现场总线控制系统技术越来越显示出其传统控制系统无可替代的优越性。现场总线控制系统技术已成为工业控制领域中的一个热点。

## 1.1 现场总线的发展

早期计算机控制系统采用一台小型机控制几十条回路，目的是降低每条回路的成本，但由于计算机的故障将导致所有控制回路失效，所以后来发展成分布式控制（DCS），即由多台微机进行数据采集和控制，微机间用局域网（LAN）连接起来成为一个统一系统。DCS沿用了二十多年，其优点和缺点均充分显露。最主要的问题仍然是可靠性：一台微机坏了，该微机管辖下的所有功能都失效；一块A/D板上的模数转换器坏了，该板上的所有通道（8个或16个）全部失效。曾有过采用双机双I/O等冗余设计，但这又增加了成本，增加了系统的复杂性。为了克服系统可靠性、成本和复杂性之间的矛盾，更为了适应广大用户系统开放性、互操作性的要求，实现控制系统的网络化，一种新型的控制技术——现场总线控制系统（FCS）迅速发展起来。

### 1.1.1 什么是现场总线

从名词定义来讲，现场总线是用于现场电器、现场仪表及现场设备与控制室主机系统之间的一种开放的、全数字化、双向、多站通信系统，而现场总线标准规定某个控制系统中一定数量的现场设备之间如何交换数据。数据的传输介质可以是电线电缆、光缆、电话线、无线电等。

通俗地讲，现场总线是用在现场的总线技术。传统控制系统的接线方式是一种并联接线方式，从PLC控制各个电气元件，对应每一个元件有一个I/O口，两者之间需用两根线进行连接作为控制和/或电源。当PLC所控制的电气元件数量达到数十个甚至数百个时，整个系统的接线就显得十分复杂，容易搞错，施工和维护都十分不便。为此，人们考虑怎样把那么多导线合并到一起，用一根导线来连接所有设备，所有数据和信号都在这根线上流通，同时设备之间的控制和通信可任意设置，这根线自然而然地称为总线，就如计算机内部的总线概念一样。由于控制对象都在工矿现场，不同于计算机通常用于室内，所以这种被称为现场的总线简称现场总线。传统控制系统接线方式和现场总线系统接线方式的比较如图 1-1-1 所示。

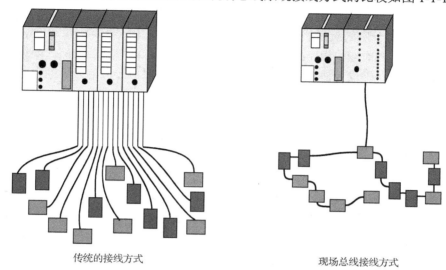

传统的接线方式　　　　　　　　　　　　　现场总线接线方式

图 1-1-1　传统控制系统接线方式和现场总线系统接线方式的比较

## 1.1.2　现场总线的特点

现场总线技术实际上是采用串行数据传输和连接方式代替传统并联信号传输和连接方式的方法，它依次实现了控制层和现场总线设备层之间的数据传输，同时在保证传输实时性的情况下实现信息的可靠性和开放性。一般的现场总线具有以下几个特点。

### 1．布线简单

布线简单是大多现场总线共有的特性，现场总线的最大革命是布线方式的革命，最小化的布线方式和最大化的网络拓扑使得系统的接线成本和维护成本大大降低。由于采用串行方式，所以大多数现场总线采用双绞线，还有直接在两根信号线上加载电源的总线形式。这样，采用现场总线类型的设备和系统给人的感觉就是简单直观。

### 2．开放性

一个总线必须具有开放性，主要指两个方面：一方面能与不同的控制系统相连接，也就是应用的开放性；另一方面就是通信规约的开放，也就是开发的开放性。只有具备了开放性，才能使现场总线既具备传统总线的低成本，又能适合先进控制的网络化和系统化要求。

### 3．实时性

总线的实时性要求是为了适应现场控制和现场采集的特点。一般的现场总线都要求在保证数据可靠性和完整性的条件下具备较高的传输速率和传输效率。总线的传输速度要求越快越好，速度越快，表示系统的响应时间就越短，但是传输速度不能仅靠提高传输速率来解决，传输的效率也很重要。传输效率主要是有效用户数据在传输帧中的比率及成功传输帧在所有传输帧中的比率。

### 4．可靠性

一般总线都具备一定的抗干扰能力，同时当系统发生故障时具备一定的诊断能力，以最大限度地保护网络，同时较快地查找和更换故障节点。总线故障诊断能力的大小是由总线所采用的传输物理媒介和传输软件协议决定的，所以不同的总线具有不同的诊断能力和处理能力。

# 1.2　现场总线的应用领域

现场总线的种类很多，据不完全统计，目前国际上有四十多种现场总线。导致多种现场总线同时发展的原因有两个：一是工业技术的迅速发展，使得现场总线技术在各种技术背景下得以快速发展，并且迅速得到普及，但是普及层面和程度受到不同技术发展侧重点的不同而各不相同；二是工业控制领域"高度分散、难以垄断"，这和家用电器技术的普及不同，工业控制所涵盖的领域往往是多学科、多技术的边缘学科，一个领域得以推广的总线技术到了另一个新的领域有可能寸步难行。

## 1.2.1　控制系统的层次

控制系统是有不同层次的，图 1-1-2 简明地表示出控制系统的金字塔结构。左边的文字表示系统的逻辑层次，由上到下分别为协调级、工厂级、车间级、现场级和操作器与传感器级。现场总线涉及的是最低两级。右边文字表示系统的物理设备层次，由上到下依次为主计算机、可编程序控制器、工业逻辑控制器、传感器与操作器（如感应开关、位置开关、电磁阀、接触器等）。

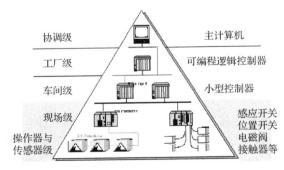

图 1-1-2　控制系统的金字塔结构

## 1.2.2 各种现场总线的应用范围

对应不同的系统层次，现场总线有着不同的应用范围。图 1-1-3 列举了几种主要现场总线的应用范围。纵坐标由下往上表示设备由简单到复杂，即由简单传感器、复杂传感器、小型 PLC 或工业控制机到工作站、中型 PLC 再到大型 PLC、DCS 监控机等，数据通信量由小到大，设备功能也由简单到复杂。横坐标表示数据通信传输的方式，从左到右，依次为二进制的位传输、8 位及 8 位以上的字传输、128 位及以上的帧传输，以及更大数据量传输的文件传输。

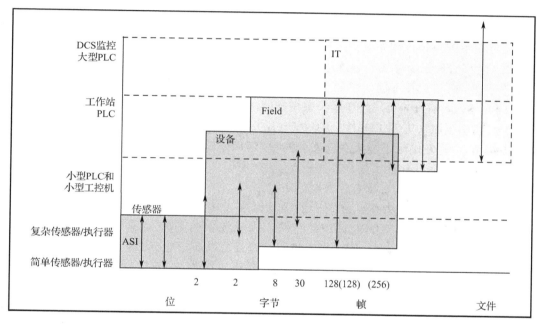

图 1-1-3　几种主要现场总线的应用范围

从图 1-1-3 看出，ASI、Sensorloop、Seriplex 等总线适用于由各种开关量传感器和操作器组织的底层控制系统，而 DeviceNet、Profibus-DP 和 WorldFIP 适用于字传输的各种设备，至于 Profibus-PA、Fieldbus Foundation 等更多地适用于帧传输的仪表自动化设备，所以对我们适用的总线在 Sensor 和 Equipment 区域内。

在发达国家，现场总线技术从 20 世纪 80 年代开始出现并逐步推广到现在，已经被工业控制领域广泛应用。据统计，2002 年欧洲有 40% 的自动化工程项目采用了现场总线控制系统，到 2005 年达到 65%～70%。在国内，现场总线首先用在外国公司在华投资的生产线上，几乎所有外资汽车生产企业都在使用现场总线的生产线。啤酒罐装、烟草加工、机械装配、产品包装等生产线也大量使用现场总线。一些市政工程也开始使用现场总线。我国 20 世纪 90 年代中后期引入现场总线，至今在技术概念上已被广泛接受，用户群和使用面迅速增加和扩大，许多自动化项目把现场总线控制作为选择方案之一，还有不少本土化的现场总线产品出现，并迅速得以产业化。

目前现场总线技术的应用主要集中在冶金、电力、水处理、乳品饮料、烟草、水泥、石化、矿山及 OEM 用户等各个行业，同时还有道路无人监控、楼宇自动化、智能家居等新技术领域。

# 1.3 现场总线的标准

## 1.3.1 IEC61158 的制定

1984 年 IEC 提出现场总线国际标准草案。1993 年通过了物理层的标准 IEC1158-2，并且在数据链路层的投票过程中几经反复。

发展 IEC61158 现场总线的本意是"排他的和联合的"，各自独立的"现场总线"将给用户带来许多头疼的技术问题，牺牲的是用户的利益。在现场总线领域，德国派（ISP，Interoperable System Project，可互操作系统规划，是一个以 Profibus 为基础制定的现场总线国际组织）和法国派（WORLDFIP）的对峙十分激烈，互不相让，以至于 IEC 无法通过国际标准。1994 年 6 月在国际上要求联合强烈的呼声和用户的压力下，ISP 和 WORLDFIP 成立了 FF（Fieldbus Foundation，现场总线基金会），推出了 FF 现场总线。IEC 投票的文本就是以 FF 为蓝本的方案。这是现场总线发展的主流方向。

由于 FF 的目标是致力于建立统一的国际标准，它的成立实质上意味着工业界将摒弃 ISP（含 PROFIBUS）和 WORLDFIP。它的成立导致了德国派（ISP）立即解散；法国派（WORLDFIP）已经明确表示不反对 IEC 方案，并且可以友好地与 IEC 方案互联，甚至提出与 FF "无缝连接"方案；而剩下的德国派 PROFIBUS 因为与 FF 的方案和技术途径不同，过渡非常困难，因此强烈反对 IEC 方案以保住市场份额。但是 PROFIBUS 提出的技术理由仅仅是一些枝节问题，于是一些评论认为它是出于商业利益的驱动去反对 FF 的，国际上的现场总线之争已经演变成为 PROFIBUS 的德国派与以 FF 为代表的"联合派"竞争。有趣的是工业国家的大公司往往"脚踏几条船"加入各种现场总线以获得更多的商业利益，如最能说明问题的是最主要的反对者西门子公司（PROFIBUS 主要成员）也参加了 FF。这种具有特殊意义的事实已经说明 PROFIBUS 要与 FF 对抗在技术上处于明显劣势。

因为德国派的反对，数据链路层和其他层在 1998 年 9 月 30 日投票失败（赞成票 68%，反对票 32%），这样 IEC61158 就只能作为技术报告出版，但是事情并未了结，美、法等国立即提出了提案，要求对反对票的技术理由进行审议。

1998 年 11 月 15 日，IEC、SC65C 下发了文件要求对德国等 6 国的反对票是否含有技术理由进行表决。1999 年 1 月 29 日以 63%的结果支持美法提案。

1999 年 6 月 17 日，IEC 执委会否定了德国等 6 国的反对票，重新计票的结果使原 61158 标准得以通过。IEC 执委会另一个决定是允许其他 1～2 个现场总线作为子集进入 61158（意味着允许 PROFIBUS 有条件地进入国际标准）。

经过有关各方的共同努力和协商妥协，在 1999 年年底的投票表决中，经过修改后加入 Control Net 等 7 种协议的 IEC61158 国际标准已经正式获得通过。投票情况如下：P 成员（有投票权的成员）投票 29 个，其中 25 票赞成，4 票反对（法国、加拿大、日本与俄罗斯），1 票弃权（意大利）。

在现场总线国际标准 IEC61158 中，采用了一带七的类型。

- 类型 1：原 IEC61158 技术报告（FF H1）。
- 类型 2：Control Net（美国 Rockwell）公司支持。
- 类型 3：Profibus（德国 SIEMENS 公司支持）。
- 类型 4：P-Net（丹麦 Process Data 公司支持）。
- 类型 5：FF HSE（原 FF H2，美国 Fisher Rosemount 公司支持）。
- 类型 6：Swift Net（美国波音公司支持）。
- 类型 7：WORLDFIP（法国 Alstom 公司支持）。
- 类型 8：Interbus（德国 Phoenix contact 公司支持）。

目前 61158 的基本原则是：

- 不改变原来 61158 的内容，作为类型 1。
- 不改变各个子集的行规，作为其他类型，并给类型 1 提供接口。

## 1.3.2　关于 IEC62026 的情况

IEC62026 的情况就没有那么复杂，它的构成如下：

IEC62026－1　一般要求 General Rules（in preparation）。

IEC62026－2　电器网络 Device Network（DN）。

IEC62026－3　执行器传感器接口 Actuator Sensor Interface（ASi）。

IEC62026－4　协议（规约）Lontalk。

IEC62026－5　灵巧配电系统 Smart Distributed System（SDS）。

IEC62026－6　多路串行控制总线。Serial Multiplexed Control Bus（SMCB）。

## 1.3.3　ISO11898

现场总线领域中，在 IEC61158 和 62026 之前，CAN 是唯一被批准为国际标准的现场总线。CAN 由 ISO/TC22 技术委员会批准为国际标准 ISO11898（通信速率<1Mbps）和 ISO11519（通信速率≤125Kbps）。CAN 总线得到了计算机芯片商的广泛支持，它们纷纷推出直接带有 CAN 接口的微处理器（MCU）芯片。带有 CAN 的 MCU 芯片总量已经达到 130 000 000 片（不一定全部用于 CAN 总线），在接口芯片技术方面 CAN 已经遥遥领先于其他所有现场总线。

需要指出的是，CAN 总线同时是 IEC62026－2 电器网络 Device Network（DN）和 IEC62026－5 灵巧配电系统 Smart Distributed System（SDS）的物理层，因此它是 IEC62026 最主要的技术基础。

## 1.3.4　现场总线的国家标准及企业标准

由于现场总线的国际标准迟迟不能建立，各种现场总线、设备总线（device bus）与传感器总线（sensor bus）趁此机会，风起云涌，相继成立，莫不大肆宣传，推广应用，有些大的现场总线组织更是力图扩大自己的地盘，企图造成既成事实，使自己成为国际标准。

| 现场总线国家标准 | 现场总线企业标准 |
| --- | --- |
| 德国的 PROFIBUS | Echelon 公司的 LONWORKS |
| 法国的 FIP | Phenix Contact 公司的 Interbus |
| 英国的 ERA | Robert Bosch 公司的 CAN |
| 挪威的 FINT 等 | Rosemount 公司的 HART |
| 丹麦的 PNET | Carlo Garazzi 公司的 Dupline |
| 中国的 DeviceNet 和 ASi | Process Date 公司的 P-net |
| | Peter Hans 公司的 F-Mux 据不完全统计，约有 40 多种 |

目前看来，现场总线标准不会统一，多标准并存现象将会持续。由于不同的标准在一定意义上代表着不同的厂商利益，厂商之间市场、利益的竞争会反映到标准的推广、应用和被采纳的广度和深度上，所以使得协议之间实际也存在竞争。那些技术相对落后，支持厂商少或者弱的协议逐步被淘汰，那些技术先进、支持厂商多而强、开放度高的协议更容易被接受，更具有生存和发展空间。

# 1.4　几种典型的现场总线介绍

## 1.4.1　PROFIBUS

PROFIBUS 是在 1987 年由德国联邦科技部集中 13 家公司的 5 个研究所力量，按 ISO/OSI 参考模型制定的现场总线德国国家标准，其主要支持者是德国西门子公司，并于 1991 年 4 月在 DIN19245 中发表，正式成为德国标准。开始只有 PROFIBUS－DP 和 PROFIBUS－FMS，1994 年又推出 PROFIBUS－PA，它引用了 IEC 标准的物理层（IEC1158－2，1993 年通过），从而可以在有爆炸危险的区域（EX）内，通过本质安全型总线电缆连接现场仪表，这使 PROFIBUS 更加完善。PROFIBUS 已于 1996 年 3 月 15 日批准为欧洲标准 EN50170 的第 2 卷。

### 1. 组成

PROFIBUS 由三个部分组成。

（1）PROFIBUS-FMS（Field Message Specification）：主要用来解决车间级通用性通信任务，可用于大范围和复杂通信。总线周期一般小于 100ms。

（2）PROFIBUS-DP（Decentralized Periphery）：这是一种经过优化的高速和便宜的通信总线，其设计是专门为自动控制系统与分散的 I/O 设备级之间进行通信使用的。总线周期一般小于 10ms。

（3）PROFIBUS-PA（Process Automation）：是专门为过程自动化设计的，它可使传感器和执行器安在一根共用的总线上，甚至在本质安全领域也可接上。根据 IEC1158－2 标准，

PROFIBUS-PA 用双线进行总线供电和数据通信。

图 1-1-4 为 PROFIBUS 的组成部分，图 1-1-5 为 PROFIBUS 的应用范围。PROFIBUS 支持多主站通信（令牌方式）和主—从通信。

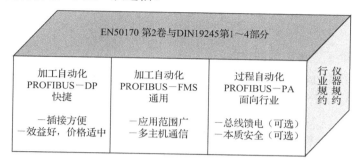

图 1-1-4　PROFIBUS 的组成部分

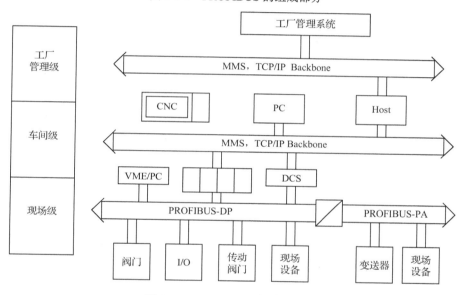

图 1-1-5　PROFIBUS 的应用范围

## 2．协议结构

PROFIBUS 协议结构根据 ISO7498 国际标准，以 OSI 作为参考模型，但省略了 3～6 层，同时又增加了服务层。

PROFIBUS－DP 使用了第一层（物理层）、第二层（数据链路层）和用户接口，第三层到第七层未加以描述。这种结构确保了数据传输可以快速和有效进行，直接数据链路映像（DDLM）使用户接口易于进入第二层。用户接口规定了用户系统及不同设备可调用的应用功能，并详细说明了各种不同 PROFIBUS-DP 设备的行为，还提供了 RS-485 传输技术或光纤传输技术。

PROFIBUS－FMS：对第一层、第二层和第七层（应用层）均加以定义。

PROFIBUS－PA：采用了扩展的 DP 协议。另外还使用了描述现场设备行为的 PA 规约。根据 IEC1158－2 标准，这种传输技术可确保其本质的安全性并通过总线给现场设备供电。使用分段式耦合器，PROFIBUS－PA 设备能很方便地集成到 PROFIBUS－DP 网络上。

PROFIBUS－DP 和 PROFIBUS－FMS 系统使用了同样的传输技术和统一的总线访问协议，因而这两套系统可在同一根电缆上同时操作。

### 3．传输技术

PROFIBUS 提供了三种类型的传输：
- 用于 DP 和 FMS 的 RS-485 传输。
- 用于 PA 的 IEC1158－2 传输。
- 光纤（FO）。

（1）RS-485 传输是 PROFIBUS 最常用的一种传输技术，这种技术通常称为 H2。采用屏蔽双绞铜线，共用一根导线对。线性总线结构允许站点增加或减少，而且系统的分步投入也不会影响其他站点的操作。后增加的站点对已投入运行的站点没有任务影响。

传输速率可选：在 9.6Kbps 和 12Mbps 之间。

站点数：每分段 32 个站，不带中继器；带中继器可多达 127 个站。

传输距离：

| 波特率（Kbps） | 9.6 | 19.2 | 93.75 | 187.5 | 500 | 1500 | 12000 |
|---|---|---|---|---|---|---|---|
| 距离/段（m） | 1200 | 1200 | 1200 | 1000 | 400 | 200 | 100 |

（2）IEC1158－2 传输技术是一种位同步协议，可进行无电流的连续传输，通常称为 H1。

传输速率：31.25Kbps，电压式。

站点数：每段最多为 32 个，总数最多为 126 个。

距离：采用双绞线电缆，传输距离可达 1900m。

（3）PROFIBUS 系统在电磁干扰很大的环境下应用时，可使用光纤导体以增加高速传输的最远距离。许多厂商提供专用总线插头，可将 RS-485 信号转换成光信号和光信号转换成 RS-485 信号，这样就为 RS-485 和光纤传输技术在同一系统上使用提供了一套开关控制的十分简便的方法。

### 4．应用情况

PROFIBUS 的应用包括了加工制造自动化、过程自动化和楼宇自动化。据统计在 1996 年 PROFIBUS 已赢得 43%的德国市场，以及约 41%的欧洲市场。目前各主要的自动化设备生产厂均为其所生产的设备提供 PROFIBUS 接口，产品范围包括 1000 多种不同设备和服务，约有 200 种设备已经认证。PROFIBUS 已在全世界十多万的实际应用中取得成功。

## 1.4.2　FF 现场总线基金会

现场总线基金会是一个国际性的组织，有 120 多个成员，包括全球主要的过程控制产品的供应商，基金会成员生产的变送器、DCS 系统、执行器、流量仪表占世界市场的 90%。

FF（Fundation Fieldbus）是迫于用户的压力于 1994 年 6 月由 ISP 与 WORLDFIP（北

美）合并成立的现场总线基金会。

　　ISP 是可互操作系统协议（Interoperable System Protocol）的简称，它基于德国的 PROFIBUS 标准，成立于 1992 年 9 月，当时有 100 多个公司参加，其中以仪表厂为主，由 Fisher Rosemount 公司牵头。WORLDFIP 是工厂仪表世界协议（World Factory Instrumentation Protocol）的简称，它基于法国的 FIP 标准，由 Honeywell 公司牵头，也有 100 多个公司参加，不少是 PLC 制造厂。

### 1. FF 的拓扑结构（见图 1-1-6）

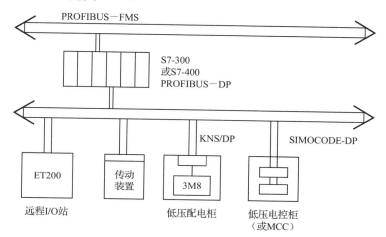

图 1-1-6　FF 的拓扑结构

H1 低速现场总线：

- 31.25Kbps；
- 2～32 个设备/段；
- 供电与通信；
- 本质安全；
- 双绞线 1900m（最大）；
- 适用于过程设备的基层总线。

H2 高速现场总线：

- 1Mbps/2.5Mbps 速率；
- 可集成多达 32 条 H1 总线；
- 冗余；
- 双绞线 750m/500m；
- 支持 PLC 和加工工业设备。

### 2. FF 的协议结构

　　FF 应用了 ISO/OSI 模型的第一层、第二层和第七层（应用层），再在应用层上加了用户层。FF 的物理层符合 IEC1158－2 标准，采用 IEC1158－2 技术。

### 3．FF 的特点

由于世界上一些大的仪表公司都参加了 FF，因此 FF 开发的现场总线产品在品种与性能上都能满足过程控制的要求，而且使用方便，FF 具有很好的互操作性和互换性，互操作性就是来自同厂家的设备可以相互通信并且可以在多厂家的环境中完成功能，互换性就是来自不同厂家的设备在功能上可以用同类设备互换。

### 4．应用情况

1997 年，由多个供应商提供的基于 H1 标准的小试验系统被用于培训和技术确认，并已在世界上试用。

## 1.4.3　CAN

CAN（Controller Area Network）是由 Robert Bosch 公司为汽车制造工业而开发的，是开放的通信标准，包括 ISO/OSI 模型的第一层和第二层，由不同的制造者扩展第七层，CIA（CAN in Automation）组织发展了一个 CAN 应用层（CAL）并由此规定了器件轮廓，以联网相互可操作的以 CAN 为基础的控制器件，或使 EIA 模块相互可操作。

CAN 目前已由 ISO/TC22 技术委员会批准为国际标准 ISO11898（通信速率<1Mbps）和 ISO11519（通信速率≤125Kbps），在现场总线中，目前是唯一被批准为国际标准的现场总线，但 IEC 下面的 TC22 是分管电力电子的技术委员会，工业自动化的现场总线则由 IEC 的 TC65 分管，须经 TC65 的批准。

### 1．CAN 的协议结构

CAN 协议采用 ISO/OSI 模型的第一层、第二层和第七层。

### 2．CAN 的特点

- 废除了传统站地址编码而代之以对通信数据块进行编码。
- 采用双绞线，通信速率高达 1Mbps/40m，直接传输距离最远可达 10km/5Kbps。可挂设备最多达 110 个。
- 信号传输采用短帧结构，每一帧有效字节数为 8 个，因而传输时间短，受干扰的概率低。当节点严重错误时，具有自动关闭功能，以切断该接点与总线的联系，使总线上的其他接点及其通信不受影响，具有较强的抗干扰能力。
- CAN 支持多主站方式，网络上任何接点均可在任何时刻主动向其他接点发送信息，支持点对点、一点对多点和全局广播方式接收/发送数据。CAN 采用总线仲裁技术，当出现几个节点同时在网络上传输信息时，优先级高的节点继续发送数据，而优先级低的节点主动停止发送，从而避免总线冲突。
- CAN 不能用于防爆区。

**3. 应用情况**

CAN 目前主要用于汽车、公共交通的车辆、机器人、液压系统及分散型 I/O 五大行业。此外 Allen-Bradley 及 Honeywell、Micro Switch 在 CAN 基础上发展了特殊的应用层，组成了 AB 公司的 Device Net 和 HoneyWell 公司的 SDS（智能分散系统）现场总线。由于 CAN 的帧短，速度快，可靠性高，比较适用于开关量控制的场合，故 CAN 的销量在增加。

## 1.4.4　WorldFIP

WorldFIP 成立于 1987 年 3 月，以法国几个跨国公司为基础，开发了 FIP（工厂仪表协议）现场总线系列产品。到目前为止，WorldFIP 协会拥有 100 多个成员，这些成员生产 300 多个 WorldFIP 现场总线产品。WorldFIP 产品在法国的市场占有率大于 60%，在欧洲市场占有约 25%的份额。这些产品广泛用于发电及输配电、加工制造自动化、铁路运输过程自动化等领域，1996 年 6 月成为欧洲标准 EN50170 第 3 卷。

用 WorldFIP 构成的系统分为三级，即过程级、控制级和监控级。用单一的 WorldFIP 总线可以满足过程控制、工厂制造加工系统和各种驱动系统的需要。

WorldFIP 的协议结构由 ISO/OSI 模型的第一层、第二层和第七层构成。其中，第一层物理层符合 IEC1158－2 标准。

传输媒体可以是屏蔽双绞线或光纤。传输速率为：

- 31.25Kbps 用于过程控制。
- 1Mbps 用于加工制造系统。
- 2.5Mbps 用于驱动系统。

标准速率为 1Mbps，使用光纤时的最高速率可达 5Mbps。

目前 WorldFIP 的总线产品有法国 CEGELEC 公司的 Alspa-8000 系统、Schneider 公司的 Modicon-TBXplc 系统、GEC－ALSTHOM 公司的 S－900 SCADA 系统等。

## 1.4.5　DeviceNet

DeviceNet 是一种低成本的现场总线链路，将工业设备（如限位开关、光电传感器、阀组、电动机启动器、过程传感器、条形码读取器、变频驱动器、面板显示器和操作员接口）连接到网络，从而免去昂贵的硬接线。DeviceNet 是一种简单的网络解决方案，在提供多供货商同类部件间的互换性的同时，减少了配线和安装工业自动化设备的成本和时间。DeviceNet 的直接互联性不仅改善了设备间的通信，而且提供了相当重要的设备级诊断功能，这是通过硬接线 I/O 接口很难实现的。

DeviceNet 总线技术具有网络化、系统化、开放式的特点，其组织机构是"开放式设备网络供货商协会"，简称"ODVA"（Open DeviceNet Vendor Association）。ODVA 是一个独立组织，管理 DeviceNet 技术规范，促进 DeviceNet 在全球的推广与应用。ODVA 实行会员制，会员分供货商会员（vendor members）和分销商会员（distributor members）。ODVA 现有供货商会员 300 多个，其中包括 ABB、Rockwell、Phoenix Contacts、Omron、Hitachi、

Cutler-Hammer 等几乎所有世界著名的电气和自动化元件生产商。ODVA 的作用是帮助供货商会员向 DeviceNet 产品开发者提供技术培训、产品一致性试验工具和试验，支持成员单位对 DeviceNet 协议规范进行改进；出版符合 DeviceNet 协议规范的产品目录，组织研讨会和其他推广活动，帮助用户了解掌握 DeviceNet 技术；帮助分销商开展 DeviceNet 用户培训和 DeviceNet 专家认证培训，提供设计工具，解决 DeviceNet 系统问题。ODVA 全球网站地址为 hppt://www.odva.org，其在中国的办事机构网址为 hppt://www.odvachina.org。

DeviceNet 的网络结构如图 1-1-7 所示。

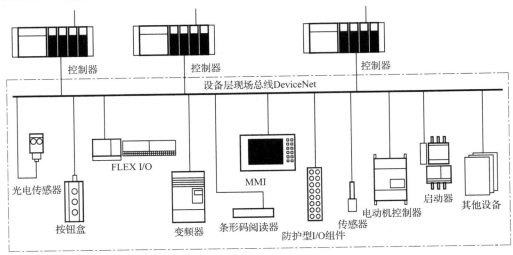

图 1-1-7　DeviceNet 的网络结构

DeviceNet 可以归纳出以下一些技术特点：

● 最大 64 个节点。
● 125～500Kbps 通信速率。
● 点对点，多主或主/从通信。
● 可带电更换网络节点，在线修改网络配置。
● 采用 CAN 物理层和数据链路层规约，使用 CAN 规约芯片，得到国际上主要芯片制造商的支持。
● 支持选通、轮询、循环、状态变化和应用触发的数据传送。
● 低成本、高可靠性的数据网络。
● 既适用于连接低端工业设备，又能连接像变频器、操作终端这样的复杂设备。
● 采用无损位仲裁机制实现按优先级发送信息。
● 具有通信错误分级检测机制、通信故障的自动判别和恢复功能。
● 得到众多制造商的支持，如 Rockwell、OMRON、Hitachi、Cutler-Hammer、Mithileichi 等。DeviceNet 制造商协会拥有三百多个会员，遍布世界各地。

2002 年 12 月 1 日发行的国家标准化管理委员会通报中，公布了 DeviceNet 现场总线已被批准为国家标准。DeviceNet 中国国家标准的编号为 GB/T 18858.3—2002，名称为《低压开关设备和控制设备 控制器—设备接口（CDI）第 3 部分：DeviceNet》。该标准于 2002 年

10 月 8 日被批准，并于 2003 年 4 月 1 日开始实施。

## 1.4.6　ASI

ASI（Actuator Sensor Interface，执行器传感器接口）总线是自动化系统中最低层级的现场总线。它是一种开发式与生产商无关的总线，适用于二值传感器和执行器的联网。

ASI 总线的优点：
- 不再需要传感器/执行器与较高级控制器之间的大量连接线，代之以一根二芯电缆线；
- 不需要参数化的软件；
- 在电气和机械方面都是标准化的，与生产商无关；
- 应用穿刺法接触连接，安装简单、快速，极性不可能接错；
- 接口芯片可以集成在传感器和执行器上，以提高其监视和故障分析能力；
- 防护等级高，可在现场直接应用；
- 具有自检测功能，抗干扰能力强。

ASI 总线是一种简单的主从系统，控制数据传输的每个线路段只有一个主设备。主设备依次查询从设备并要求从设备应答。它采用固定的报文长度和数据格式，识别过程是不必要的。

ASI 总线的主要技术数据如下。
- 网络结构：线形或树形结构。
- 传输媒体：数据和电源共用的无屏蔽双线电缆（$2 \times 1.5 \text{mm}^2$）。
- 连接方法：采用穿刺法。
- 最长电缆长度：无中继器/扩展器时为 100m，有中继器/扩展器时为 300m。
- 最长循环时间：当完全配置时为 5ms。
- 最多站点数：31 个。
- 二值传感器/执行器数：

124 个（当用 4 输入/4 输出，2 输入/2 输出或 $2 \times 2$ 数模块时，即 $4 \times 31$ 个）；

248 个（当用 4 输入/4 输出模块时，即 $8 \times 31$ 个）。
- 访问方法：循环查询主-从方法，从主设备（PLC、PC）循环采集数据。
- 错误纠正：数据采集包含对错误报文的识别和重发。

## 1.4.7　Interbus

Interbus 是一种器件级现场总线，它是德国 Phoenix Contact 公司（一种中小型私人企业）研究和开发的，于 1987 年正式公布，1996 年成为 DIN19825 标准，1998 年成为 EN50254 欧洲标准，目前已成为 IEC61158 国际标准，其快速、准确（令牌传递、环形拓扑），最多可连接 512 个"远程"节点，每段距离为 400m。Interbus 也允许次级有 10m 的回路环，在这些"本地"总线中，远程和本地可应用相同的芯片，但节点之间不能相互交换数据。

到 1997 年年底，Interbus 已有 125 000 多个应用项目和 170 万个联网节点。Interbus 俱乐部有 700 多家制造商支持、400 多家会员单位，主要应用于汽车、印刷、物资搬运和机床等。

## 1.4.8  部分现场总线技术特点总结

部分现场总线技术特点总结见表 1-1-1。

**表 1-1-1  部分现场总线技术特点总结**

| 现 场 总 线 | 特　　点 | 应　　用 |
|---|---|---|
| PROFIBUS-DP | 传输速率：9.6～12Kbps<br>传输距离：100～1200m<br>传输介质：双绞线或光缆 | 支持 PROFIBUS-DP 总线的智能电气设备、PLC 等，适用于过程顺序控制和过程参数的监控 |
| FF | 传输速率：31.25Kbps<br>传输距离：1900m<br>传输介质：双绞线或光缆 | 现场总线仪表、执行机构等过程参数的监控 |
| CAN | 传输速率：5～500Kbps<br>传输距离：40～500m<br>传输介质：两芯电缆 | 汽车内部电子装置的控制，大型仪表的数据采集和控制 |
| WorldFIP | 传输速率：31.25～2500Kbps<br>传输距离：500～5000m<br>传输介质：双绞线或光缆 | 可应用于连续或断续过程的自动控制 |
| DeviceNet | 传输速率：125、250、500Kbps<br>传输距离：100～500m<br>传输介质：五芯电缆 | 适用于电气设备和控制设备的设备级网络控制，以及过程控制和顺序控制设备等 |
| Interbus | 传输速率：500Kbps～12Mbps<br>传输距离：100m<br>传输介质：同轴电缆或者光缆 | 车间设备和 PLC 网络控制 |
| ControlNet | 传输速率：5Mbps<br>传输距离：100～400m<br>传输介质：双绞线 | 车间级网络控制和 PLC 网络控制 |
| Lonworks | 传输速率：78～1250Kbps<br>传输距离：130～2700m<br>传输介质：双绞线或电力线 | 由于智能神经元节点技术和电力载波技术，可广泛应用于电力系统和楼宇自动化 |

# 第2章　数据通信基础与网络互联

## 2.1　数据通信基础

### 2.1.1　基本概念

**1. 总线的基本术语**

1）总线与总线段

从广义上说，总线就是传输信号或信息的公共路径，是遵循同一技术规范的连接与操作方式。一组设备通过总线连在一起称为"总线段"。可以通过总线段之间的相互连接把多个总线段连成一个网络系统。

2）总线主设备

可在总线上发起信息传输的设备叫作"总线主设备"，又称命令者。

3）总线从设备

不能在总线上主动发起通信、只能挂接在总线上、对总线信息进行接收查询的设备称为总线从设备（bus slaver），也称基本设备。

在总线上可能有多个主设备，某一设备既可以是主设备，也可以是从设备，但不能同时既是主设备又是从设备。

4）控制信号（三种类型）

（1）表明地址和数据的含义，如对于地址，可用于指定某一地址空间，或表示出现了广播操作；对于数据，可用于指定它能否转译成辅助地址或命令。

（2）用于改变总线操作的方式，如改变数据流的方向，选择数据字段的宽度和字节等。

（3）控制连在总线上的设备，让它进行所规定的操作，如设备清零、初始化、启动和停止等。

5）总线协议

管理主、从设备使用总线的一套规则称为"总线协议"。这是一套事先规定的、必须共同遵守的规约。

### 2．总线操作的基本内容

1）总线操作

总线上命令者与响应者之间的连接→数据传送→脱开这一操作序列称为一次总线"交易"，或者叫作一次总线操作。"脱开"是指完成数据传送操作以后命令者断开与响应者的连接。

2）总线传送

"读"数据操作是指读来自响应者的数据；"写"数据操作是指向响应者写数据。读写操作都需要在命令者和响应者之间传递数据。

3）请求通信

请求通信是由总线上某一设备向另一设备发出的请求信号，要求后者给予注意并进行某种服务。它们有可能要求传送数据，也有可能要求完成某种动作。

4）寻址

寻址过程是命令者与一个或多个从设备建立起联系的一种总线操作。通常有以下三种寻址方式：

（1）物理寻址：用于选择某一总线段上某一特定位置的从设备作为响应者。

（2）逻辑寻址：用于指定存储单元的某一个通用区，而并不顾及这些存储单元在设备中的物理分布。

（3）广播寻址：用于选择多个响应者。

5）总线仲裁

总线在传送信息的操作过程中有可能会发生"冲突"。为解决这种冲突，就需进行总线占有权的"仲裁"。总线仲裁用于裁决哪一个主设备是下一个占有总线的设备。

总线仲裁操作和数据传送操作是完全分开且并行工作的，因此总线占有权的交接过程不会耽误总线操作。

6）总线定时

总线操作用"定时"信号进行同步。定时信号用于指明总线上的数据和地址在什么时刻是有效的。

定时信号有异步和同步两种。

7）出错检测

在总线上传送信息时会因噪声和干扰而出错，因此在高性能的总线中一般设有出错码产生和校验机构，以实现传送过程的出错检测。

8）容错

设备在总线上传送信息出错时，如何减小故障对系统的影响，提高系统的重配置能力是十分重要的。故障对分布式仲裁的影响就比菊花链式仲裁小。后者在设备出故障时，会直接影响它后面设备的工作。总线系统应能支持软件利用一些新技术，如动态重新分配地址，把故障隔离开来，关闭或更换故障单元。

## 2.1.2　通信系统的组成

通信系统是传递信息所需的一切技术设备的总和，一般由信息源和信息接收者，发送、接收设备，传输介质等几部分组成。

### 1．信息源和接收者

信息源和接收者是信息的产生和使用者。

在数字通信系统中传输的信息是数据，是数字化了的信息，这些信息可能是原始数据，也可能是经计算机处理后的结果，还可能是某些指令或标志。

信息源可根据输出信号的性质不同分为模拟信息源和离散信息源。

### 2．发送设备

发送设备的基本功能是将信息源和传输介质匹配起来，即将信息源产生的消息信号经过编码，并变换为便于传送的信号形式，送往传输介质。

信源编码：把连续消息变换为数字信号。

信道编码：使数字信号与传输介质匹配，提高传输的可靠性或有效性。

发送设备还包括为达到某些特殊要求所进行的各种处理，如多路复用、保密处理、纠错编码处理等。

### 3．传输介质

传输介质指发送设备到接收设备之间信号传递所经媒介，它可以是无线的，也可以是有线的（包括光纤）。有线和无线均有多种传输介质，如电磁波、红外线为无线传输介质，各种电缆、光缆、双绞线等为有线传输介质。

介质在传输过程中必然会引入某些干扰，如热噪声、脉冲干扰、衰减等。介质的固有特性和干扰特性直接关系到变换方式的选取。

### 4．接收设备

接收设备的基本功能是完成发送设备的反变换，即进行解调、译码、解密等。它的任务是从带有干扰的信号中正确恢复出原始信息，对于多路复用信号，还包括解除多路复用，实现正确分路。

以上所述是指单向通信系统，但在大多数场合下，信源兼为收信者，通信的双方需要随时交流信息，因此要求双向通信。

### 2.1.3  传输方式

通信方式按照信息的传输方向分为：

（1）单工方式。信息只能沿单方向传输的通信方式称为单工方式。

（2）半双工方式。信息可以沿着两个方向传输，但在某一时刻只能沿一个方向传输的通信方式称为半双工方式。

（3）全双工方式。信息可以同时沿着两个方向传输的通信方式称为全双工方式。

### 2.1.4  传输模式

#### 1．基带传输

基带传输是指在基本不改变数据信号频率的情况下，在数字通信中直接传送数据的基带信号，即按数据波的原样进行传输，不采用任何调制措施。它是目前广泛应用的最基本的数据传输方式。

#### 2．载波（带）传输

载波传输是先用数字信号对载波进行调制，然后进行传输的传输模式。最基本的调制方式有幅移键控（ASK）、频移键控（FSK）和相移键控（PSK）3 种。

在载波传输中，发送设备首先要产生某个频率的信号作为基波来承载信息信号，这个基波称为载波信号，基波频率称为载波频率，然后按幅移键控、频移键控、相移键控等不同方式改变载波信号的幅值、频率、相位，形成调制信号后发送。

#### 3．宽带传输

由于基带网不适用于传输语音、图像等信息，随着多媒体技术的发展，计算机网络传输数据、文字、语音、图像等多种信号的任务越来越重，因此提出了宽带传输的要求。

宽带传输与基带传输的主要区别：一是数据传输速率不同，基带网的数据传输速率范围为 0～10Mbps，宽带网可达 0～400Mbps；二是宽带网可划分为多条基带信道，能提供良好的通信路径。一般宽带局域网可与有线电视系统共建，以节省投资。

#### 4．异步转移模式

异步转移模式（Asynchronous Transfer Mode，ATM）是一种新的传输与交换数字信息的技术，也是实现高速网络的主要技术，被规定为宽带综合业务数字网（B-ISDN）的传输模式。这里的转移包含传输与交换两方面内容。ATM 是一种在用户接入、传输和交换及综合处理各种通信问题的技术。它支持多媒体通信，包括数据、语音和视频信号，按需分配频带，具有低延迟特性，速度可达 155Mbps～2.4Gbps，也有 25Mbps 和 50Mbps 的 ATM 技术。

## 2.1.5　二进制表示方法

### 1．基带传输中数据的表示方法

（1）信息传输有平衡传输和非平衡传输。

（2）根据对零电平的关系，信息传输可以分为归零传输和不归零传输。

（3）根据信号的极性，信息传输分为单极性传输和双极性传输。

① 单极性码。

② 双极性码。

常用的数据表示方法：

（1）平衡、归零、双极性。

（2）平衡、归零、单极性。

（3）平衡、不归零、单极性。

（4）非平衡、归零、双极性。

（5）非平衡、归零、单极性。

（6）非平衡、不归零、单极性。

### 2．载带传输中的数据表示方法

（1）调幅方式。调幅方式 AM（Amplitude Modulation）又称为幅移键控法 ASK（Amplitude-Shift Keying）。

（2）调频方式。调频方式 FM（Frequency Modulation）又称为频移键控法 FSK（Frequency-Shift Keying）。

（3）调相方式。调相方式 PM（Phase Modulation）又称为相移键控法 PSK（Phase-Shift Keying）。

## 2.1.6　通信网络的拓扑结构

在分布式控制系统中应用较多的拓扑结构是星形、环形和总线型。

### 1．星形结构

在星形结构中，每一个节点都通过一条链路连接到一个中央节点上。任何两个节点之间的通信都要经过中央节点。中央节点有一个开关装置来接通两个节点之间的通信路径。因此，中央节点的构造是比较复杂的，一旦发生故障，整个通信系统就要瘫痪。因此，这种系统的可靠性是比较低的，在分散控制系统中应用得较少。

### 2．环形结构

在环形结构中，所有的节点通过链路组成一个环形，需要发送信息的节点将信息送到环上，信息在环上只能按某一确定的方向传输。当信息到达接收节点时，该节点识别信息中的

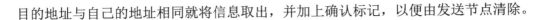

目的地址与自己的地址相同就将信息取出，并加上确认标记，以便由发送节点清除。

### 3．总线型结构

所有的站都通过相应的硬件接口直接接到总线上。由于所有的节点都共享一条公用的传输线路，所以每次只能由一个节点发送信息，信息由发送它的节点向两端扩散。

这种结构的网络又称为广播式网络。某节点发送信息之前，必须保证总线上没有其他信息正在传输。当这一条件满足时，它才能把信息送上总线。

## 2.1.7　网络传输介质

网络传输介质是指网络中连接收发双方的物理通路，实际传送信息的载体。网络中常用的传输介质有电话线、同轴电缆、双绞线、光导纤维、无线与卫星通信。

### 1．双绞线的主要特性

（1）物理特性。

双绞线由按规则螺旋结构排列的两根或 4 根绝缘线组成。一对线可以作为一条通信线路，各个线对螺旋排列的目的是使各线对之间的电磁干扰最小。

（2）传输特性。

双绞线最普遍的应用是语音信号的模拟传输。在一条双绞线上使用频分多路复用技术可以进行多个音频通道的多路复用。

数据传输速率可达 9600bit，24 条音频通道总的数据传输速率可达 230Kbps。

（3）连通特性。

用于点一点连接，也可用于多点连接。

（4）地理范围。

双绞线用作远程中继线时，最远距离可达 15km；用于 10Mbps 局域网时，与集线器的距离最远为 100m。

（5）抗干扰性。

双绞线的抗干扰性取决于一束线中相邻线对的扭曲长度及适当的屏蔽。在低频传输时，其抗干扰能力相当于同轴电缆。在 10～100kHz 时，其抗干扰能力低于同轴电缆。

### 2．同轴电缆的主要特性

（1）物理特性。

同轴电缆由内导体、外屏蔽层、绝缘层及外部保护层组成。同轴介质的特性参数由内、外导体及绝缘层的电参数和机械尺寸决定。

（2）传输特性。

根据同轴电缆通频带，同轴电缆可以分为基带同轴电缆和宽带同轴电缆两类。基带同轴电缆一般仅用于数字数据信号的传输。宽带同轴电缆可以使用频分多路复用方法，将一条宽带同轴电缆的频带划分成多条通信信道，使用各种调制方案，支持多路传输。宽带同轴电缆也可以只用于一条通信信道的高速数字通信，此时称为单通道宽带。

（3）连通特性。

基带同轴电缆可支持数百台设备的连接。同轴电缆支持点一点连接，也支持多点连接。宽带同轴电缆可支持数千台设备的连接。

（4）地理范围。

基带同轴电缆最远距离限制在几千米范围内，而宽带同轴电缆最远距离可达几十千米。

（5）抗干扰性。

同轴电缆的结构使得它的抗干扰能力较强。

**3．光缆的主要特性**

光缆是网络传输介质中性能最好、应用最广泛的一种。

（1）物理特性。

光纤是一种直径为 $50\sim100\mu m$ 的柔软、能传导光波的介质，各种玻璃和塑料可以用来制造光纤，其中用超高纯度石英玻璃纤维制作的光纤可以得到最低的传输损耗。在折射率较高的单根光纤外面用折射率较低的包层包裹起来就可以构成一条光纤通道，多条光纤组成一束就构成光纤电缆。

（2）传输特性。

光导纤维通过内部的全反射来传输一束经过编码的光信号。由于光纤的折射系数高于外部包层的折射系数，因此可以形成光波在光纤与包层界面上的全反射。可以把光纤看作频率从 $10^{14}\sim10^{15}$Hz 的光波导线，这一范围覆盖了可见光谱与部分红外光谱。以小角度进入的光波沿光纤按全反射方式向前传播。

光纤传输分为单模与多模两类。所谓单模光纤是指光纤的光信号仅与光纤轴成单个可分辨角度的单光纤传输。而多模光纤的光信号与光纤轴成多个可分辨角度的多光纤传输。单模光纤性能优于多模光纤。

（3）连通特性。

光纤最普遍的连接方法是点一点方式，在某些实验系统中也可采用多点连接方式。

（4）地理范围。

光纤信号衰减极小，它可以在 $6\sim8$km 距离内不使用中继器而实现高速率的数据传输。

（5）抗干扰性。

光纤不受外界电磁干扰与噪声的影响，能在长距离、高速度传输中保持低误码率。双绞线典型的误码率在 $10^{-5}\sim10^{-6}$ 之间，基带同轴电缆的误码率为 $10^{-7}$，宽带同轴电缆的误码率为 $10^{-9}$，而光纤的误码率可以低于 $10^{-10}$。光纤传输的安全性与保密性极好。

## 2.1.8　数据交换方式

数据通信系统中通常采用以下三种数据交换方式。

**1．线路交换方式**

在需要通信的两个节点之间事先建立起一条实际的物理连接，然后再在这条实际物理连接上交换数据，数据交换完成之后再拆除物理连接。因此，线路交换方式将通信过程分为三个阶段，即线路建立、数据通信和线路拆除阶段。

### 2．报文交换方式

报文交换及报文分组交换方式不需要事先建立实际的物理连接，而是经由中间节点的存储转发功能来实现数据交换，有时又将其称为存储转发方式。

### 3．报文分组交换方式

报文分组交换方式交换的基本数据单位是一个报文分组。报文分组是一个完整的报文按顺序分割开来的比较短的数据组。由于报文分组比报文短得多，所以传输时比较灵活。特别是当传输出错需要重发时，它只需重发出错的报文分组，而不必像报文交换方式那样重发整个报文。

（1）虚电路方法。

在发送报文分组之前，需要先建立一条逻辑信道。这条逻辑信道并不像线路交换方式那样是一条真正的物理信道。

（2）数据报方法。

数据报方法中把一个完整的报文分割成若干个报文分组，并为每个报文分组编好序号，以便确定它们的先后次序。报文分组又称为数据报。

## 2.1.9　介质访问控制方式

在总线和环形拓扑结构中，网上设备必须共享传输线路。为解决在同一时间有几个设备争用传输介质的问题，需有某种介质访问控制方式，以便协调各设备访问介质的顺序，在设备之间交换数据。

通信中对介质的访问可以是随机的，即各工作站可在任何时刻、任意地点访问介质；也可以是受控的，即各工作站可用一定的算法调整各站访问介质的顺序和时间。在随机访问方式中，常用的争用总线技术为 CSMA/CD；在控制访问方式中则常用令牌总线、令牌环，或称为标记总线、标记环。

### 1．CSMA/CD（载波监听多路访问/冲突检测）

工作站的发送是随机的，必须在网络上争用传输介质，故称为争用技术。若同一时刻有多个工作站向传输线路发送信息，则这些信息会在传输线上相互混淆而遭破坏，称为"冲突"。为尽量避免由于竞争引起的冲突，每个工作站在发送信息之前都要监听传输线上是否有信息在发送，这就是"载波监听"。

CSMA 的控制方案是先听再讲。一个站要发送，首先需监听总线，以决定介质上是否存在其他站的发送信号。如果介质是空闲的，则可以发送。如果介质是忙的，则等待一定间隔后重试。

三种 CSMA 坚持退避算法。

（1）不坚持 CSMA。假如介质是空闲的，则发送；假如介质是忙的，则等待一段随机时间，重复第一步。

（2）1-坚持 CSMA。假如介质是空闲的，则发送；假如介质是忙的，则继续监听，直到介质空闲立即发送；假如冲突发生，则等待一段随机时间，再重复第一步。

（3）P-坚持 CSMA。假如介质是空闲的，则以 $P$ 的概率发送；假如介质是忙的，则继续监听，直到介质空闲，再重复第一步。

#### 2．令牌（标记）访问控制方式

CSMA 的访问存在发报冲突问题，产生冲突的原因是由于各站点发报是随机的。为了解决冲突问题，可采用有控制的发报方式，令牌方式是一种按一定顺序在各站点传递令牌的方法。谁得到令牌，谁才有发报权。令牌访问原理可用于环形网络，构成令牌环形网；也可用于总线型网，构成令牌总线网络。

（1）令牌环（Token-Ring）方式。

某一瞬间可以允许发送报文的站点只有一个，令牌在网络环路上不断传送，只有拥有此令牌的站点，才有权向环路上发送报文，而其他站点仅允许接收报文。站点在发送完毕后，便将令牌交给网上下一个站点，如果该站点没有报文需要发送，便把令牌顺次传给下一个站点。因此，表示发送权的令牌在环形信道上不断循环。环上每个相应站点都可获得发报权，而任何时刻只会有一个站点利用环路传送报文，因而在环路上保证不会发生访问冲突。

（2）令牌传递总线（Token-Passing Bus）方式。

这种方式和 CSMA/CD 方式一样，采用总线网络拓扑，但不同的是在网上各工作站按一定顺序形成一个逻辑环。每个工作站在环中均有一个指定的逻辑位置，末站的后站就是首站，即首尾相连。每站都了解先行站和后继站的地址，总线上各站的物理位置与逻辑位置无关。

## 2.1.10　差错控制

分布控制系统的通信网络是在条件比较恶劣的工业环境下工作的，因此在信息传输过程中，各种各样的干扰可能造成传输错误。这些错误轻则会使数据发生变化，重则会导致生产过程事故。因此必须采取一定的措施来检测错误并纠正错误，检错和纠错统称为差错控制。

（1）突发错误：由突发噪声引起，误码连续，成片出现。

（2）随机错误：由随机噪声引起，误码与其前、后的代码是否出错无关。

（3）差错控制方法：在传输方法中附加冗余度。

# 2.2　现场控制网络

现场总线又称现场控制网络，它属于一种特殊类型的计算机网络，是用于完成自动化任务的网络系统。从现场控制网络节点的设备类型、传输信息的种类、网络所执行的任务、网络所处的工作环境等方面，现场控制网络都有别于由普通 PC 或其他计算机构成的数据网络。

## 2.2.1　现场控制网络的节点

现场控制网络的节点大多是具有计算机与通信能力的测量设备，如限位开关、感应开关等各类开关，条形码阅读器，光电传感器，温度、压力、流量、物位等各种传感器、变送器，可编程逻辑控制器 PLC，PID 等数字控制器，各种数据采集装置，作为监视操作设备的监控计算机、工作站及其外设，各种调节阀，电动机控制设备，变频器，机器人，作为现场控制网络连接设备的中继器、网桥、网关等。

把单个分散的有通信能力的测量控制设备作为网络节点，连接成网络系统，使它们之间可以相互沟通信息，由它们共同完成自控任务，这就是现场控制网络。

## 2.2.2　现场控制网络的任务

现场控制网络的任务如下：

（1）现场控制网络要将现场运行的各种信息传送到远离现场的控制室，在把生产现场设备的运行参数、状态及故障信息等送往控制室的同时，又将各种控制、维护、组态命令等送往位于现场的测量控制现场设备。

（2）现场级控制设备之间数据联系与沟通的作用。

（3）实现与操作终端、上层管理网络的数据连接和信息共享。

（4）随着互联网技术的发展，已经开始对现场设备提出参数的网络浏览和远程监控要求。

（5）在有些应用场合，需要借助网络传输介质为现场设备提供工作电源控制。

现场控制网络必须解决的问题如下：

（1）类恶劣的工作环境、控制网络的互联与互操作。

（2）不同于普通计算机网络的特点。

（3）数据传输量相对较小，传输速率相对较低，多为短帧传送，但要求通信传输的实时性强，可靠性高。

现场控制网络的特定需求：

满足控制的实时性要求、工业环境下的抗干扰、总线供电等。

## 2.2.3　现场控制网络的实时性

现场控制网络不同于普通数据网络的最大特点是它必须满足对现场控制的实时性要求。实时控制往往要求对某些变量的数据准确、定时刷新。这种对动作时间有实时要求的系统称为实时系统。

实时系统的运行不仅要求系统动作在逻辑上的正确性，同时要求满足时限性。实时系统又可分为硬实时和软实时两类。硬实时系统要求实时任务必须在规定的时限内完成，否则会产生严重的后果；而软实时系统中的实时任务在超过截止日期后的一定时限内，系统仍可以执行处理。

# 2.3　网　络　硬　件

## 2.3.1　网络传输技术

#### 1．广播式网络

广播式网络仅有一条通信信道，由网络上的所有机器共享，按某种语法组织的分组或包，可以被任何机器发送并被其他所有的机器接收。分组的地址字段指明此分组应被哪台机器接收。一旦收到分组，各机器将检查它的地址字段。如果是发送给它的，则处理该分组，否则将它丢弃。（一对一）

广播系统也允许在地址字段中使用一段特殊代码，以便将分组发送到所有目标。使用此代码的分组发出以后，网络上的每一台机器都会接收和处理它。（一对多）

某些广播系统还支持向机器的一个子集发送的功能，即多点播送（multicasting）。

#### 2．点到点网络

点到点网络由一对对机器之间的多条连接构成。为了能从源到达目的地，这种网络上的分组可能必须通过一台或多台中间机器。通常是多条路径，并且可能长度不一样，因此在点到点网络中路由算法十分重要。

网络类型的选择：小的、地理上处于本地的网络采用广播方式，而大的网络则采用点到点方式。

另一个网络分类的标准是连接距离。

网络分为局域网、城域网、广域网和互联网。

距离是重要的分类尺度，因为在不同的连接距离下所使用的技术是不一样的。

## 2.3.2　局域网

局域网（Local Area Network）简称 LAN，是处于同一建筑、同一大学或方圆几公里远地域内的专用网络。局域网常被用于连接公司办公室或工厂里的个人计算机和工作站，以便共享资源（如打印机）和交换信息。

LAN 有和其他网络不同的三个特征：范围、传输技术和拓扑结构。

## 2.3.3　城域网

城域网（Metropolitan Area Network）简称 MAN，基本上是一种大型的 LAN，通常使用与 LAN 相似的技术。它可能覆盖一组邻近的公司办公室和一个城市，既可能是私有的也可能是公用的。MAN 仅使用一条或两条电缆，并且不包含交换单元，即把分组分流到几条可

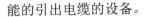

能的引出电缆的设备。

### 2.3.4　广域网

广域网（Wide Area Network）简称 WAN，是一种跨越大的地域的网络，通常包含一个国家或州，它包含想要运行用户（应用）程序的机器的集合。

### 2.3.5　无线网

移动计算机，如笔记本电脑和个人数字助理 PDA（Personal Digital Assistant），是计算机工业增长最快的一部分。许多拥有这种计算机的人在他们的办公室里都有连接到 LAN 上的桌面计算机，并且希望当他们不在办公室或在路途中时，仍然能连接到自己的大本营。显然在汽车或飞机中不可能使用有线连接，这时无线网络可满足用户的需要。

无线网络可以打造移动式办公室。旅途中的人通常希望使用他们的便携式电子设备来发送和接收电话、传真和电子邮件，阅读远程文件，登录到远程计算机等，并且不论是在陆地、海上还是天空中都可以工作。另外，无线网络对于卡车、出租车、公共汽车和维修人员与基地保持联系都极其有用。

### 2.3.6　互联网

世界上有许多网络，且常常使用不同的硬件和软件。在一个网络上的用户经常需要和另一个网络上的用户通信。这就需要连接不同的且往往是不兼容的网络。使用网关（gateway）来完成连接，并提供硬件和软件的转换。互联的网络集合称为互联网（internetwork 或internet）。

常见的互联网是通过 WAN 连接起来的 LAN 集合。

## 2.4　网　络　互　联

### 2.4.1　基本概念

网络互联是将分布在不同地理位置的网络、网络设备连接起来，构成更大规模的网络系统，以实现网络的数据资源共享。相互连接的网络可以是同种类型的网络，也可以是运行不同网络协议的异型系统。

网络互联要求不改变原有子网内的网络协议、通信速率、硬件和软件配置等，通过网络互联技术使原先不能相互通信和共享资源的网络间有条件实现相互通信和信息共享。

每个子网成为网络的一个组成部分，每个子网的网络资源都应该成为整个网络的共享资源，可以为网上任何一个节点所享用。　同时，又应该屏蔽各子网在网络协议、服务类型、网络管理等方面的差异。

### 2.4.2　网络互联规范

网络互联必须遵循一定的规范，局域网标准委员会（IEEE802 委员会）建立了 802 课题，制定了开放式系统互联（OSI）模型的物理层、数据链路层的局域网标准。

### 2.4.3　网络互联和操作系统

局域网操作系统是实现计算机与网络连接的重要软件。局域网操作系统通过网卡驱动程序与网卡通信实现介质访问控制和物理层协议。对不同传输介质、不同拓扑结构、不同介质访问控制协议的异型网，要求计算机操作系统能很好地解决异型网络互联的问题。

NetWare、Windows NT Server、LAN Manager 都是局域网操作系统的范例。

### 2.4.4　现场控制网络互联

现场控制网络通过网络互联实现不同网段之间的网络连接与数据交换，包括在不同传输介质、不同速率、不同通信协议的网络之间实现互联。

现场控制网络的相关规范对一条总线段上容许挂接的自控设备节点数有严格限制。同种总线的网段采用中继器或网桥现场控制网络的相关规范对一条总线段上容许挂接的自控设备节点数有严格限制。

不同类型的现场总线网段之间采用网关。采用中继器、网桥、网关、路由器等将不同网段、子网连接成企业应用系统。

# 2.5　网络互联设备

不同层次采用不同的网络互联设备：
（1）物理层使用中继器，通过复制位信号延伸网段长度；
（2）数据链路层使用网桥，在局域网之间存储或转发数据帧；
（3）网络层使用路由器在不同网络间存储转发分组信号；
（4）传输层及传输层以上使用网关进行协议转换，提供更高层次的接口。

### 2.5.1　中继器

中继器又称重发器。由于网络节点间存在一定的传输距离，网络中携带信息的信号在通过一个固定长度距离后，会因衰减或噪声干扰而影响数据的完整性，影响接收节点正确地接收和辨认，因而经常需要运用中继器。

中继器接收一个线路中的报文信号，将其进行整形放大、重新复制，并将新生成的复制信号转发至下一网段或转发到其他介质段。

中继器不同于放大器：放大器从输入端读入旧信号，然后输出一个形状相同、放大的新信号而中继器则不同，它并不是放大信号，而是重新生成它。

中继器是一个再生器，而不是一个放大器。中继器放置在传输线路上的位置是很重要的，必须放置在任一位信号的含义受到噪声影响之前。

### 2.5.2 网桥

网桥是存储转发设备，用来连接同一类型的局域网。网桥将数据帧送到数据链路层进行差错校验，再送到物理层，通过物理传输介质送到另一个子网或网段。它具有寻址与路径选择功能，在接收到帧之后，要决定正确的路径将帧送到相应的目的站点。

网桥能够互联两个采用不同数据链路层协议、不同传输速率、不同传输介质的网络，其要求两个互联网络在数据链路层以上采用相同或兼容协议。网桥同时作用在物理层和数据链路层。

网桥比中继器多了一点智能。中继器不处理报文，其不能理解报文中任何东西，只是简单地复制报文；而网桥有一些小小的智能，它可以知道两个相邻网段的地址。

网桥与中继器的区别在于：网桥具有使不同网段之间通信相互隔离的逻辑，或者说网桥是一种聪明的中继器，它只对包含预期接收者网段的信号包进行中继，从而网桥起到了过滤信号包的作用，利用它可以控制网络拥塞，同时隔离出现了问题的链路。

### 2.5.3 路由器

路由器工作在物理层、数据链路层和网络层，在路由器所包含的地址之间，可能存在若干路径，路由器可以为某次特定的传输选择一条最好的路径。

路由器如同网络中的一个节点那样工作，同时连接到两个或更多网络中，并同时拥有它们所有的地址。路由器从所连接的节点上接收包，同时将它们传送到第二个连接的网络中。

### 2.5.4 网关

网关又称为网间协议变换器，用于实现不同通信协议的网络之间、包括使用不同网络系统的网络之间的互联。由于它在技术上与其所连接的两个网络的具体协议有关，因而用于不同网络间转换连接的网关是不相同的。

网关允许在具有不同协议和报文组的两个网络之间传输数据。在报文从一个网段到另一个网段的传送中，网关提供了一种把报文重新封装形成新报文组的方式。

网关需要完成报文的接收、翻译与发送。它使用两个微处理器和两套各自独立的芯片组。每个微处理器都知道自己本地的总线语言，在两个微处理器之间设置一个基本的翻译器。I/O 数据通过微处理器在网段之间来回传递数据。

在工业数据通信中网关的应用：把一个现场设备的信号送往另一类不同协议或更高一层的网络。例如，把 ASI 网段的数据通过网关送往 PROFIBUS-DP 网段。

# 2.6　通信参考模型

## 2.6.1　OSI 参考模型

为了实现不同厂家生产的设备之间的互联操作与数据交换，国际标准化组织 ISO/TC97 于 1978 年建立了"开放系统互联"分技术委员会，起草了开放系统互联参考模型（Open System Interconnection，OSI）的建议草案，形成 OSI 参考模型。

"开放"并不是指对特定系统实现具体的互联技术或手段，而是对标准的认同。一个系统是开放系统，是指它可以与世界上任一遵守相同标准的其他系统互联通信。

### 1. 物理层

物理层涉及通信在信道上传输的原始比特流。设计上必须保证一方发出二进制数"1"时，另一方收到的也是"1"而不是"0"。

典型问题：

（1）用多少伏特电压表示"1"，多少伏特电压表示"0"。

（2）一个比特持续多少微秒。

（3）传输是否在两个方向上同时进行。

（4）最初的连接如何建立和完成通信后连接如何终止。

（5）网络接插件有多少针及各针的用途。

主要是处理机械的、电气的和过程的接口，以及物理层下的物理传输介质等问题。

### 2. 数据链路层

数据链路层的主要任务是加强物理层传输原始比特流的功能，使之对网络层显现为一条无错线路。

（1）通过在帧的前面和后面附加特殊的二进制编码模式来产生和识别帧边界。

（2）解决由于帧的破坏、丢失和重复所出现的问题。

（3）防止高速发送方的数据把低速接收方"淹没"。采用某种流量调节机制，使发送方知道当前接收方还有多少缓存空间。

（4）双向传输数据：从 A 到 B 数据帧的确认帧将同从 B 到 A 的数据帧竞争线路的使用权。

（5）广播式网络：控制对共享信道的访问，数据链路层的一个特殊子层介质访问子层。

### 3．网络层

网络层关系到子网的运行控制，其中一个关键问题是确定分组从源端到目的端如何选择路由。

如果子网中同时出现过多的分组，它们将相互阻塞通路并可能形成网络瓶颈，所以网络层还需要提供拥塞控制机制以避免此类现象的出现。

网络层设有记账功能，软件必须对每一个顾客究竟发送了多少分组、多少字符或多少比特进行计数，以便于生成账单。

分组跨越网络：寻址方法完全不同，网络协议也不同，异种网络互联。

### 4．传输层

传输层的基本功能是从会话层接收数据，并且在必要时把它分成较小的单元，传递给网络层，并确保到达对方的各段信息正确无误。

会话层每请求建立一个传输连接，传输层就为其创建一个独立的网络连接。

最流行的传输连接是一条无错的、按发送顺序传输报文或字节的点到点信道。传输层是真正的从源到目标"端到端"的层。

### 5．会话层

会话层允许不同机器上的用户建立会话关系。

管理对话：

（1）方式。会话层允许信息同时双向传输，或任一时刻只能单向传输。

（2）令牌管理。令牌可以在会话双方之间交换，只有持有令牌的一方可以执行某种关键操作。

（3）同步。在数据流中插入检查点，每次网络崩溃后仅需要重传最后一个检查点以后的数据。

### 6．表示层

表示层完成某些特定功能所传输信息的语法和语义。

为了让采用不同表示法的计算机之间能进行通信，交换中使用的数据结构可以用抽象的方式来定义，并且使用标准的编码方式。表示层管理这些抽象数据结构，并且在计算机内部表示法和网络的标准表示法之间进行转换。

### 7．应用层

应用层包含大量人们普遍需要的协议。虚拟终端软件都位于应用层。

应用层解决不同系统之间传输文件所需处理的各种不兼容问题，以及实现文件传输、电子邮件、远程作业输入、名录查询和其他各种通用和专用的功能。

## 2.6.2　TCP/IP 参考模型

计算机网络之父 ARPANET 和其后继的互联网使用的参考模型为 TCP/IP 参考模型。

ARPANET 是由美国国防部 DoD（Department of Defense）赞助的研究网络。

主要设计目标如下：

（1）无缝隙地连接多个网络。

（2）网络不受子网硬件损失的影响。

### 1. 互联网层

互联网层是基于无连接互联网络层的分组交换网络。其功能是在互联网层主机可以把分组发往任何网络并使分组独立地传向目标（可能经由不同网络）。这些分组到达的顺序和发送的顺序可能不同，因此在需要按顺序发送及接收时，高层必须对分组排序。

互联网层定义了正式的分组格式和协议，即 IP 协议。

### 2. 传输层

功能：传输层使源端和目标端主机上的对等实体和 OSI 的传输层一样可以进行会话。

其定义了两个端到端的协议：

（1）传输控制协议 TCP（Transmission Control Protocol）。

（2）面向连接的协议，允许从一台机器发出的字节流无差错地发往互联网上的其他机器。它把输入的字节流分成报文段并传给互联网层。在接收端，TCP 接收进程把收到的报文再组装成输出流。TCP 还要处理流量控制。

### 3. 应用层

TCP/IP 模型没有会话层和表示层。来自 OSI 模型的经验已经证明，它们对大多数应用程序都没有用。

应用层包含所有的高层协议。最早引入的是虚拟终端协议（TELNET）、文件传输协议（FTP）和电子邮件协议（SMTP）。

### 4. 主机至网络层

互联网层的下面什么都没有，TCP/IP 用某种协议与网络连接，以便能在其上传递 IP 分组。这个协议未被定义，并且随主机和网络的不同而不同。

## 2.6.3　OSI 参考模型和 TCP/IP 参考模型的比较

OSI 参考模型和 TCP/IP 参考模型有很多相似之处，层的功能也大体相似。

传输层及传输层以上的层都为希望通信的进程提供端到端的、与网络无关的传输服务。

（1）三个概念。

OSI 模型有三个主要概念，即服务、接口、协议。

TCP/IP 参考模型最初没有明确区分服务、接口和协议，后来改进：互联网层提供的真正服务只是发送 IP 分组（SEND IP PACKET）和接收 IP 分组（RECEIVE IP PACKET）。

（2）OSI 模型中的协议比 TCP/IP 参考模型的协议具有更好的隐藏性，在技术发生变化时能相对比较容易地替换掉。

OSI 参考模型产生在协议发表之前。这意味着该模型没有偏向于任何特定协议，因此非常通用。而 TCP/IP 却正好相反。首先出现的是协议，模型实际上是对已有协议的描述。因此，不会出现协议不能匹配模型的情况，它们配合得相当好。唯一的问题是该模型不适合于任何其他协议。

（3）面向连接的和无连接的通信。

OSI 模型在网络层支持无连接和面向连接的通信，但在传输层仅有面向连接的通信。

TCP/IP 模型在网络层仅有一种通信模式，但在传输层支持两种模式，给了用户选择的机会。

## 2.6.4　现场总线的通信模型

具有 7 层结构的 OSI 参考模型可支持的通信功能是相当强大的。

工业数据通信的底层控制网络构成开放互联系统，需要制定和选择通信模型：7 层 OSI 参考模型是否适应工业现场的通信环境，简化型是否更适合于控制网络的应用需要？

工业生产现场存在大量传感器、控制器、执行器等，零散地分布在一个较大范围内，构成控制网络，其单个节点面向控制的信息量不大，信息传输的任务相对也比较简单，但对实时性、快速性的要求较高。

# 第3章 DeviceNet

DeviceNet 是 NetLinx 的底层网络，也是 CIP 网络家族的第一位成员，具有开放、低价、可靠、高效的优点，特别适合于高实时性要求的工业现场的底层控制。DeviceNet 不但是国际低压开关设备和控制设备技术委员会制定的国际标准 IEC62026 中的第 3 部分，而且被列为欧洲标准 EN50325，同时也是中国国家标准 GB/T 18858.3—2002。DeviceNet 实际上是亚洲和美洲的设备网标准，并得到世界各地众多制造商的支持。

DeviceNet 协议是一个简单、廉价且高效的协议，适用于底层的现场总线，例如，过程传感器、执行器、阀组、电动机启动器、条形码读取器、变频驱动器、面板显示器、操作员接口和其他控制单元的网络，可通过 DeviceNet 连接的设备包括从简单的挡光板到复杂的真空泵各种半导体产品。DeviceNet 是一种串行通信链接，可以减少昂贵的硬接线，其所提供的直接互联性不仅改善了设备间的通信，同时也提供了相当重要的设备级诊断功能，这是通过硬接线 I/O 接口很难实现的。

本章将首先介绍 DeviceNet 概况，然后着重介绍 DeviceNet 的网络模型，包括物理层、数据链路层及应用层的详细内容，最后介绍 DeviceNet 的应用，并给出实例。

## 3.1 概　　述

DeviceNet 规范由 Rockwell 自动化公司开发，并将其作为一个基于 CAN 协议的开放式现场总线标准公布。DeviceNet 协议特别为工厂自动控制而定制，在美国和亚洲扮演了非常重要的角色。在欧洲也得到了越来越广泛的应用。

最早的 DeviceNet 产品出现在 1995 年年初，DeviceNet 进入我国虽然比较晚，但因其突出的优点而受到国内有关部门和单位的高度重视。2002 年 10 月 8 日，DeviceNet 被批准为中国国家标准 GB/T 18858.3—2002，并于 2003 年 4 月 1 日开始实施，从而进一步推动了 DeviceNet 现场总线技术在我国的推广与应用。

ODVA（Open DeviceNet Vendor Association）是所有 DeviceNet 产品开发者的组织，它成立于 1995 年，并获得了 Rockwell 自动化公司所有知识产权的转让。该组织按照公司的原则进行运作，并确保所有成员都有同等发言权。ODVA 负责 DeviceNet 标准的制定和更新，还致力于 DeviceNet 在全球的推广和市场化。

就像其他协议一样，DeviceNet 协议最基本的功能是在设备及其相应的控制器之间进行数据交换。这种通信是基于面向连接的（点对点或多点传送）通信模型建立的，DeviceNet 既可以工作在主从模式，也可以工作在多主模式。DeviceNet 的报文主要分为高优先级的进程报文（I/O 报文）和低优先级的管理报文（显式报文）。两种类型的报文都可以通过分段模式来传输不限长度的数据。

DeviceNet 协议设计简单，针对底层的现场总线系统特点（通信速率不高，传输的数据量不大）采用了先进的通信理念，具有低成本、高效率、高性能与高可靠性等优点。DeviceNet 适用于连接传感器、测量仪表、变频器、电动机启动器等底层设备，网络示意图如图 1-3-1 所示。

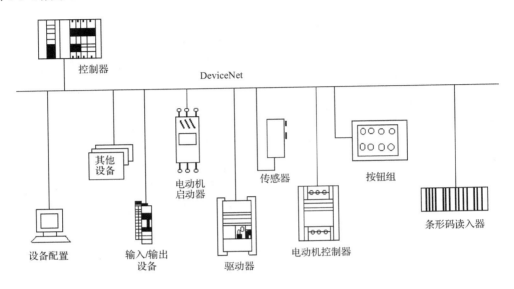

图 1-3-1　DeviceNet 网络示意图

DeviceNet 网络采用五线电缆连接，其中包括两条信号线、两条电源线（DC 24V）和一条屏蔽线，设备既可以网络供电也可以独立供电。这是一种简单的网络解决方案，可以提供供应商同类部件间的互换，减少了配线和安装工业自动化设备的成本和时间。DeviceNet 网络改善了设备间的通信，同时提供了相当重要的设备诊断功能，这是通过硬件接线 I/O 接口很难实现的。DeviceNet 的主要特点如下：

- 同一网段上最多可以容纳 64 个节点，每个节点支持的 I/O 数量没有限制。
- 采用主干—分支结构。
- 三种可选择的数据传输速率：125Kbps、250Kbps、500Kbps。
- 采用生产者/消费者模型，支持对等、多主和主/从通信方式。
- 采用带非破坏性逐位仲裁的载波侦听多址访问总线技术。当多个节点同时向总线发送通信时，优先级较低的节点会主动退出发送，而最高优先级的节点可不受影响地继续传输数据，从而大大节省了总线冲突的仲裁时间，尤其是在网络负载很重的情况下，也不会出现网络瘫痪的情况。
- 支持位选通、轮询、状态改变和循环四种数据通信方式。
- 采用 CAN 的物理层和数据链路层协议，采用 CAN 控制芯片，得到国际上主要芯片制造商的支持。
- 采用短帧结构，传输时间短，受干扰概率低，具有极好的检错效果。每帧信息都有 CRC 校验及其他检错措施，故数据出错率极低。具有通信错误分级检测机制及通信故障的自动判别和恢复功能。

- 通信介质为独立双绞线，信号线与电源线承载于同一电缆。电源采用 24V 直流电源。
- 支持设备的热插拔，可带电更换网络节点，在线修改网络配置。
- 接入 DeviceNet 的设备可选择光隔离设计，由外部供电的设备与由总线供电的设备共享总线电缆。
- 总线电源结构和容量可调，每个电源的最大容量为 16A。

　　同时，DeviceNet 规范还允许制造商提供电子文档（EDS），以文件的形式记录设备的一些 具体操作参数等信息，便于在配置设备时使用。这样，来自第三方的 DeviceNet 产品可以方便地连接到 DeviceNet 上。DeviceNet 还是一个开放的网络标准，其规范和协议都是开放的。用户将设备连接到系统时，无须购买硬件、软件或许可权。任何个人或制造商都能以少量的复制成本获得 DeviceNet 规范和协议。

# 3.2　网　络　模　型

　　DeviceNet 建立在 CAN（Controller Area Network）协议的基础之上，沿用了 CAN 协议标准所规定的总线网络的物理层和数据链路层，并补充定义了不同的报文格式、总线访问仲裁规则及故障检测和隔离的方法。DeviceNet 应用层采用 CIP 协议，规范定义了传输数据的语法和语义。CAN 定义了数据传送方式，而 DeviceNet 的应用层又补充了传送数据的意义。CAN 最初主要是为汽车监测、控制系统而设计的。它以其卓越的特性，低廉的价格，极高的可靠性和灵活的结构，使其应用范围不再局限于汽车工业，而向机械工业、过程工业等领域发展，更适合现代工业过程监控设备的互联。

　　CAN 技术规范最初是为德国 BOSCH 公司制定的一种串行数据通信协议。现在广泛应用的 CAN 2.0 版技术规范是于 1991 年由 Philips Semiconductors 公司制定的，CAN2.0 版分为 A 和 B 两个部分，其中 CAN 2.0A 为基本内容，CAN 2.0B 是 CAN 2.0A 的增强版。需要说明的是，DeviceNet 只支持 CAN2.0A，也就是说 DeviceNet 只使用 11 位 CAN 标识符。

　　根据 ISO/OSI 网络模型，按通信功能分为 7 个层次，包括物理层、数据链路层、网络层、传输层、会话层、表示层和应用层。如图 1-3-2 所示，DeviceNet 遵从 ISO/OSI 参考模型，它的网络结构分为三层，即物理层、数据链路层和应用层，物理层下面还定义了DeviceNet 的传输介质。DeviceNet 物理层划分为物理层信号（Physical Layer Signal，PLS）和媒体访问单元（Medium Attachment Unit，MAU），其中 PLS 遵循 CAN 协议，MAU 是自己定义的，媒体访问单元用于完成 CAN 控制器逻辑电平和物理信号转换，包括 CAN 收发器和其他用于连接 CAN 控制器到传输介质的电路。数据链路层又划分为逻辑链路控制（Logic Link Control，LLC）和媒体访问控制（Medium Access Control，MAC），其中 MAC 采用 CAN 协议，LLC 是自己定义的，媒体访问控制层是通信协议的核心，其主要功能是定义传送规则，控制帧结构、仲裁和检错等。逻辑链路控制层的主要功能是报文过滤、报文处理和提供应用层接口等。

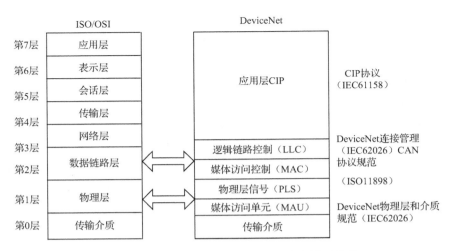

图 1-3-2　DeviceNet 模型与 ISO/OSI 参考模型比较

## 3.2.1　DeviceNet 传输介质

DeviceNet 传输介质主要定义传输介质的电气及机械接口。

### 1. DeviceNet 电缆

DeviceNet 采用 5 芯电缆，如图 1-3-3 所示，其中一对电源线，用于 24V DC 电源（V+和 V-），一对信号线（CAN-H，CAN-L），用于 CAN 数据通信，一根用于信号屏蔽（SHLD）。主干网长度最大 500m，支网络长度最大 6m。

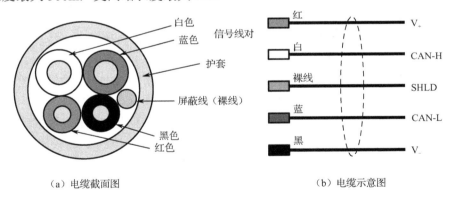

（a）电缆截面图　　　　　　　　　　　（b）电缆示意图

图 1-3-3　DeviceNet 电缆

### 2. 拓扑结构

DeviceNet 介质具有线性总线拓扑结构，如图 1-3-4 所示，每个干线的末端都需要终端电阻。每条支线最长为 6m，允许连接 1 个或多个节点，DeviceNet 只允许在支线上有分支结构。DeviceNet 网络干线的长度由数据传输速率和所使用的电缆类型决定，将在 3.3.2 节 DeviceNet 网络规划中详细说明。

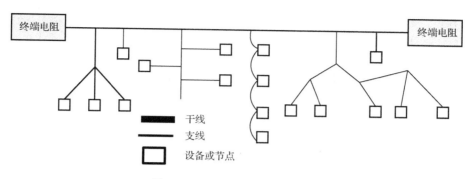

图 1-3-4　DeviceNet 的拓扑结构

### 3．终端电阻

DeviceNet 要求在每个干线的末端安装终端电阻，电阻要求为 121Ω、1/4W 和允许误差为 1%的金属膜电阻。终端电阻只能安装在干线的两端，不可安装在支线末端。当终端电阻包含在节点中时，由于错误布线很容易使网络阻抗太高或太低而导致网络故障，如移走含有终端电阻的节点会导致网络故障。

### 4．连接器

如图 1-3-5 所示为各类 DeviceNet 连接器。一般来说，DeviceNet 连接器需要支持 5 针类即一对信号线、一对电源线和一根屏蔽线。由于采用扁平电缆时不使用屏蔽线，因而仅用于扁平干线系统的连接器只能支持四线。

无论选择何种连接器必须保证设备可在不切断网络的情况下脱离网络并不对网络产生干扰。不允许在网络工作时布线，以免发生诸如网络电源短接和通信中断等问题。

图 1-3-5　DeviceNet 连接器

## 3.2.2　媒体访问单元

媒体访问单元（MAU）用于完成 CAN 控制器逻辑电平和物理信号转换，包括 CAN 收发器和其他用于连接 CAN 控制器到传输介质的电路（如光电隔离电路）。

### 1．收发器

收发器是在 DeviceNet 网络上传送和接收 DeviceNet 信号的物理组件，收发器从网络上接收差分信号供给 CAN 控制器，并用 CAN 控制器传来的信号差分驱动网络；可选的光电隔离器完成 CAN 控制器和 CAN 总线信号隔离。

如图 1-3-6 所示，收发器从网络上差分接收信号，供给 CAN 控制器并用 CAN 控制器传来的信号差分驱动网络。

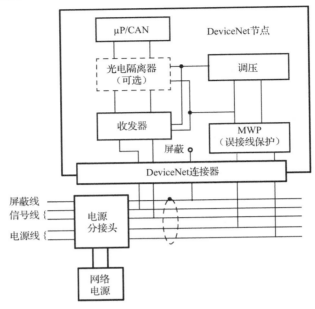

图 1-3-6　物理层模块图

市场上有许多集成 CAN 收发器，在选择收发器时须保证所选择的接收器符合 DeviceNet 规范物理层技术规范。

为了和供电系统设计匹配，收发器必须至少支持±5V 共模工作电压。

### 2. 误接线保护

DeviceNet 要求节点能承受连接器上 5 根线各种组合的接线错误。在这种情况下，根据 DeviceNet 物理层特性要求，在可承受电压范围内不会对 DeviceNet 节点造成永久性损害。

许多集成 CAN 收发器对 CAN_H 和 CAN_L 的最大负向电压只有有限的承受能力，使用这些器件时，需要提供外部保护回路。

图 1-3-7 所示为误接线保护的电路图例，在接地线中加入一个肖特基二极管来防止 V+信号线误接到 V-端子，在电源线上接入一个晶体管开关，以防止由于 V-连接断开而造成的损害，该晶体管及电阻回路可防止接地断开。图中 VT1、R1 和 R2 的值仅供参考，这些值应由开发者根据应用自行决定。

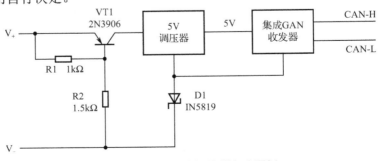

图 1-3-7　误接线保护的电路图例

### 3. 接地和隔离

为防止地线回路，DeviceNet 网络必须只在一处接地。所有设备中的物理层回路是以 V-总线信号为基准的。总线供电将提供接地连接。如图 1-3-8 所示的任一设备都必须有接地隔离栅。在 DeviceNet 产品外部也可能存在隔离栅，如在一些接近开关传感器中，其隔离栅为塑料安装件，有些产品可能有多处电位接地路径，在这些产品中所有的可能接地路径都必须隔离。

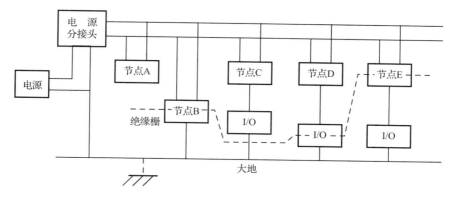

图 1-3-8　DeviceNet 上的接地隔离栅

## 3.2.3　物理层信号（PLS）

CAN 规范定义了两种互补的逻辑数值："显性"（Dominant）和"隐性"（Recessive），同时传送"显性"和"隐性"位时，总线结果值为"显性"。

在 DeviceNet 总线接线情况下，显性电平用逻辑 0 表示，隐性电平用逻辑 1 表示，代表逻辑电平的物理状态，例如：电压在 CAN 规范中没有规定，这些电平的规定包含在 ISO 11898 标准中，典型的 CAN 总线为"隐性"（逻辑 1）时，CAN_H 和 CAN_L 的电平为 2.5V（电位差为 0V）；CAN 总线为"显性"（逻辑 0）时，CAN_H 和 CAN_L 的电平分别是 3.5V 和 1.5V（电位差为 2V），如图 1-3-9 所示。

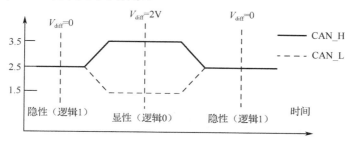

图 1-3-9　物理信号示意图

## 3.2.4　媒体访问控制

媒体访问控制（MAC）层的功能主要是传送规则，即总线仲裁、错误检测和出错管理等。DeviceNet 的媒体访问控制遵循 CAN 协议。CAN 节点的发送可以被网络上其他所有节点监听并应答，只要总线处于发送空闲状态任一节点即可开始发送，如果一个节点正在发送，其他节点必须要等这一节点的发送完成后才能开始发送信号。若总线上有两个或两个以上节点同时发送数据，则发生"碰撞"时，DeviceNet 采用的是非破坏性逐位仲裁的载波侦听多址访问（CSMA/NBA）机制，是一种"优先级"仲裁。

### 1．CAN 帧类型

CAN 定义下列帧的类型：
（1）数据帧。携带数据由发送器至接收器。
（2）远程帧。通过总线单元发送，请求传送指定标识符的数据帧。
（3）错误帧。标明一个节点检测到了总线/网络故障，由检测出总线错误的任何单元发送。
（4）超载帧。提供当前的和后续的数据帧的附加延时以控制数据流。

### 2．帧结构

CAN 虽然定义了四种不同的帧类型：数据帧、远程帧、超载帧和错误帧，但 DeviceNet 仅支持其中的数据帧、超载帧和错误帧。一个数据帧由 7 个不同区域组成，如图 1-3-10 所示。数据帧由 7 个不同的位场组成，即帧起始、仲裁场、控制场、数据场、CRC 场、应答场和帧结束。数据场长度可以为 0。

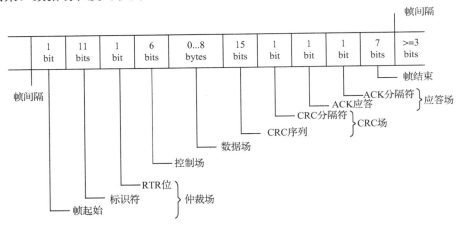

图 1-3-10　CAN 数据帧的结构

（1）帧起始（SOF）标志数据帧的起始。它仅由一个显位构成。只有在总线处于空闲状态时，才允许站开始发送。所有站都必须同步于首先开始发送的那个站的帧起始前沿。

（2）仲裁场由标识符和远程发送请求位（RTR）组成。对于 DeviceNet 网络来说，标识符的长度为 11 位，这些位以从高位到低位的顺序发送，最低位为 ID.0，其中最高 7 位（ID.10～ID.4）不能全为隐性位。RTR 位在数据帧中必须是显性位。

（3）控制场如图 1-3-11 所示，由五位组成。控制场包括数据长度码和两个保留位，这两个保留位必须发送显性位，但接收器认可显性位与隐性位的全部组合。

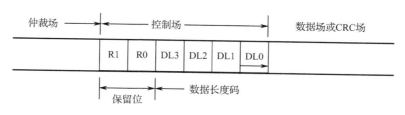

图 1-3-11　控制场组成

（4）数据场由数据帧中被发送的数据组成，它可包括 0～8 个字节，每个字节 8 位。首先发送的是最高有效位。

（5）CRC 场包括 CRC 序列，后随 CRC 分割符。

（6）应答场 ACK 为两位，包括应答间隙和应答界定符。在应答场中，发送器送出两个隐性位。一个正确接收到有效报文的接收器，在应答间隙，将此信息通过发送一个显性位报告给发送器。所有接收到匹配 CRC 序列的站，通过在应答间隙内把显性位写入发送器的隐性位来报告。应答界定符是应答场的第二位，并且必须是隐性位。

（7）帧结束由 7 个隐性位组成的标志列界定。

### 3. 链路层寻址

在总线上传输的数据帧都被分配一个标识符，每个节点根据这些标识符，确定是否接收这些帧。这些标识符在数据帧的仲裁场中定义。

### 4. 总线仲裁机制

CAN 节点发送的数据可以被总线上的其他节点监听和应答。在任一时刻，只能有一个节点发送数据。在任一时刻，DeviceNet 网络上的所有节点都在侦听总线的状态，当总线上已有节点正在发送时，任何一个节点都必须等待这一帧发送结束，经过一定的帧间隔时间，任何节点都可以申请下一帧的发送。如果两个或多个节点在同一时间申请开始发送，其冲突将采用非破坏性逐位仲裁算法得以解决。

CAN 数据帧的仲裁场包括 11 位 CAN 标识符区和 RTR 位。RTR 位表示该帧是一个实际的数据帧还是一个远程帧。由于 DeviceNet 不支持远程帧，所以 RTR 位始终是显性的（逻辑值为 0）。11 位标识符从最高位到最低位顺序发送。总线数据的一位可以是显性的（逻辑值 0），也可以是隐性的（逻辑值 1）。一个显性位和一个隐性位同时发送的结果是总线上的数据呈现显性位。

网络上每个节点拥有一个唯一的 11 位标识符，这个标识符的值决定了总线冲突仲裁时节点的优先级。标识符的值越小，优先级越高。标识符值小的节点在总线仲裁中获胜，可以继续发送数据，直到发送完成，失去仲裁的一方可以在当前帧结束后再次尝试发送，因而在总线上不会发生冲突。这种仲裁机制保证了总线上的信息不会丢失，总线资源也得到最大限度的利用，如图 1-3-12 所示。节点 1 获得总线仲裁，节点 2 失去仲裁权。图 1-3-13 所示节点 2 可以在当前发送完成后再次尝试发送数据。

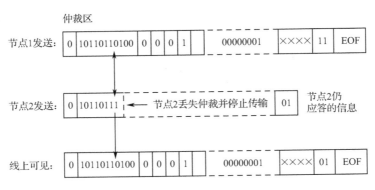

图 1-3-12 逐位仲裁举例

## 5. 出错管理

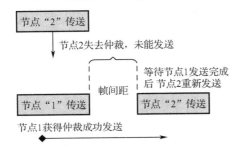

图 1-3-13 CAN 媒体访问控制流程

CAN 提供了 5 种总线错误类型：位错误、应答错误、CRC 错误、填充错误和格式错误。为了尽量减小总线上故障节点的负面影响，CAN 定义了一个故障界定状态机制。一个故障节点可能处于 3 种错误状态：错误主动、错误被动和离线。

### 1）错误类型

CAN 提供了检测下列错误类型的机制。

（1）位错误。发送器将自己发送的电平与总线上的电平相比较，发现两者不相等时产生位错误。隐性位传输时，显性位的检测在仲裁场，ACK 时间段或错误被动故障标志传输期间不会导致位错误。

（2）应答错误。当发送器确定信息没有得到应答时发生应答错误。在数据帧及远程帧之间存在一个应答时间段，该时间段内所有接收的节点，无论是不是目标接收者都必须对接收到的信息做出应答。

（3）填充错误。当节点检测到 6 个相同电平值的连续位时发生填充错误。在正常工作情况下，当发送器检测到它已经发送了 5 个数值相同的连续位时，它将在第 6 位上插入一个取反值（称为位填充）。所有接收器在 CRC 循环冗余检查计算之前将除去填充位，从而当节点检测到 6 个连续的具有相同值的位时，即产生一个填充位错误。

（4）CRC 错误。当 CRC 循环冗余检查值与发送器生成值不匹配时发生 CRC 错误。每一帧包含一个由发送器初始化的循环冗余检查 CRC 域。接收器计算出 CRC 值，并与发送器产生的值相比较，如果两个值不相等，即产生 CRC 错误。

（5）格式错误。当在一必须发送预定值的区内检测到非法位时发生格式错误。确定的预定义的位值必须在 CAN 帧内的一个确定点发送，如果在这些区域中的一个位检测到非法位值，即产生格式错误。

### 2）节点错误状态

为了尽量减小网络上故障节点的负面影响进而提供故障界定，CAN 定义了一个故障界定状态机制，一个节点可能处于下列三种错误状态之一。

（1）错误主动（Error Active）。当一个错误主动节点检测到上述某个错误时，它将发送一个错误主动帧，该帧由 6 个连续的显性位组成。这一发送将覆盖其他任何同时生成的发送，并导致其他所有节点都检测到一个填充错误，并依次放弃当前帧。当处于错误主动状态的节点检测到一个发送问题时，它将发出一个活动错误帧，以避免所有其他节点接收信息包。无论检测到错误的节点是否要接收这个数据，都要执行这个过程。

（2）错误被动（Error Passive）。当一个错误被动节点检测到上述某一个错误时，它将发出一个错误被动帧，该帧由 6 个连续的隐性位组成。这个帧可能会被同时出现的其他发送所覆盖。如果其他站点没有检测到这一错误，将不会引起丢弃当前帧。

（3）离线（Bus Off）。处于离线状态下的节点不允许对总线有任何影响，它在逻辑上与网络断开。

故障界定状态机制中所含过程简述如下。

（1）节点保持对发送和接收错误计数器的跟踪。

（2）节点在开始错误主动状态时，错误计数器的值等于 0，在错误主动状态下的节点假设所有检测到的错误都不是该节点引起的。

（3）错误类型及检出错误的节点被赋予不同的计数值，这些计数值将根据是发送还是接收错误进行累加，有效的接收及发送使这些计数器递减，直至最小值 0。

（4）当这些计数器中的任何一个超出 CAN 定义的阈值时，该节点进入错误被动状态，在此状态下该节点将被认为是导致错误的原因。

（5）当发送错误计数值超出 CAN 定义的另一个阈值时，节点进入离线状态，按照 DeviceNet 规范定义的从离线到错误主动之间的状态转换机制进行转换。

（6）当错误被动的节点的发送及接收错误计数器值都减小至 CAN 定义的阈值以下时，节点重新进入错误主动状态。

故障界定状态机制中错误状态关系如图 1-3-14 所示。

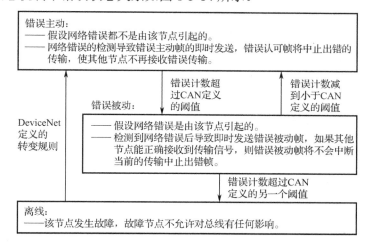

图 1-3-14　故障界定状态机制中错误状态关系

### 3.2.5 逻辑链路控制

逻辑链路层的主要功能是帧接收过滤、超载通知及错误恢复管理等。

帧接收过滤为数据传输和远程数据请求提供服务，数据帧内容由标识符命名，标识符并不能指明帧的目的地，每个接收器通过帧接收过滤确定此帧是否与己有关，超载通告决定 LLC 子层收到的哪些信息确实被接收，如果接收器内部条件要求延迟下一个 LLC 数据帧，则通过 LLC 子层开始发送超载帧，最多可产生两个超载帧，以延迟下一个数据帧。

恢复管理提供错误恢复管理方法和过载通知方法，发送期间，对于丢失仲裁或被错误干扰的帧，LLC 子层具有自动重发功能。在发送完成前，帧发送服务不能被用户认可。

### 3.2.6 应用层

DeviceNet 在充分利用 CAN 总线物理层和数据链路层的基础上，应用层协议采用 CIP 协议。支持 I/O 连接和显式信息连接两种类型的连接；并采用对象建模的方法将总线上的每个设备看成一个对象集合体的节点；DeviceNet 支持显式报文和 I/O 报文两种报文格式；支持位选通、轮询、状态改变和循环 4 种数据通信方式。

**1. 基于连接的通信**

DeviceNet 定义了基于连接的方案以实现所有应用的通信，DeviceNet 连接在多端点之间提供了一个通信路径，连接的端点为需要共享数据的应用程序。当连接建立后与一个特定连接相关联的传输被赋予一个标识值，该值被称为连接标识符（Connection ID，CID）。

1）I/O 连接

I/O 连接在生产应用及一个或多个消费应用之间提供了特定用途的通信路径，应用特定的 I/O 数据通过 I/O 连接传输。如图 1-3-15 所示，I/O 信息通过 I/O 连接进行交换。I/O 信息包含一个连接 ID 及相关的 I/O 数据，I/O 信息内数据的含义隐含在相关的 CID 中。

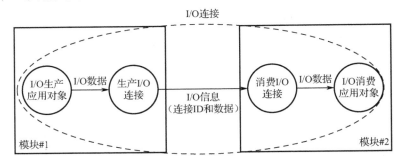

图 1-3-15　DeviceNet I/O 连接

2）显式信息连接

显式信息连接在两个设备之间提供了一般的、多用途的通信路径，显式信息是通过显式信息连接进行交换的，显式信息被用作一特定任务的执行命令，并上报任务执行结果。显式信息的含义及用途在 CAN 数据块中确定。如图 1-3-16 所示，显式信息提供了执行面向典型请求/响应引导功能的方法，如模块配置。DeviceNet 定义了描述信息含义的显式信息协议，一个显式信息包含一个连接 ID 及相关联的信息协议。

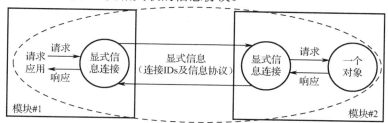

图 1-3-16　DeviceNet 显式信息连接

## 2. DeviceNet 对象模型

DeviceNet 采用对象建模的方法，将每个总线设备视为一个对象集合体的节点。这些节点的总线行为表现是其内部对象之间相互作用的结果。DeviceNet 协议使用对象的概念，抽象地描述总线产品内部的某个特定功能模块。为了完整地体现一个特定模块具有的特性、功能和运行方式，DeviceNet 协议分别采用属性、服务和行为对一个对象加以描述。

按照对象的功能分类，对象分为通信类对象和应用类对象，如连接对象、报文路由对象、标识对象和 DeviceNet 对象属于通信类对象。除此以外，其他对象，如组合对象、参数对象则属于应用类对象。另外，根据对象的派生关系，可分为对象类和对象实例。

图 1-3-17 展示了一个 DeviceNet 节点所具有的对象及其之间的相互关系。图中主要对象的功能描述如下。

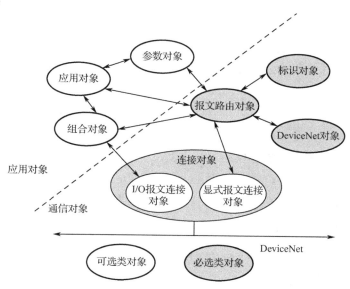

图 1-3-17　DeviceNet 节点内对象组成

（1）标识对象是每个 DeviceNet 总线设备的身份标志，它包含该设备的生产商 ID、产品类型、产品版本号、产品序列号和产品名称。

（2）报文路由对象主要用于转送由显式报文连接对象接收到的显式报文，它不具有外部可视性。

（3）DeviceNet 对象主要用于描述节点的配置信息和所处状态，如节点地址（MACID）、总线波特率、总线关断和主站地址等属性。

（4）组合对象主要用于转送由 I/O 报文连接对象接收到的 I/O 报文。

（5）连接对象主要用于管理和提供运行时的信息交换，是总线设备与总线之间的通信接口，包含 I/O 报文连接对象和显式报文连接对象。

### 3．对象编址

为便于对总线设备内部的对象实施操作，DeviceNet 规范定义了对这些对象的编址方法。在此基础上，可具体实现将总线设备间的信息交换转化为分属不同总线设备对象之间的信息交换。对象编址包括以下内容。

（1）MAC ID（介质访问控制标识符）是分配给 DeviceNet 总线上每个节点的整数标识值。该值可将该节点与总线上的其他节点区分开来。如果没有分配其他值，那么设备初始化上电时的默认值为 63（十进制数）。

（2）Class ID（类标识符）是分配给总线上可访问的每个对象类的整数标识值。

（3）Instance ID（实例标识符）是分配给每个对象实例的整数标识值，用于区别相同对象类中的所有实例。

（4）Attribute ID（属性标识）是分配给对象类或对象实例中每个属性的整数标识值，用于区别相同对象中的所有属性。

（5）Service Code（服务代码）用于表示特定的对象类和对象实例功能整数标识值。

表 1-3-1 列出四类地址的范围。

表 1-3-1　四类地址的范围

| 地　　址 | 最　　低 | 最　　高 |
| --- | --- | --- |
| 节点（MAC ID） | 0 | 63 |
| 类（Class ID） | 1 | 65535 |
| 实例（Instance ID） | 0 | 65535 |
| 属性（Attribute ID） | 1 | 255 |

对象寻址是一个逐级向内的过程，如图 1-3-18 所示，DeviceNet 网络上 3 号节点中 5 号类 1 号实例的 1 号属性表示为：MAC ID#3：对象类#5：实例#1：属性#1。DeviceNet 网络上 4 号节点中 5 号类 2 号实例的 5 号服务表示为：MAC ID#4：对象类#5：实例#2：服务#5。

### 4．DeviceNet 的报文分组

DeviceNet 协议赋予 11 位 CAN 标识符除总线仲裁和信息标识以外新的内涵。DeviceNet 将 11 位的 CAN 标识符分为四组，CAN 标识符除了包含数据帧的身份和数据帧的优先级等信息以外，还包含了连接 ID 信息。如表 1-3-2 所示。

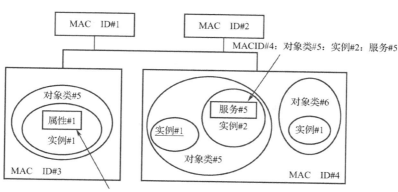

图 1-3-18 DeviceNet 对象层次示意图

表 1-3-2 DeviceNet 报文分组

| CAN 标识符各个位 | | | | | | | | | | | 十六进制范围 | 标识用途 |
|---|---|---|---|---|---|---|---|---|---|---|---|---|
| 10 | 9 | 8 | 7 | 6 | 5 | 4 | 3 | 2 | 1 | 0 | | |
| 0 | 组 1 报文 ID | | | | 源 MACID | | | | | | 000~3FF | 报文组 1 |
| 1 | 0 | MAC ID | | | | | 组 2 报文 ID | | | | 400~5FF | 报文组 2 |
| 1 | 1 | 组 3 报文 ID | | | 源 MAC ID | | | | | | 600~7BF | 报文组 3 |
| 1 | 1 | 1 | 1 | 1 | 组 4 报文 ID（00~2F） | | | | | | 7C0-7EF | 报文组 4 |
| 1 | 1 | 1 | 1 | 1 | 1 | 1 | × | × | × | × | 7F0-7FF | 无效标识符 |

报文分组使得报文访问总线的优先级不再局限于其节点的 MAC ID，也使报文滤波容易实现，降低了芯片的要求。

1）DeviceNet 的报文类型及其报文格式

DeviceNet 支持两种报文格式：显式报文和 I/O 报文，分别用于不同用途的数据传输。

（1）显式报文。显式报文用于两个设备之间多用途的信息交换，一般用于节点的配置、故障情况和故障诊断。DeviceNet 中定义了一组公共服务显式报文，如读取属性、设置属性、打开连接、关闭连接、出错应答等。这类信息因为是多用途的，所以在报文中要标明报文的类型。显式报文属于典型的询问—应答方式，一般被赋予较低的优先级。显式请求报文的数据区格式如表 1-3-3 所示。

表 1-3-3 显式请求报文的数据区格式

| 字节偏移 | 7 | 6 | 5 | 4 | 3 | 2 | 1 | 0 |
|---|---|---|---|---|---|---|---|---|
| 0 | Frag | XID | 主站的 MAC ID | | | | | |
| 1 | R/R | 服务代码（Service Code） | | | | | | |
| 2 | 对象类标识符（Class ID） | | | | | | | |
| 3 | 对象实例标识符（Instance ID） | | | | | | | |
| 4 | 属性标识符（Attribute ID） | | | | | | | |
| 5 | 报文数据（Service Data） | | | | | | | |
| 6 | | | | | | | | |
| 7 | | | | | | | | |

① Frag 是报文的分段标识位。若此位置 1，则表明当前报文是分段报文；反之，若此位置 0，则表明当前报文不是分段报文。

② R/R 是报文的请求/响应标识位。若 R/R 位为 1，则表明当前报文是响应报文；若该位为 0，则表明当前报文是请求报文。

③ XID 是显式报文的事务处理 ID 标识位。当主站在某一段时间内未收到先前发送的显式请求报文的应答时，则会置 XID 位为 1，并重新发送该显式请求报文。

（2）I/O 报文。I/O 报文用于传送主站或从站的实时信息，其格式简洁、数据传送速率快、传送的数据量大。DeviceNet 定义了多种传送规则，可以根据应用对象信息的特点选用适当的通信方式：位选通、轮询、状态改变和循环。除此以外，I/O 报文可以选择应答方式或无应答方式，一般选择无应答方式可以节省时间。I/O 报文可以是点对点或多点传送，一般被赋予较高的优先级。I/O 报文的数据区格式如表 1-3-4 所示。

表 1-3-4  I/O 报文的数据区格式

| 字节偏移 | 7 | 6 | 5 | 4 | 3 | 2 | 1 | 0 |
|---|---|---|---|---|---|---|---|---|
| 0…7 | 报文数据（Service Data） | | | | | | | |

从表 3-4 中可以看出，I/O 报文的 8 字节数据区不包含任何与对象有关的信息，报文的含义由连接 ID 指示。因此，在利用 I/O 报文传输数据时，必须事先对报文的发送和接收设备进行配置。配置的内容包括源和目的对象的属性，以及数据生产对象和消费对象的地址。

2）报文分段协议

由于 DeviceNet 继承 CAN，采用短帧结构，数据段长度最大为 8 字节。对于大于 8 字节的显式报文和 I/O 报文的数据传输，DeviceNet 使用分段发送和分段整合，以实现数据传送的完整性。显式报文的分段报文数据区格式如表 1-3-5 所示。

表 1-3-5  显式报文的分段报文数据区格式

| 字节偏移 | 7 | 6 | 5 | 4 | 3 | 2 | 1 | 0 |
|---|---|---|---|---|---|---|---|---|
| 0 | Frag | XID | MAC ID | | | | | |
| 1 | 分段类型如下。<br>0：第一分段<br>1：中间分段<br>2：最后分段<br>3：分段应答 | | 分段计数器 | | | | | |
| 2…7 | 分段显式报文体 | | | | | | | |

I/O 报文的分段报文数据区格式如表 1-3-6 所示。

表 1-3-6  I/O 报文的分段报文数据区格式

| 字节偏移 | 7 | 6 | 5 | 4 | 3 | 2 | 1 | 0 |
|---|---|---|---|---|---|---|---|---|
| 0 | 分段类型 | | 分段计数器 | | | | | |
| 1…7 | 报文数据（Service Data） | | | | | | | |

### 5．DeviceNet 的数据传送方式

Devicenet 支持位选通、轮询、状态改变和周期的数据传送方式，用户可根据设备性能和应用要求选择主/从、多主和点对点或三种方式组合的配置。选择合适的数据通信方式可以明显加快系统的反应时间。

（1）位选通方式利用 8 字节的报文广播，64 个二进制位的值对应着网络上 64 个可能的节点，通过位的标识，指定要求响应的从设备。

（2）轮询方式 I/O 报文直接依次发送到各个从设备（点对点）。

（3）状态改变方式。当设备状态发生改变时才发生通信，而不是由主设备不断查询来完成。状态改变方式意味着设备仅当它的状态改变时才生产数据。为了确保消费数据的设备知道数据生产者仍处于活动状态，DeviceNet 提供一个可调节的背景心跳率。当状态改变或心跳计时器超时时就发送数据。该服务保证连接的有效性，通知数据消费者其数据源没有任何故障。心跳率的最少时间可防止内部的干扰节点影响网络。这在多点传送时显得更加有效。

（4）周期适用于一些模拟设备，可以根据设备的信号发生速度，灵活地设定循环进行数据通信的时间间隔，这样就可以大大降低对网络的带宽要求。周期选项可以减少不必要的通信量和信息包处理，不必每秒钟扫描数十次温度或模拟量输入模块，其报告数据的时间间隔可以根据该设备能够检测到变化的频率来设定。在刷新时间为 500ms 的慢速 PID 回路中的温度传感器可以将它的周期率设置为 500ms，这样不但可以为变化更快的、对实时性要求更严格的 I/O 数据保留带宽，而且数据也更精确。例如，作为有很多负载，每个节点都传送多字节数据的主机的大量扫描清单中的一部分，它可能是每 30ms 被扫描一次，这就意味着 PID 计算中使用的数据有可能采自 470～530ms，而使用周期生产数据时将在 500ms 时准确采集数据。

### 6．DeviceNet 的设备规范和对象库

DeviceNet 对连接到总线的每一类设备都定义了设备描述。设备描述是从网络角度对设备内部结构的说明，它使用对象模型的方法说明设备内部存在哪些对象类、各对象类中的对象实例数、各个对象如何影响行为及每个对象的公共接口。另外，它说明了设备内部哪些对象是 DeviceNet 对象库中的对象、哪些对象是制造商自己定义的，以及关于设备特性的说明。

DeviceNet 通过对每一类产品编写一个标准的设备描述，来规范不同厂商产品在总线上的行为，使同类设备在总线上表现出相似特性，从而实现同类设备之间的互操作性和互换性。为了方便建立每类设备的描述，DeviceNet 建立了对象库，将各种设备描述要用到的内容分类建库，如电动机过载保护器对象、电动机启动器对象等。

### 7．电子数据文档（EDS）

DeviceNet 规范允许通过总线配置设备，并允许将配置参数嵌入设备中。利用这些特性，可根据特定的应用要求，选择和修改设备的配置设定。开发商可以将设备的可配置数据信息写入电子数据文档提供给用户。该文档包含了设备的可配置属性信息，其中包括每个参数对象的地址，这样就能很容易地更新设备的可配置数据。

# 3.3  DeviceNet 应用

DeviceNet 是用于控制、配置和数据采集的网络化简单设备，DeviceNet 实现了现场设备与控制系统的简单连接，DeviceNet 不仅仅使设备之间以一根电缆互相连接和通信，更重要的是它给系统所带来的设备级的诊断功能，提高工业现场设备运行的可靠性。网络设备即插即用并具有自动设备更换功能，DeviceNet 有着优异的网络吞吐性能。本节将在介绍 DeviceNet 优势的基础上对 DeviceNet 网络的规划与安装进行阐述。

## 3.3.1  DeviceNet 优势

DeviceNet 网络技术非常简单，各种设备直接连接到同一干线或者电缆，许多 DeviceNet 网络都在一条主干线路上配备处理器和扫描器模块，对网络设备进行数据采集和监视控制。此外，扫描器不断地监测为其所分配的设备状态，一旦某一设备出现故障不能正常工作，扫描器就可以报告，并通过控制程序，采取相应的纠正措施，可以更好地监控现场过程，生产出高质量的产品。

DeviceNet 故障自诊断在其他网络上，像灌装生产线上的光电传感器一样，如果变脏了，操作者并不会有任何察觉，直到它不能正常工作为止。但是如果利用 DeviceNet，就可以在光电传感器中内置诊断功能，设备可以自行进行故障报告，操作员借助于 DeviceNet 网络和监控系统就可以及时发现问题，在出现可能的生产事故之前就进行及时清理。

DeviceNet 网络设备即插即用，所以 DeviceNet 网络上的设备增减非常简单。设备设计满足即插即用的要求，相比其他网络，设备节点的添加或删除不必花费太多时间进行重新设计或者重新施工。设备的组态参数预先存储起来，一旦出现故障，操作者只需简单换上一个相应的新设备即可。设备参数包括节点地址等，都会自动下载到新更换的设备中，这种自动设备更换特性使得设备的更换无须依赖于任何计算机或其他工具，可以在非常短的时间内重新使系统恢复正常。

吞吐量是衡量 DeviceNet 网络性能最合适的指标。DeviceNet 优异的吞吐性能应该归功于较小的网络开支和较小的数据分组。DeviceNet 数据分组大小被限制在 8 字节的短帧格式，特别适合应用于低成本、简单的设备联网需求，进行快速、高效的数据传递。较长的报文先进行分帧，组成若干数据包再传输。这种方式对于组态参数或者其他不经常出现，但长度可能较大的报文传送特别重要。

## 3.3.2  DeviceNet 规划和安装

DeviceNet 网络的构建首先要规划 DeviceNet 网络，这时需要考虑拓扑结构、节点数量、长度和扫描器内存。

### 1. 拓扑结构

DeviceNet 支持的干线/支线拓扑结构如图 1-3-19 所示。沿支线可按菊花链方式或分支方式连接节点，从干线到支线最大长度可达 6m。

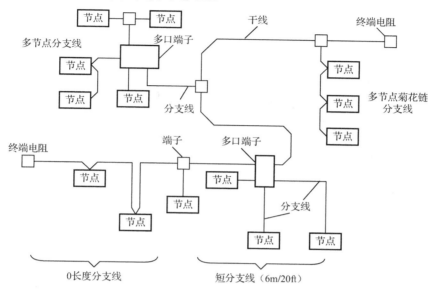

图 1-3-19　DeviceNet 支持的干线/支线拓扑结构

### 2. 节点数量

每个 DeviceNet 网络最多支持 64 个节点。主扫描器占用一个节点号，节点号 63 保留作为默认节点号，其余 62 个节点适用于设备。大部分 AB 控制器支持多个 DeviceNet 网络，可添加更多的节点，增强了灵活性。

### 3. 长度

对于 DeviceNet 网络用户需要考虑干线长度、支线长度和网络内所有支线的总长度。用户选择的数据传输速率和干线电缆类型也会影响网络的最大长度。使用表 1-3-7 确定最大干线长度。

表 1-3-7　最大干线长度

| 数据传输速率 | 最大长度（扁平电缆） | 最大长度（粗缆） | 最大长度（细缆） | 累计支线长度 |
| --- | --- | --- | --- | --- |
| 125Kbps | 420m | 500m | 100m | 156m |
| 250Kbps | 200m | 250m | 100m | 78m |
| 500Kbps | 75m | 100m | 100m | 39m |

### 4. 扫描器内存

有多种控制器平台适用于 DeviceNet 网络。可选择的控制器如下。

● MicroLogix 控制器。

- SLC 500 控制器。
- CompactLogix 控制器。
- FIexLogix 控制器。
- PLC-5 控制器。
- ControlLogix 控制器。
- SoftLogix5800 控制器。
- 支持 DriveLogix 设备。

总 I/O 数据量的大小取决于连接到 DeviceNet 网络上的设备，其可能会超过单个扫描器模块的容量。每个 DeviceNet 扫描器模块的允许输入和输出数据量如表 1-3-8 所示。将数据表输入量和离散输入量相加得到一个扫描器的总输入量。将数据表输出量和离散输出量相加得到一个扫描器的总输出量。如果网络上设备的总 I/O 输入量超过扫描器的总输入量或总 I/O 输出量超过扫描器的总输出量，用户需要为控制平台再添加一个扫描器。

表 1-3-8　可用的 DeviceNet 扫描器内存

| 扫描器通信模块 | 数据表输入大小 | 数据表输出大小 | 离散输入 | 离散输出 |
|---|---|---|---|---|
| ControlLogix/1756-DNB | 124 个双字 | 123 个双字 | | |
| SLC-500/1747-SDN | 150 个字 | 150 个字 | 31 个字 | 31 个字 |
| FIexLogix/1788-DNBO | 124 个双字 | 123 个双字 | | |
| SoftLogix5/1784-PCIDS | 1024 个字 | 1024 个字 | | |
| SoftLogix5800/1784-PCIDS | 124 个双字 | 123 个双字 | | |
| CompactLogix/1769-SDN | 90 个双字 | 90 个双字 | | |
| MicroLogix1500/1769-SDN | 180 个字 | 180 个字 | | |
| PLC-5/1771-SDN | 356 个字 | 356 个字 | 1/2—槽：24 位<br>1—槽：8 位<br>2—槽：0 位 | 1/2—槽：24 位<br>1—槽：8 位<br>2—槽：0 位 |
| 1734-ADNX | 251 个字 | 124 个字 | | |
| 1738-ADNX | 251 个字 | 124 个字 | | |

注：1 个字=16 位；1 个双字=32 位。

### 5. 设备分接头

设备端子提供连接到干线的连接点。设备可直接通过端子或通过支线连接到网络端子，可使设备无须切断网络运行就可脱离网络。设备分接头通过电源分接头将电源连接到干线上。电源分接头不同于设备分接头，它包含以下部件。

- 一个接在电源 $V_+$ 上的肖特基二极管，允许连接多个电源，省去了用户电源。
- 两个保险丝或断路器，以防止总线过电流损坏电缆和连接器。

连接到网络后电源分接头应有下列特性：

- 提供信号线、屏蔽线和电源线的不间断连接；
- 在分接头的各个方向提供限电流保护；
- 提供到屏蔽/屏蔽线的网络接地。

如图 1-3-20 所示的 DeviceNet 电源分接头应具备下列特性。

● 指定电源和网络电流的额定值；

● 在回路中使用一个以上电源时，提供连接到电源的肖特基二极管；

● 保险丝或断路器将端子各个方向上的总线电流限制在特定值，如果电源内部的限流不充分，则必须使用上述装置；

● 电源到电源分接头的电缆最大长度为 3m。

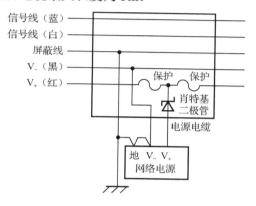

图 1-3-20　电源分接头示意图

### 6．网络接地

DeviceNet 应在一点接地，多处接地会造成接地回路。网络不接地将增加对 ESD 静电放电和外部噪声源的敏感度。单个接地点应位于电源分接头处，密封 DeviceNet 电源分接头的设计有接地装置，接地点也应靠近网络物理中心。干线的屏蔽线应通过铜导体连接到电源地或 V−。

如果网络已经接地，则不要再把电源地或分接头的接地端接地。如果网络有多个电源，则只需在一个电源处把屏蔽线接地，接地点应尽可能靠近网络的物理中心。

### 7．临时终端支持

DeviceNet 规定了在临时终端上使用的开放式连接器。图 1-3-21 所示为该连接器示意图。该连接器允许带电插拔。

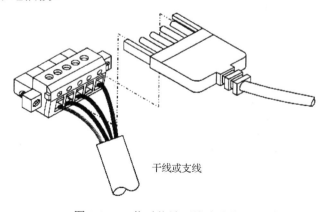

图 1-3-21　临时终端开放式连接器

### 3.3.3 DeviceNet 网络上的自动设备更新

DeviceNet 现场总线减少了安装费用、缩短了启动/调试的时间，也缩短了系统和设备的停机时间。DeviceNet 网上的设备具有自动配置功能，用户在更换了新设备以替换原有损坏设备后，系统将自动把参数下载至新设备，提高了停机后的快速反应能力。这就是 AB DeviceNet 设备为用户提供的自动设备替换功能（ADR），该功能保证了当 DeviceNet 上的智能设备更换时，无须用户对新设备进行组态，就可由系统自动完成原有设备参数的重新下载和 DeviceNet 网络通信的恢复。ADR 功能实现了在不用关停网络的情况下即可置换设备。ADR 在常规现场总线的基础上，可以最大限度地减少系统维护和停机时间，万一系统出现崩溃时，可将停机时间压缩到最短。

## 3.4 网络组态软件 RSNetWorx for DeviceNet

RSNetWorx 是开放网络 ControlNet 和 DeviceNet 通信的组态工具，提供实现网络设计、网络设备参数设定、通信规划、在线监测、故障诊断等功能的友好操作界面。通过 RSNetWorx 组态，可以很好地发挥 ControlNet 和 DeviceNet 网络优异的性能，实现同一网络的多处理器结构、端到端的互锁、预定和非预定通信，以及共享输入等功能。充分利用 CIP 协议的优点，把过去以处理器为核心的网络组态模式变成单一界面的软件网络图形设定方法。

RSNetWorx 提供了一个图形界面来配置用户网络，电子数据表格（EDS）文件包含在这个软件中，EDS 文件允许不同设备在离线状态下被添加到项目中，也允许设备在离线或上线的情况下进行组态。对于连接到用户网络上的任何设备，即不论是什么厂家的设备，使用 EDS 文件都能够快速容易地安装到 RSNetWorx 软件中。

使用 RSNetWorx 网络组态软件配置 DeviceNet 网络的过程将在 3.5 节结合应用实例详细说明。

## 3.5 DeviceNet 应用举例

本例通过某大学工业自动化实验室的基于 DeviceNet 网络的实验室集成监控系统来说明使用 RSNetWorx 网络组态软件配置 DeviceNet 网络，并使用 RSView SE 软件实现 DeviceNet 网络的监控。使用 RSNetWorx 网络组态软件配置 DeviceNet 网络的过程包括：扫描 DeviceNet 网络、网络节点委任、网络参数配置、主从网络组态等步骤，并使用 RSView SE 软件实现 DeviceNet 网络的监控步骤，包括选择数据源、建立标签、系统安全设置、数据记录组态及其报警记录组态等。

### 1．系统概述

实验室配备有液位流量过程控制实验平台、大型交流电动机直流发电机组、PLC 控制的十层电梯系统三大类实验装置。基于 DeviceNet 网络的实验室集成监控系统结构如图 1-3-22 所示。

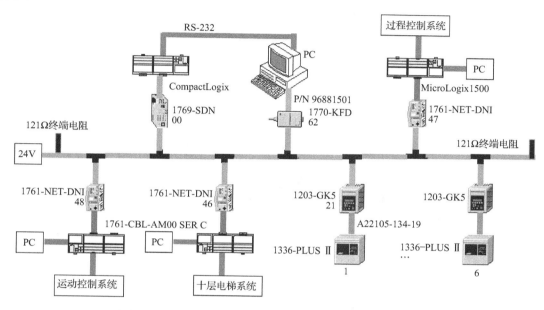

图 1-3-22　基于 DeviceNet 网络的实验室集成监控系统结构

在 DeviceNet 网络干线的两端安装有 121Ω的终端电阻，网络上配有 24V 电源分接盒，所用到的 DeviceNet 设备有网络扫描模块 1769-SDN、1770-KFD RS232 通信卡、1761DNI 通信模块和 1203-GK5 通信模块等。过程控制系统、运动控制系统和十层电梯系统分别通过 1761DNIDeviceNet 通信模块和 1203-GK5DeviceNet 通信模块连接到 DeviceNet 网络上。

### 2．扫描 DeviceNet 网络

打开 RSNetWorx for DeviceNet 软件，新建一个文件。单击 Network 下的 Online，或者直接单击快捷菜单中的 品 按钮，选择 DeviceNet 扫描的路径，弹出如图 1-3-23 所示的窗口。

选择 1770-KFD-1，DeviceNet，开始扫描整个网络，扫描完成后，网络上正常的设备都会显示在屏幕上。

图 1-3-24 所示 00 号节点的 1769-SDN 为主站扫描模块，21 号节点 1203-GK5 和 22 号节点连接的是 1336-PLUSII 变频器，46 号节点与十层电梯系统相连，47 号与过程控制系统连接，48 号连接的是运动控制系统。

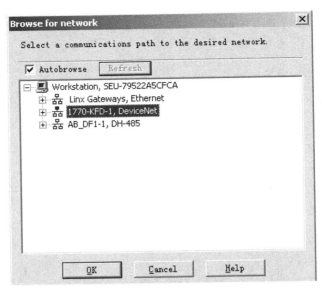

图 1-3-23　扫描设备网

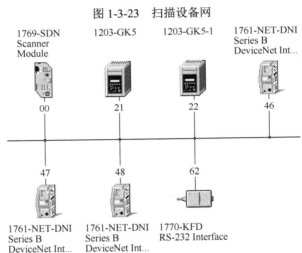

图 1-3-24　设备网连接图

### 3. 网络节点的委任

当网络模块首次连接到设备网时，扫描的结果并不是如图 1-3-24 所示的。出厂时设备默认的节点号是 63，波特率为 125KBd。对于这些网络模块需要进行节点委任。节点委任允许直接在 DeviceNet 网络上对支持此功能的各个设备改变其节点地址和数据传输速率，这些参数改变后通常在整个网络配置时完成。

在 RSNetWorx for DeviceNet 中单击项目菜单"Tool-Node Commission"，将得到如图 1-3-25 所示的节点委任窗口。

在 Browse…中选择要改变的模块节点，填上改变后的节点号，波特率这里仍然采用 125KBd。单击"Apply"后应用修改后的值。回到主界面，重新对网络进行扫描。需要注意的是，在 DeviceNet 网络上不允许不同的设备拥有相同的节点号。

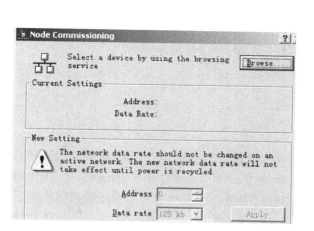

图 1-3-25　节点委任

### 4．网络参数的配置

本例以 47 号节点为例介绍 DeviceNet 网络参数的配置。

双击节点 47，单击 Parameters 选项卡，弹出是否要上载和下载参数的对话框，单击"Upload"按钮。上载完毕后，就可以在窗口中看到各个参数。

如图 1-3-26 所示，1 号参数 Input Size 是要映射到 1769-SDN 扫描模块中的数据字的个数；Input Type 为映射的字的类型，与 PLC 的整行文件建立联系，整型文件对应的是 4 号参数 7；Input Word Offset 是 PLC 中整型文件的偏移量，如这里的 50 表示从 PLC 映射到 1761 中的数据是从 N7:50 开始的，N7:50 中放的是状态量，实际数据应从 N7:51 开始，11 号参数 DF1 Device 选的是 Other MicroLogix（实验室用的都是 MicroLogix1500 Series B LRP 系列）；12 参数使能后，DF1 和 DNI 交换参数，如果一个应用中不对 I/O 进行扫描，选择 Disable 可以提高 DNI 的通信性能，设置 1761-NET-DNI 的参数时，需要将此项先设为禁止，等其他参数都设置完成后再使能该项；13 号为设备检测脉冲数，规定了在 DNI 的设备检测工作过程中，在将设备检测位取

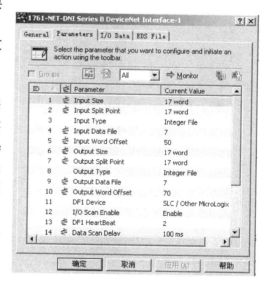

图 1-3-26　1761-NET-DNI 参数扫描

反之前，从控制器中读取数据并检测设备检测位的次数；14 号参数数据扫描延时是指两次通信之间的延迟时间，定义了此次通信结束到下次通信开始间隔的时间。

如图 1-3-27 所示，15、16 号参数采用默认设置；17 号参数如果设为自动，DNI 的波特率将自动设为与 RS-232 设备同步；如果将该参数禁止，DNI 的 RS-232 波特率将被锁定为 18 号决定的值，需要注意的是改变波特率后需给 DNI 模块重新上电；19 号参数使能后，DNI 的通道波特率自动设置为与其连接的 DeviceNet 同步。

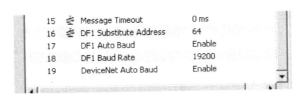

图 1-3-27　1761-NET-DNI 参数扫描（2）

关于 13 号参数设备检测脉冲，需说明的是，设备检测信号位处在 DNI 与控制器互传数据包中首字节的第七位，这里是指 N7:50 和 N7:70 的第七位。DNI 将输出数据的检测信号位置 1，控制器收到后，在程序中将检测信号位送入输出数据包的相应位中，然后将输入数据送入 DNI 输入数据区。在设定的时间内，如果 DNI 读回的设备检测信号状态正确，便将此位取反后再次发送给控制器，经过相同的过程，如果读回的信号位状态正确，则一个循环结束。设备检测脉冲可用于检测在控制器和 DNI 模块之间的有效通信路径，并且能够监测相连接的控制器是否循环扫描梯形图程序。

当将 1761 的参数设置好了以后，单击"Download"下载，从而完成了参数设置。

回到扫描界面，双击扫描模块，同样需要上传数据，上传完了以后，单击"Scanlist"，弹出如图 1-3-28 所示的从设备参数映射表。

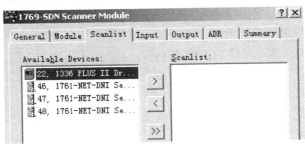

图 1-3-28　从设备参数映射表

选中 47 号节点，单击 ▷ 按钮，完成 1761 的映射，之后需要编辑 I/O 参数，因为 47 号节点映射的输入/输出字都是 17 个，所以输入/输出字节数设为 34。选择数据传送方式为每个扫描周期轮询。输入/输出字的大小设置如图 1-3-29 所示。

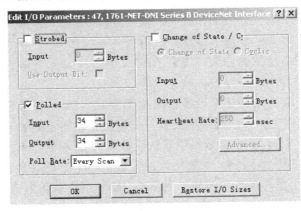

图 1-3-29　输入/输出字的大小设置

### 5. 组态主从通信

保持 RSNetWorx for DeviceNet 和 RSLinx 为打开状态。打开 RSLogix500 编程软件，在"Communications"中找到 47 号节点，如图 1-3-30 所示。

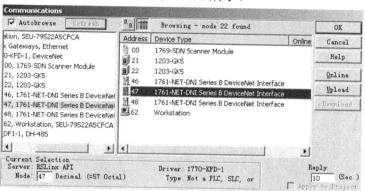

图 1-3-30　选择通道上载程序

上载 47 号节点的从 PLC 对应的程序，然后删除全部程序，按照下面的步骤重新编写程序。

（1）检测如图 1-3-31 所示脉冲信号的接收。在看门狗定时器设定的时间内，是否接收到 DNI 模块发出的设备检测脉冲信号，如果接收到，则将定时器的累加值清零；如果没有接收到，则将输出点清零。检测脉冲信号，如果接收到，将定时器的累加值清零；如果没有接收到，将输出点清零。

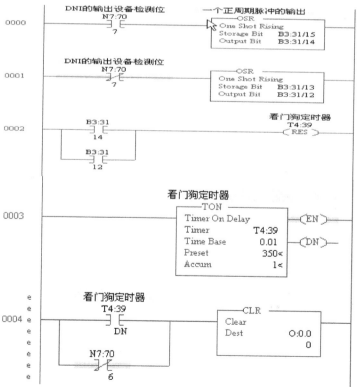

图 1-3-31　接收设备检测脉冲信号

（2）如图 1-3-32 所示为发送设备检测信号。将设备检测信号位的状态送入 N7：70/7，映像到 DNI 输入数据区首字节的第七位。

图 1-3-32　发送设备检测信号

（3）如图 1-3-33 所示，将 DNI 输出数据区在 MicroLogix1500 整型文件中的映射，送至 MicroLogix1500 的输出映像区域内。

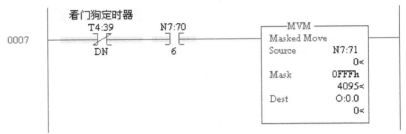

图 1-3-33　DNI 中数据写入 PLC 的输出映像区

（4）如图 1-3-34 所示，将 MicroLogix1500 的输入数据映像到整型文件中供 DNI 提取，从而完成 MicroLogix1500 与 DNI 的数据映射。

图 1-3-34　PLC 中的数据写入 DNI 中

### 6. 选择数据源

本例中使用 RSView Studio 作为开发平台设计实验室网络监控系统的人机界面。RSView Studio 直接找到并利用控制器及 RSLogix5000 程序中创建的标签进行用户界面的开发与数据关联。它是通过和 RSLinx 中的 OPC（OLE for Process Control）数据库服务进行通信设置和数据关联的。步骤如下。

（1）在 RSView Studio 中建好工程的目录树，右键单击工程名，选择 New Data Server 再选择 OPC 选项。如图 1-3-35 所示。

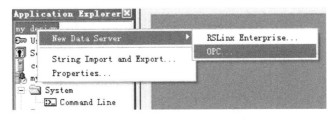

图 1-3-35　选择数据源

（2）如图 1-3-36 所示，在弹出的对话框中，为数据服务器起一个名称，在下面 OPC Server Name 处单击"Browse"按钮。

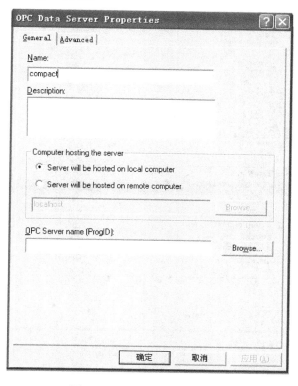

图 1-3-36　为数据服务器命名

（3）如图 1-3-37 所示，在弹出的对话框中选择 RSLinx OPC Server，即可将所有与 RSLinx 建立连接的设备数据关联到 RSView Studio 中，界面创建时可以直接关联这些数据。

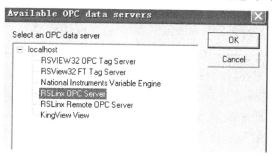

图 1-3-37　连接到 OPC 服务器

### 7. 标签的建立

整个监视系统的数据交换关键在于对标签的控制。虽然 RSView Studio 可以直接关联来自底层设备的数据与标签，但控制界面在进行模拟演示或报警设置时仍要在软件中设置标签量，标签越来越多地用作中间数据变量。为了方便管理，建立标签时可以为不同用途的标签建立相关文件夹，并为每个标签写说明。本例的标签放在不同文件夹中，分别用于关联电梯（lift）、过程控制系统（process）、变频器（drive）和趋势图（trend）等，如图1-3-38所示。

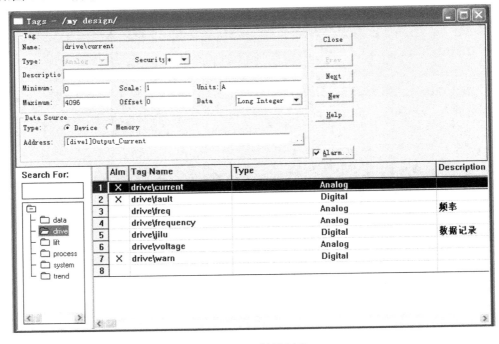

图1-3-38　标签创建

标签数据的来源分成 memory 和 device，即从内存中和从设备上两种。需要编辑的参数如下。

（1）Name：填入这个文件夹下的标签名，值得一提的是标签名应该包含其访问路径。

（2）Type：标签的数据类型，可以是字符型、数字量、模拟量三种。

（3）Security：该标签的安全等级，决定了何种用户可以访问并修改此标签的值。

（4）Description：输入对该标签的描述，不超过128个字符。

（5）Minimum 和 Maximum：该标签的最小/最大值。

（6）Scale 和 Offset：整定和偏置值。

（7）Data Source：选择数据来源，如果是 memory，只要填一个起始值就可以了，如果是 device，要填出这个数据来源的节点。

（8）Data：对于模拟量和字符量，还需要选择具体的类型，如整型、浮点型等。

### 8. 系统安全设置

为了系统的安全，主要涉及设置用户账号和安全代码。界面如图1-3-39所示。安全代码一共有17个，分别是*和 A 到 P 的大写字母。*表明任何用户都可以访问，字母不分等级，拥有某个字母权限的用户才能使用这个字母代码的功能。设计者可以为每个命令和图形分配安全代码，这样只有拥有安全代码的用户才可以使用和编辑相关命令与图形。事实上 RSView SE 在很大程度上将工程的安全性与 Windows 系统的安全联系在一起，从而一方面降低了工程人员的工作量，另一方面也使灵活性打了折扣。

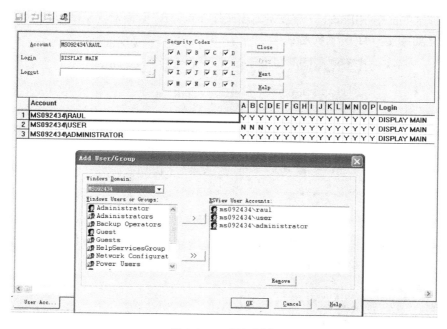

图 1-3-39　添加用户

## 9. 组态数据记录

RSView Studio 提供了设置数据记录的模板，在模板中可以设置数据记录的频率、记录文件的名称与路径、制定需要记录的数据标签等。数据记录可以在趋势图中显示，可以用于将来分析和处理文档存档，也可以使用第三方软件进行分析。在本例中第三方软件使用的是 Microsoft Excel，数据记录模式是宽型文件记录格式。

创建一个数据记录模板如图 1-3-40 所示，为它取一个名称并存储起来；当需要执行数据记录命令时，调用 DataLogOn 命令即可。例如，在本例的控制界面中分别为变频器和过程控制定义了 8 个数据记录模板，变频器模板命名为 Drive。执行变频器数据记录时，运行 DataLogOn Drive 即可；退出记录时执行 DataLogOff Drive。

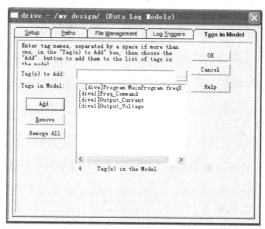

图 1-3-40　创建数据记录模板

为了在控制界面中用 Excel 打开数据记录文件，可以用 ActiveX 与 VBA 完成此项功能。

（1）建立如图 1-3-41 所示的对话框。

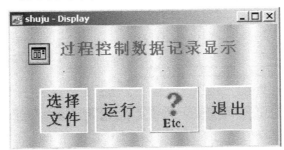

图 1-3-41　打开数据文件

（2）单击菜单中的 （ActiveX Control）按钮，在图形中的任何地方拖出一块区域，之后在跳出的对话框中选择控件"Microsoft Common Dialog control"，命名为 CommonDialog1。

（3）"选择"按钮的动作：

Invoke shuju.CommonDialog1.ShowOpen（）；

invoke Data\data=shuju.CommonDialog1.Filetitle；选择的文件地址

invoke Data\path=shuju.commondialog1.filename；选择的文件名称将文件地址和名称赋予一个标签，第一行命令执行时跳出文件选择框，并将选择的文件地址和名称记录到 CommonDialog 控件中，以备以后调用。

（4）"运行"按钮的动作通过 VBA 应用程序实现对选择的文件地址和名称赋予一个标签，并将英文显示的表头用中文显示，Excel 就打开相应的数据库。

（5）组态报警记录

报警是控制应用程序的重要组成部分，在工业应用中处于十分重要的地位，在事故发生前或事故发生初期，技术人员能够知道事故发生的地点和时间，并能够及时排除故障非常重要。另外，是否对报警进行了确认和将报警记录下来同样不可忽视。使用 RSView 报警系统，可以监视任何报警的模拟量或数字量标签，可通过设定 8 个报警等级并通过使用声音和图像来区别，可使用系统的默认信息或用户自定义的信息来描述报警，可将报警信息记录到文件中，建立全局报警监视等。

组态报警首先要做的是建立报警标签，模拟量和数字量标签的报警设置在标签数据库编辑器中进行。在标签数据库中选中 ☑ Alarm...，出现组态标签报警的对话框，这时填入报警阈值、报警等级和报警握手信息等。

本例中主要的报警量有过程控制中的液位、流量、压力、温度值，以及变频器的频率、电流、电压等。为了设置报警，必须建立标签并关联到这些数据上。

如图 1-3-42 所示，在 RSView tudio 的图库中有报警界面的模板，其功能较齐全。设计者可以根据需要适当地加以改动。报警常用的几个命令：Acknowledge All，AlarmLogOn，AlarmOn，AlarmLogOff，AlarmOff 等只需根据按钮功能适当地添加命令即可。若要用 Excel 打开报警记录，则可以参照打开数据记录的方法。

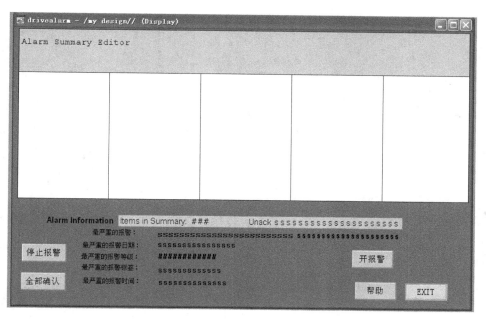

图 1-3-42　报警界面

如图 1-3-43 所示，本例中的监控界面采用树状结构，层层向下，分别涵盖图 1-3-44 所示的过程控制、图 1-3-45 所示的变频器控制和图 1-3-46 所示的电梯控制。对每个系统而言，主要实现静态演示、远程控制、报警记录、数据记录、参数读取、状态显示、趋势图等功能。

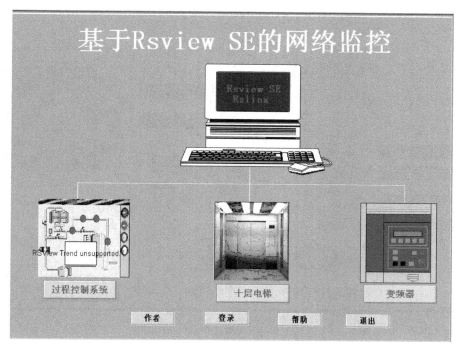

图 1-3-43　系统总界面

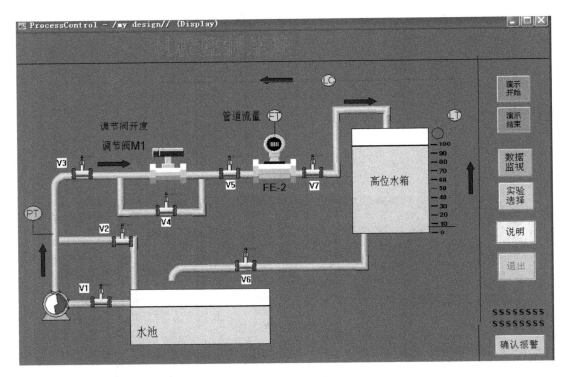

图 1-3-44　过程控制系统界面

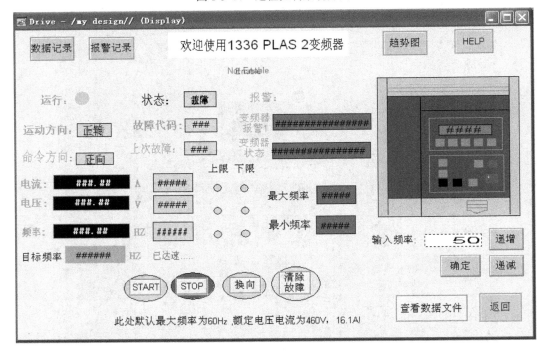

图 1-3-45　变频器控制界面

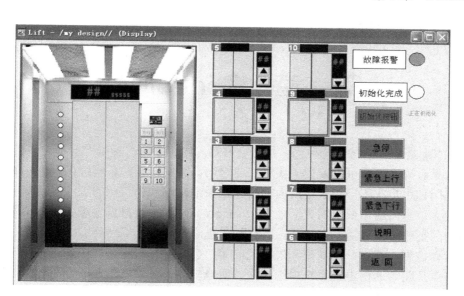

图 1-3-46　十层电梯系统监控界面

# 3.6　小　　结

　　DeviceNet 作为 NetLinx 的一部分，其数据能够在整个 NetLinx 网络系统中进行无缝路由，例如，以太网上的计算机无须其他编程就可以经由以太网访问 DeviceNet，对 DeviceNet 网络上的设备进行组态和监控，这极大地方便了上位机对现场设备的数据采集。

　　DeviceNet 实现了现场设备与控制系统的简单连接，DeviceNet 还是一个开放的网络标准，其规范和协议都是开放的。由于它采用公开的技术规范和常规的 CAN 总线芯片器件，使得基于 DeviceNet 的设备成本较低。

　　DeviceNet 有两种报文形式：I/O 报文用于传输实时数据；显式报文则适合不同设备之间点对点传输配置和故障诊断信息。

　　DeviceNet 能完成快速、高效的数据传递。

　　DeviceNet 网络设备即插即用并具有自动设备更换功能，其给系统所带来的设备级的诊断功能，提高了工业现场设备运行的可靠性。

# 第4章 ControlNet

ControlNet 是 CIP 网络的一种，它是符合 IEC 61158 Type2 标准的一种开放的、高速/高吞吐量的、具有确定性、可重复性的实时工业网络。其主要目的是解决工厂中实时性要求较高的控制应用和用户在工厂控制级所面临的一些关键问题，如苛刻的工业环境、电缆的噪声屏蔽和满足大范围内应用要求的灵活性等。ControlNet 网络支持设备组态和数据采集，且不会对预定的控制或 I/O 通信产生影响。带有预定通信的设计使 ControlNet 特别适合于协调传动控制、运动控制、视觉、批处理和过程控制等。ControlNet 还可提供备用通信电缆系统，允许每个节点从两套通信电缆系统中选择信号质量较高的链路。借助于介质冗余，即便某一网段出现故障，网络设备仍能保持网络连接，保证数据通信的正常进行。

本章首先介绍 ControlNet 概况，然后着重介绍 ControlNet 的网络模型，包括物理层、数据链路层及应用层的详细内容，最后介绍 ControlNet 的应用，并给出实例。

## 4.1 概　　述

作为当今最先进的网络，ControlNet 具备诸多优点，如实时 I/O、控制器互锁、对等报文传输（Peer-to-Peer Messaging），以及编程操作都可以在同一条 ControlNet 链路上实现。ControlNet 本质上的确定性可以确保数据准确发送，其可重复的性能确保网络传输时间不会随网络设备的添加或删除而改变。

ControlNet 设计的重要目标之一就是提高过程控制和制造业自动化中对时间有苛刻要求的应用信息的传输效率。该网络支持实时控制和对等报文传输服务。ControlNet 提供控制器与 I/O 设备、驱动设备、操作员接口、计算机及其他设备间的连接。

ControlNet 是由罗克韦尔自动化公司于 1995 年 10 月正式推出的，为了推广，1997 年 7 月罗克韦尔自动化等 22 家公司联合成立了 ControlNet 国际（ControlNet International，CI），罗克韦尔自动化公司将 ControlNet 的所有权转移给 CI。ControlNet 的规范和协议是开放的，这意味着厂商不必为将设备连接到该系统而购买任何专有的硬件、软件或许可证。ControlNet 是符合 IEC61158 国际标准的现场总线，同时符合欧洲 CENELEC　EN50170 标准。2006 年 11 月，ControlNet 经过中国国家发展与改革委员会确认成为中国机械工业标准，这将扩大整个 CIP 网络系列在中国制造行业的应用。

ControlNet 的基础是开放网络技术的创新解决方案——生产者/消费者模式，它允许网络中所有节点同时获取来自同一数据源的数据，该模式提高了效率，因为数据只发送一次，而与数据使用者的数量无关，并且具有精确的同步性，因为数据将同时到达每一个节点。

采用生产者/消费者网络模式，ControlNet 提供了简单、高度确定且灵活的传输数据方式，而其他网络一般只能简单做到其中一点。ControlNet 在执行程序的上载/下载操作、数据实时监控时不会影响 I/O 控制的性能。其优越性体现在以下三方面。

（1）控制。ControlNet 可以以多种灵活的方式，在各种不同的应用中实现所需要的实时控制数据交换。可逐台设备选择 I/O 更新周期，如某个设备更新周期为 2ms，其他设备更新周期为 16ms；支持单主或多主系统；共享输入，即从一个设备输入的数据可以被多个设备读取；控制器间的互锁；对等报文通信。

（2）组态。ControlNet 网络可以对 PLC 编程，可以在设备调试时对设备组态，操作简单、方便，而且不会对控制性能产生任何影响。当然，用户可以通过信息层的网络，在一个地点完成多个 ControlNet 网络系统的组态，类似地，用户也可以通过 ControlNet，在同一地点组态多个设备层的网络。

（3）数据采集。ControlNet 在人机界面 HMI、趋势分析、配方管理、系统维护与故障排查等方面都是非常理想的，并且用户可以在固定的时间间隔或任何需要的时候实现这些功能，同样，所有这些都不会对控制性能产生任何影响。

这些优点都将提高自动化生产的效率。

# 4.2  ControlNet 的网络模型

ControlNet 网络模型如图 1-4-1 所示，采用 ISO/OSI 参考模型七层中的三层，其中应用层采用 CIP，下面将逐一介绍。

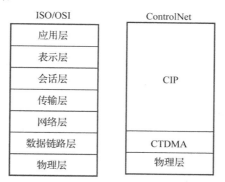

图 1-4-1  ControlNet 模型与 ISO/OSI 参考模型比较

## 4.2.1  物理层

在 ISO/OSI 参考模型中，物理层定义的是网络的机械、电气、功能、规程等特性。具体地说，在物理层需要定义的东西有通信波特率、传输介质、网络拓扑结构、信号编码等。

ControlNet 把物理层分为三个子层，从上到下依次是物理层信号（PLS）子层、物理媒体连接（PMA）子层和传输介质子层。PLS 子层定义的是与信号有关的内容，包括通信波特率、信号编码等，ControlNet 的波特率只有一种，即 5Mb/s，编码采用曼彻斯特编码。PMA

子层定义的是设备内的物理部件，内容有收发器、连接器等。传输介质子层定义的是与传输介质有关的内容，包括线缆、网络拓扑结构、分接头等。ControlNet 的传输介质有同轴电缆和光纤两种，以下分别介绍这两种传输介质及相关内容。

### 1. 同轴电缆

同轴电缆是 ControlNet 最常用的传输介质，它与有线电视系统用的介质相同，一般称为 RG6 同轴电缆。同轴电缆的使用比较灵活，价格相对较低，并且可很容易地从市场上买到为各种应用场合设计的 RG6 同轴电缆。缺点是同轴电缆的接线较不方便，尤其是其所使用的 BNC 接头，制作起来比较麻烦。

基于同轴电缆的 ControlNet 通常采用主干-分支型拓扑结构，再通过使用中继器，ControlNet 可以具备所需的各种物理拓扑结构。一个典型的基于同轴电缆的 ControlNet 网络如图 1-4-2 所示，图中相关术语定义如表 1-4-1 所示，从中可以了解 ControlNet 网络介质的组成。

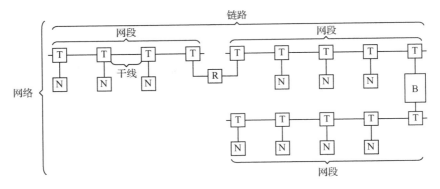

图 1-4-2 采用同轴电缆的 ControlNet 网络

表 1-4-1 ControlNet 常用术语

| 术　语 | 标　记 | 含　义 |
| --- | --- | --- |
| 网桥 | B | 两个链路间的信息传递装置，允许信息从一个链路传递到另一个链路 |
| 链路 | | 节点的集合，每个节点具有唯一的从 1～99 的地址标号范围，可以有一个以上的段 |
| 网络 | | 互相连接的所有节点集合，任意一对设备的连接路径可以包括中继器和网桥 |
| 节点 | N | 任何一个连接到网络电缆上的物理设备，每个设备要求一个唯一的网络地址才能正常发挥其功能。一个链路最多容纳 99 个节点，这个地址必须在 1～99 范围内，且在所在链路上必须是唯一的 |
| 中继器 | R | 一个有两端口的有源物理层组件，它能把一个段上获得的所有信息传输和再现到另一个段上 |
| 网段 | | 通过分接器连接并且两端带有终结器的干线电缆段，不含中继器 |
| 分接器 | T | 设备和 ControlNet 同轴电缆间的连接器，BNC 连接器有 T 型、Y 型、直线型和直角型四种 |
| 终端电阻 | | 一个安装在 BNC 标准插头内的 75Ω 电阻，为了防止信号反射，必须安装在网段的两个末端 |
| 干线电缆 | | 电缆系统的中央部分或总线部分 |
| 干线电缆段 | | 任意两个分接器的电缆段 |

### 2. 光纤

光纤是 ControlNet 可采用的另一种传输介质，具有许多优于传统电缆的优点，由于光纤介质以光脉冲的形式在玻璃或塑料纤维中传输数字信息，它可以避免很多铜质电缆应用中的问题。光纤介质系统的特点和优点如下。

（1）电气隔离。光纤介质隔离了干扰铜质介质的潜在干扰源。

（2）抗干扰。光纤介质能防御电磁干扰，因为它是在玻璃纤维中传递光脉冲的，所以光纤介质在强干扰的环境中（大型机械、多电缆系统等）可以正常工作，而此时铜质电缆系统已受到干扰。

（3）长距离。光纤介质的衰减要比铜质介质小得多，光纤介质衰减小意味着需要的中继器比传统介质要少，对于需要长距离连接的应用，光纤介质更加有效，光纤的信号容量对于确定性控制网络非常理想。

（4）体积小，质量轻。光纤介质能传输的信息比铜线或同轴电缆多，且比传统介质的体积小。

（5）可用于防爆场合。光纤介质为防爆场合提供了一种传输信息的途径，而不必承担灾害风险。

光纤介质主要应用于延长网段或网段与网段的隔离，利用图 1-4-3 来理解 ControlNet 光纤介质系统，其中有关术语如表 1-4-2 所示。

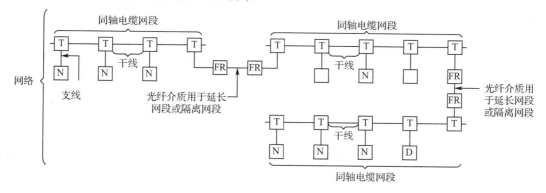

图 1-4-3　采用光纤的 ControlNet 网络

表 1-4-2　光纤 ControlNet 网络的相关术语

| 术　　语 | 标　记 | 含　　义 |
|---|---|---|
| 光纤段 | | 连接两个光纤中继模块的光纤缆线 |
| 光纤中继器 | $\boxed{\text{FR}}$ | ControlNet 使用模块式光纤中继系统，由一个光纤中继器模块和光纤中继适配器组成，它能把一个光纤或同轴电缆网段上获得的所有信息传输和再现到另一个光纤或同轴电缆网段上 |
| 光纤连接器 | | 光纤连接器将光缆连接到光纤中继器模块 |
| 光纤中继适配器 | | 中继适配器连接到同轴电缆上，并将同轴电缆上的信号传送到光纤中继器模块 |

ControlNet 支持的光纤有 3 种：一种用于短距离系统，最远传输距离为 300m；另一种用于中等距离系统，最远传输距离为 7km；还有一种用于长距离传输，最远传输距离为

20km。需要提醒的是，一个光纤连接需要两根光纤，一根用于发送数据，另一根用于接收数据。

## 4.2.2 数据链路层

### 1．介质访问控制方法

现场总线网络属于广播式网络，仅有一条通信通道由网络上的所有节点共享，这就产生了所有节点如何使用一个共享通道的问题。例如，当网络上的节点要传输数据时，谁先发送，谁后发送，当有几个节点同时发送数据，造成"碰撞"时，谁有权继续发送，谁停止发送等。如何分配信道的使用权就成了各种网络必须面对的一个关键问题。数据链路层中的介质访问控制（Media Access Control，MAC）层就是用来解决共享信道使用权分配问题的。由此可见，介质访问控制方法对网络实时性起到了关键性的作用。到目前为止，网络上常用的介质访问控制方法分为以下三大类。

（1）固定分配类，如时分多路复用（Time Division Multiple Access，TDMA）、频分多路复用（Frequency Division Multiple Access，FDMA）等。

（2）随机竞争类，如 ALOHA、多路载波监听（Carrier Sense Multiple Access，CSMA）等。

（3）按需分配类，如令牌环、令牌总线等。

下面对这三类方法进行简单讨论，然后再详细介绍 ControlNet 中的使用方法。

（1）固定分配类。

固定分配类介质访问控制方法源于多路复用技术，为了使网络上的节点共享传输介质，希望在一个信道能够同时传输多路信号。多路复用技术就是把许多在单一传输线路上的信号用单一的传输设备进行传输的技术。两种最常用的多路复用技术是频分多路复用（FDMA）和时分多路复用（TDMA）。

FDMA 是物理信道能够提供比单路原始信号更大带宽的情况下，把该物理信道的总带宽分割成若干个与传输单路信号带宽相同的子信道，每个子信道传输一路信号。多路的原始信号在频分复用前首先要通过频率调制把各路信号频谱搬移到物理信道的不同频谱段上，这可以通过在频率调制时采用不同的载波来实现。

TDMA 是将一条物理信道按时间分成若干时间片轮流地给多个节点使用。每个节点都分配一个特定的时间片，每个节点在这个时间片内具有总线使用权。每个时间片由复用的一个信号源占用，而不像频分多路复用那样同一时间同时发送多路信号。

TDMA 根据实现方法的不同可分为两种，一种为同步时分多路复用，另一种为异步时分多路复用。同步时分多路复用是指时分方案中的时间片是分配好的，且固定不变地轮流占用，而不管某个信息源是否真有信息要发送，时间片与信息源是固定对应的，每个节点有固定的发送顺序，时延是可以计算的。例如，有 10 个节点，每个节点分配一个时间片，则每个节点可以每隔 9 个时间片发送一组数据。在接收端，根据时间片序号便可判断是哪一路信息。这项技术的特点是不管节点数据量的大小，始终为用户预留一个时隙，因此带宽使用效率较低，特别是在数据传输量较小的情况下更是如此。异步时分多路复用允许动态地分配传输介质的时间片，这样便可大大降低时间片的浪费。在接收端，无法根据时间片的序号来判

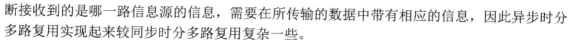

断接收到的是哪一路信息源的信息，需要在所传输的数据中带有相应的信息，因此异步时分多路复用实现起来较同步时分多路复用复杂一些。

综上所述，固定分配类的一个共同点就是采用多路复用技术，因此不存在数据帧的冲突问题，数据收发具有较高的实时性和确定性。

（2）随机竞争类。

在随机竞争类中，节点的发送是随机的，当发生"碰撞"时，退避一段时间，再进行发送。普遍使用的随机竞争 MAC 技术为 CSMA/CD，即载波监听多路访问/冲突检测方法。最早的 CSMA 方法起源于美国夏威夷大学的 ALOHA 广播分组网络，1980 年美国 DEC、Intel 和 Xerox 公司联合宣布 Ethernet 网采用 CSMA 技术，并增加了检测碰撞功能，称为 CSMA/CD。这种方式适用于总线型和树形拓扑结构，主要解决如何共享一条公用广播传输介质。其简单原理是：在网络中，任何一个节点在发送信息前要侦听一下网络中有无其他节点在发送信号，如无则立即发送，如有，即信道被占用，此节点要等一段时间再争取发送权。等待时间可由两种方法确定，一种是某节点检测到信道被占用后继续检测，直到信道出现空闲为止。另一种是检测到信道被占用后等待一个随机时间进行检测，直到信道出现空闲后再发送。

CSMA/CD 要解决的另一个主要问题是如何检测冲突。当网络处于空闲的某一瞬间，有两个或两个以上节点要同时发送信息时，同步发送的信号就会引起冲突。现由 IEEE802.3 标准确定的 CSMA/CD 检测冲突的方法是：当一个节点开始占用信道进行发送信息时，再用碰撞检测器继续对网络检测一段时间，即一边发送一边监听，把发送的信息与监听的信息进行比较，如结果一致，则说明发送正常，抢占总线成功，可继续发送；如结果不一致，则说明有冲突，应立即停止发送。等待一段随机时间后，再重复上述过程进行发送。

CSMA/CD 控制方式的优点是：原理比较简单，技术上易实现，网络中各节点处于平等地位，不需集中控制，不提供优先级控制，但在网络负载增大时，由于冲突的增加，发送时间会增长，发送效率会急剧下降。

（3）按需分配类。

按需分配类使节点在有数据发送需求时才占用传输介质，同时采取一种称为"令牌"的机制来彻底避免冲突的发生。按需分配类采用令牌传递技术来实现，主要有令牌环方法和令牌总线方法两种。

令牌环只适用于环形拓扑结构的局域网。其主要原理是：使用一个称为"令牌"的控制标志（令牌是一个二进制数的字节，它由"空闲"与"忙"两种编码标志来实现，既无目的地址，也无源地址），当无信息在环上传送时，令牌处于"空闲"状态，它沿环从一个节点到另一个节点不停地进行传递。当某一节点准备发送信息时就必须等待，直到检测并捕获到经过该站的令牌为止，然后将令牌的控制标志从"空闲"状态改为"忙"状态，并发送出一帧信息。其他节点随时检测经过本站的帧，当发送的帧目的地址与本站地址相符时，就接收该帧，待复制完毕后再转发此帧，直到该帧沿环一周返回发送站，并收到接收站指向发送站的肯定应答信息时，才将发送的帧信息进行清除，并使令牌标志又处于"空闲"状态，继续插入环中。当另一个新的节点需要发送数据时，按前述过程，检测到令牌，修改状态，把信息装配成帧，进行新一轮的发送。

令牌环控制方式的优点是它能提供优先权服务，有很强的实时性，在重负载环路中，

"令牌"以循环方式工作，效率较高。其缺点是控制电路较复杂，令牌容易丢失，但 IBM 在 1985 年已解决了实用问题，近年来采用令牌环方式的令牌环网实用性已大大增强。

令牌总线主要用于总线型或树形网络结构中。它的访问控制方式类似于令牌环，但它是把总线型或树形网络中的各个节点按一定顺序，如按接口地址大小排列形成一个逻辑环，只有令牌持有者才能控制总线，才有发送信息的权利。信息是双向传送的，每个站都可检测到其他站点发出的信息。在令牌传递时，都要加上目的地址，所以只有检测到并得到令牌的节点时，才能发送信息，它不同于 CSMA/CD 方式，可在总线型和树形结构中避免冲突。

这种控制方式的优点是各节点对介质的共享权利是均等的，可以设置优先级，也可以不设；有较好的吞吐能力，吞吐量随数据传输速率的增高而加大，联网距离较 CSMA/CD 方式大。缺点是控制电路较复杂、成本高，轻负载时，线路传输效率低。

结合工业控制环境中数据报文的特点，ControlNet 采用了一种新型的 MAC 方法——并存时间多路存取（Concurrent Time Domain Multiple Access，CTDMA）方式，它与 TDMA 方式相类似，ControlNet 网络中各个节点在一定时间片网络更新时间（Network Update Time，NUT）内依次发送数据，如此循环往复，但是其对 TDMA 方法进行了改进，根据工业现场数据类型的不同对每一个 NUT 进行了细分，在这种方式下，节点可以按需占用带宽，从而提高了系统带宽总的利用率，灵活性增强。下面先介绍 ControlNet MAC 帧的结构，然后详细介绍 CTDMA。

### 2. ControlNet MAC 帧

ControlNet 的 MAC 帧格式如图 1-4-4 所示。

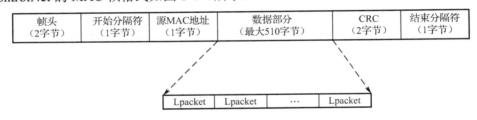

图 1-4-4　ControlNet 的 MAC 帧格式

每个 MAC 帧包含 7 字节的附加量：帧头、开始分隔符、源 MAC 地址、CRC 和结束分隔符。MAC 帧中间的数据部分由 0 个或多个连接帧 Lpacket（Link Packet Frame）组成，如果 MAC 帧包含 0 个 Lpacket，则被称为 NULL 帧。

Lpacket 有两种格式，对应于无连接报文和有连接报文（显式和隐式报文）。图 1-4-5 所示的格式用于无连接报文，其中目的 MAC 地址指明了数据的接收者。更常见的是图 1-4-6 所示的格式，其中重要的部分是连接 ID（Connection ID，CID），总线上的节点对 Lpacket 中的连接 ID 进行筛选，以决定接收与否。

ControlNet 的数据传输基于生产者/消费者模型，生产者是数据的发送者，当该生产者有数据发送时，它将若干个 Lpacket 打包到一个 MAC 帧中，然后发送到总线上。总线上的任何消费者都可以根据自己的需要过滤连接 ID，把自己需要的数据（Lpacket）从网上接收下来，图 1-4-7 所示为生产者发送数据、不同消费者接收不同 Lpacket 的例子。控制器发送一个包含 3 个 Lpacket 的 MAC 帧，每个节点的适配器根据自己的需要接收数据，节点 1 通过过滤只接收 CID10 的 Lpacket 而抛弃 CID20 和 CID30 的 Lpacket；节点 2 通过过滤只接收 CID10 和 CID20 的 Lpacket 而抛弃 CID30 的 Lpacket；节点 3 全部接收 3 个 Lpacket。

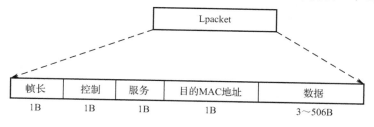

图 1-4-5　用于无连接报文的 Lpacket 格式

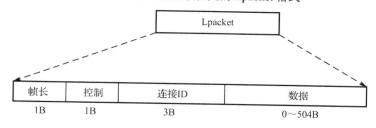

图 1-4-6　用于有连接报文的 Lpacket 格式

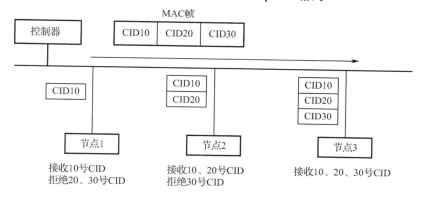

图 1-4-7　消费者基于 CID 接收数据

　　由于每个节点发送数据的长度不同，因此不能根据固定的时间间隔来触发下一个节点的发送。为了使同步时分多路复用机制能有效地使用带宽，ControlNet 采用了隐性令牌传递（Implicit Token Passing）来控制节点的发送次序，即网络上的每一个节点都有一个唯一的 MAC 地址（也常称为网络节点号，范围从 1～99），像普通令牌传递总线一样，持有令牌的节点可以发送数据，但是在网络上并没有真正的令牌在传递，而是由每个节点监视收到每个 MAC 帧的源地址后来完成。每个节点中有一个隐性令牌寄存器，在接收 MAC 帧之后，其值为接收到的源 MAC 地址加 1。如果隐性令牌寄存器的值正好等于某个节点自己的 MAC 地址，则该节点就可以立即发送数据。利用隐性令牌传递机制，既可以实现令牌环及令牌总线的按需分配机制，又避免了令牌传递所带来的额外处理，使介质访问控制更有效。

　　第 2 章中曾经介绍过，CIP 网络中的报文可分为隐式报文、显式报文和维护报文三类。其中隐式报文要求具有极高的实时性，一般数据传送量较小，但对送达时间的确定性和可重复性有很高要求；显式报文通常用来传送组态、诊断等信息，实时性要求低，数据发送的确定性和可重复性要求也不高；维护报文用于完成网络的维护功能，需要定期发送和处理，对确定性和可重复性有较高要求。为了使网络资源得到有效利用，应该对上述三种报文区别对待，并根据各报文的特点分配不同的优先级别和处理机制。ControlNet 的 CTDMA 技术对这三种数据进行了不同处理，下面开始详细介绍 CTDMA。

### 3．CTDMA

ControlNet 中的节点对网络的访问是由时间来确定的，每个节点只能在每个 NUT 中规定的时间段内传输数据，这其中需要 CTDMA 算法来进行控制。

NUT 是一个可以由用户事先组态的网络更新时间，ControlNet 技术规范规定可组态的 NUT 时间为 0.5～100ms，默认值为 5ms。CTDMA 把每个 NUT 分为如下三部分，如图 1-4-8 所示。

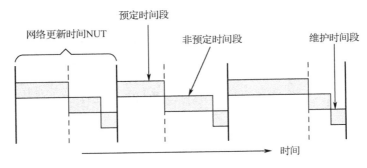

图 1-4-8　NUT 的组成

#### 1）预定时间段

NUT 的第一个时间段用于传送对时间有苛刻要求的隐式报文。CTDMA 算法保证对控制信息有发送要求的每个节点在这一时间段中都有一次发送机会，可以用来传送实时信息。用 SMAX 表示在 ControlNet 网络中，需要利用预定时间段进行信息传送的最高网络节点号，它需要用户事先组态好。预定时间段的细节部分如图 1-4-9 所示。

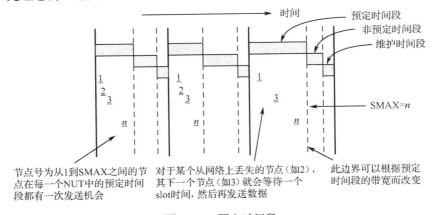

图 1-4-9　预定时间段

在每个 NUT 中，节点地址从 1 到 SMAX 的每个节点都允许在预定时间段中依次传输数据。如果某个节点由于某种原因从网络上丢失，其下一个节点必须等待一个 slot 时间，它是指信号在链路上走一个来回所需要的最少时间，它与链路的物理特性有关，如电缆的长度、中继器的个数等。如果网络上的某个节点在此次发送机会中没有数据要传输，则它必须发一个 NULL 帧，而每一个有数据要发送的节点，在每次传送机会到来时只能发送一个且仅一个 MAC 帧，由于节点发送的数据大小视信息量而定，因此 MAC 帧的长度可变，也正因如此，预定时间段的边界会随着每个节点发送数据量的多少而变化。

ControlNet 技术规范中规定，节点地址越低，优先级越高，因此反映在预定时间段中就成为 1 号节点最先发送数据，然后根据隐性令牌传递机制 2 号节点再发送，依次向下，直到 SMAX 号节点，结束一个循环，随后在下一个 NUT 的预定时间段中 1 号节点开始发送数据，新的一个循环开始。节点地址大于 SMAX 的节点不在预定时间段内发送数据。

2）非预定时间段

NUT 的第二个时间段用于传送对时间无苛刻要求的显式报文。这个时间段中所有传输显式报文的节点按顺序拿到隐性令牌。在一个 NUT 中，这种循环不断重复，直到非预定时间段的时间用完为止。CTDMA 算法根据网络上控制信息流的负载量，在不影响预定时间段的前提下，保证至少有一个节点在一次 NUT 中可以拿到隐式令牌，传送显式报文。用 UMAX 标识在 ControlNet 网络中利用非预定时间段进行信息传输的最高节点号，也需要用户事先组态好。非预定时间段的细节如图 1-4-10 所示。

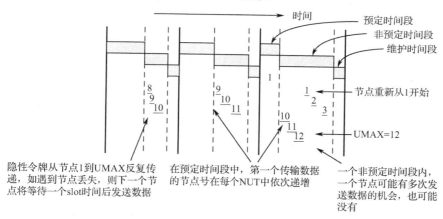

图 1-4-10　非预定时间段

NUT 中的非预定时间段在所有预定节点发送完成后开始，在维护时间段开始之前结束。所有地址从 1 到 UMAX 的节点都可以按顺序使用这段时间。在这一时间段中第一个传送数据的节点地址在每个 NUT 中依次递增，如在图 1-4-10 中，假设第一个 NUT 的非预定时间内由 8 号节点首先发送数据，则在下一个 NUT 中就应该由 9 号节点首先发送，而不管上一个 NUT 中是由哪个节点最后发送数据的，从而一个节点在一个 NUT 的非预定时间段内可能有机会发送数据，但不能保证在每一个 NUT 中都有机会发送。在 NUT 中，维护时间段的时间是固定的，那么非预定时间段的时间就等于 NUT 周期减去预定时间段的时间，再减去维护时间段的时间，也就是说非预定时间段的时间要由预定时间段的时间长短来决定。考虑到最坏的情况，即在每个 NUT 的非预定时间段内只能有一个节点发送数据，那么这种"起始节点号递增"的机制就保证了每一个非预定节点都能有发送的机会。

3）维护时间段

维护时间段是 NUT 中的最后一段，主要用来进行网络维护，保证各节点同步。这段时间里，所有节点停止发送数据，仅有网络地址最小的节点可以发送称为"协调帧（Moderator Frame）"的维护信息，这个节点也称为协调（Moderator）节点。维护信息用来完成网络上每个节点内部时钟的同步和公布一些相当重要的网络链路参数，如 NUT、SMAX、UMAX 等。协调帧在每一个 NUT 中都要发送，如果节点在连续两个 NUT 中都没有接收到协调帧，则具有最低 MAC 地址的节点会在第三个 NUT 的维护时间段开始发送协调帧，而且当一个协调节点发现另一个节点有比它低的 MAC 地址时，它会立即停止自己作为协调节点的角色。从上述分析可以看出，具有最低 MAC 地址的节点在整个 ControlNet 网络中起到了管理员的作用，ControlNet 规范中将这个节点称为 Keeper，它具有存储和应用预定带宽信息和网络组态参数的能力，一般只有 ControlNet 网络扫描模块才可以作为 Keeper。

# 4.3　ControlNet 的应用

## 4.3.1　产品简介

目前在 ControlNet 网络上的主要产品如下。

### 1. 可编程控制器

（1）SLC500 控制器：需要使用 1747-SCNR（预定时间通信）或 1747-KFC15（非预定时间通信）接口模块；不支持控制器冗余。

（2）FlexLogix 控制器：可使用 1788-CNC（同轴电缆）、1788-CNCR（同轴电缆，冗余）、1788-CNF（光纤）或 1788-CNFR（光纤、冗余）接口模块；不支持控制器冗余。

（3）PLC-5 控制器：接口模块集成到控制器上；支持控制器冗余。

（4）ControlLogix 控制器：需要使用 1756-CNB 或 1756-CNBR（冗余）接口模块；支持控制器冗余。

（5）SoftLogix5800 控制器：需要使用 1784-PCICS 接口模块。

（6）支持 DriverLogix 技术的设备（目前只有 PowerFlex 700S）。

### 2. I/O 模块

1）分布式 I/O

（1）1734 POINT I/O：采用 1734-ACNR（冗余）适配器，最多 25 个直接连接和 5 个机架连接，在单个 ControlNet 节点上可安装 63 个 Point I/O 模块，具有数字量、模拟量、继电器输出、隔离型温度、RTD、热电偶、计数器，以及 ASCⅡ模块，可以带电插拔。

（2）1738 ArmorPoint I/O：采用 1738-ADNR（冗余）适配器，高度模块化，具有 IP67 和 NEMA4 标称值，全范围的数字量、模拟量、专用温度模块，可达 252 点/适配器。

（3）1794 FLEX I/O：采用 1794-ACN15 或 1794-ACNR15（冗余）适配器，独立于端子块基座的模块，可以带电插拔，4～32 点/模块。

（4）1797 FLEX Ex I/O：采用 1797-ACNR15（具有内在安全性，冗余）适配器，用于防爆场合的具有内在安全性的 I/O。

2）基于机架的 I/O

（1）1746 I/O：使用 1747-ACN 或 1747-ACNR（冗余）适配器，模块化、高密度 I/O，4～32 点，有 TTL、模拟量、温度、继电器和许多专用模块。

（2）1756 ControlLogix I/O：使用 1756-CNB 或 1756-CNBR（冗余）适配器，具有高级诊断功能，可以带电插拔，具有运动控制接口。

（3）1771 I/O：采用 1771-ACN15 或 1771-ACNR15（冗余）适配器。I/O 可选择范围最宽，为 4～32 点。

## 3．软件

罗克韦尔自动化公司提供多种软件包帮助用户进行管理并控制过程，通常要根据用户控制器平台选择合适的 RSLogix 版本、需要用户软件的 RSLinx 通信软件、用于组态和监控的 RSNetWork 软件，可根据表 1-4-3 来选择。

表 1-4-3　兼容软件列表

| 如果具有以下控制器平台 | 选择软件 | | | | | |
|---|---|---|---|---|---|---|
| | RSLogix 5 | RSLogix 500 | RSLogix 5000 | RSLinx | RSNetWork for ControlNet | RSViewME 或 SE |
| ControlLogix | | | 需要 | 需要 | 需要 | 可选 |
| SoftLogix5800 | | | 需要 | 需要 | 需要 | 可选 |
| SLC 500 | | 需要 | | 需要 | 需要 | 可选 |
| PLC-5 | 需要 | | | 需要 | 需要 | 可选 |
| FlexLogix | | | 需要 | 需要 | 需要 | 可选 |
| DriveLogix | | | 需要 | 需要 | 需要 | 可选 |

## 4．计算机接口

（1）ControlNet PCMCIA 通信接口卡：计算机有 PCMCIA 插槽，支持 31 条非预定时间连接。

（2）ControlNet PCI 通信接口卡：计算机具有 5V PCI 插槽，并且要执行非预定时间通信，支持 128 条非预定时间连接。

（3）ControlNet PCI 总线 I/O 卡：计算机具有 5V PCI 插槽，并且要执行预定或非预定时间通信，支持 128 条非预定时间和 127 条预定时间连接。

（4）ControlNet ISA 总线接口卡：使用 ISA/EISA 总线接口，并且想要将应用连接到 ControlNet 网络，执行非预定时间通信，支持 25 条非预定时间连接。

（5）ControlNet ISA 总线扫描器卡：使用 ISA/EISA 总线接口，并且要执行预定时间通信或通过 SoftLogix5 控制 ControlNet I/O，或通过应用，如 C++或 Visual Basic 控制 ControlNet I/O，支持 127 条预定时间连接。

（6）ControlNet 串口通信模块：计算机具有一个串口，想通过它将设备连接到 ControlNet 网络上。

### 5. 操作员接口

（1）PanelView Plus：使用图形通信 HMI，提供模块化元件、多种通信选项、高级图形特点（如趋势图和数据记录）、重复利用开发工具能力。最多 4 条读/写非规划连接。规划连接中，可以有 6144 字节输入、6144 字节输出，支持多点传送输出，Logix 和 PLC-5 兼容。

（2）VersaView CE 工控机：具有机器级控制，可访问服务器上数据，访问其他计算机。最多 4 条读写非规划连接。规划连接中，可以有 6144 字节输入、6144 字节输出，支持多点传送输出，Logix 和 PLC-5 兼容。

（3）PanelView 标准操作员终端：显式数据、触发报警并允许操作员通过键盘和触摸屏控制操作。支持 1 条连接。

（4）InView 信息显示屏：在工厂级传送警报、状态和其他重要信息。支持 1 条连接，非预定时间通信。

### 6. 变频器

罗克韦尔自动化提供完整系列的能够连接到 ControlNet 网络上的可调速变频器，这些变频器能够在启动或运行期间，通过 HMI 本地组态，或在网络上任意一点进行组态，用户能够从计算机或操作员接口读取诊断信息（电流曲线、相位、输出、电压等），来自变频器的数据能够用来进行监视、趋势走向和分析。变频器产品包括 PowerFlex 70，PowerFlex 700，PowerFlex 700S，PowerFlex 7000、1305、1336 PLUS II、1336 IMPACT、1336 FORCE、1397 等。

### 7. 链接设备

（1）ControlNet 到 DeviceNet 连接设备：支持 ControlNet 冗余线路连接和 1 条 DeviceNet 连接。连接设备的一侧为 DeviceNet 扫描器，能够处理来自 DeviceNet 兼容设备的直接数据，另一侧为 ControlNet 预定时间适配器，具有冗余介质通信。支持 DeviceNet I/O 状态改变、轮询、周期和位选通通信。

（2）ControlNet 到 Foundation Fieldbus 连接设备：将 Fieldbus 数据映像到文件表，供 ControlLogix 控制器或其他控制器使用，支持冗余介质 ControlNet 接口，每个连接设备有两个 Fieldbus 接口。

## 4.3.2　网络规划

规划 ControlNet 网络时，需要考虑拓扑结构、节点数量、长度和连接。ControlNet 支持多种拓扑结构，包括干线/支线、星形、树形及环形结构。在最简单结构内，ControlNet 为干线，用分接器和 1m 长的支线连接节点到干线上，如图 1-4-11 所示。建立其他拓扑结构需要中继器，星形结构如图 1-4-12 所示，环形结构如图 1-4-13 所示。

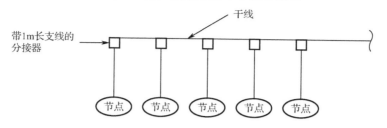

图 1-4-11　ControlNet 系统干线/支线拓扑结构

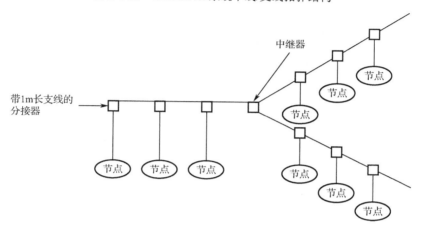

图 1-4-12　ControlNet 系统星形拓扑结构

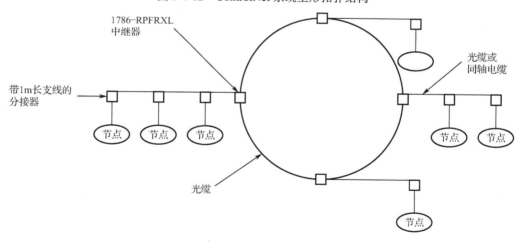

图 1-4-13　ControlNet 系统环形拓扑结构

　　每个 ControlNet 网络最多支持 99 个节点，大部分控制器都支持多个 ControlNet 网络，为用户提供在 ControlNet 网络上添加更多节点或增强性能的灵活性。

　　ControlNet 网络的最大长度取决于网络上的节点数量，使用中继器可以添加更多节点或延长网络长度，可根据图 1-4-14 确定是否需要中继器。

　　可用的连接数量是用户确定 ControlNet 网络容量时必须考虑的另一个因素。连接是控制器或通信卡与之通信的设备数量的度量。连接建立了两个设备之间的通信连接。连接可以是控制器到本地 I/O 模块或本地通信模块、控制器到远程 I/O 模块或远程通信模块、控制器到远程 I/O（机架优化的）模块、生产者和消费者标签，以及报文。

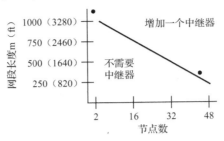

图 1-4-14　确定是否需要中继器

通过组态控制器与系统内其他设备的通信，用户间接地确定了控制器的连接数量。预定连接为 ControlNet 网络所独有。预定连接能够在预定的周期内重复发送和接收数据。该周期称为请求数据包间隔，简称 RPI。例如，到 I/O 模块的一条连接为预定连接，这是因为控制器按特定周期从该模块重复接收数据。其他特定连接包括到通信设备、生产者/消费者标签的连接。ControlNet 还使用非预定连接。非预定连接是一种控制器间或 I/O 间的信息传送，由程序通过 MSG 指令触发，非预定时间通信只在需要时发送和接收数据。在 ControlNet 网络上，必须使用 RSNetWork for ControlNet 软件使能所有预定连接并建立网络刷新时间。使用表 1-4-4 确定每个控制器和通信卡可用的连接数，然后根据表 1-4-5 确定用户具体应用所需要的连接数。

表 1-4-4　ControlNet 通信模块可用连接数

| 控制器/通信模块 | 可用连接数 |
|---|---|
| ControlLogix/1756-CNB | 250/控制器；40/1756-CNB |
| FlexLogix/1788-CNC | 22/1788-CNC |
| SoftLogix5800/1784-PCICS | 250/控制器；128/1784-PCICS |
| PLC-5C15 | 64～128，取决于处理器型号 |
| SLC-500/1747-SCNR | 64 |

表 1-4-5　估算所需要的连接数

| 具体应用 | 计算连接数 |
|---|---|
| 离散 I/O 的机架（使用默认机架优化设置） | 1 |
| 模拟量、专用、带诊断功能的 I/O 模块 | 1 |
| 带编程软件的个人计算机 | 1 |
| 带 RSLinx 软件的 HMI（默认设置） | 4 |
| 变频器 | 1 |
| 连接设备 | 1 |
| 通信设备 | 1 |
| 生产者/消费者标签 | 生产者侧：1；消费者侧：1 |

　　报文将数据传送到其他设备，如其他控制器或操作员终端。无论在报文路径上有多少设备，每次报文使用一条连接。为了节省连接，可以组态只使用一次报文实现从多个设备读或写到多个设备。

　　下面给出一个组态实例，如图 1-4-15 所示，在该组态内，1769-L35CR CompactLogix 控制器生产两个标签，由 1756 ControlLogix 控制器消费；1756 ControlLogix 控制器生产 3 个标签，由 1769-L35CR CompactLogix 控制器消费。

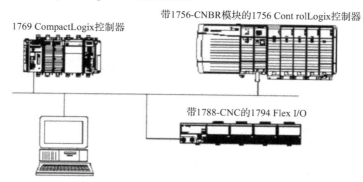

图 1-4-15　ControlNet 连接举例

控制输出并从 ControlNet 网络上分布的 1794 Flex I/O 读取输入。

根据表 1-4-6 估算使用的连接数。

表 1-4-6　估算连接数

| 具 体 应 用 | 计算连接数 | 在本例中给出的连接数 |
| --- | --- | --- |
| 1769-L35CR 生产的标签 | 1 | 2 |
| 1769-L35CR 消费的标签 | 1 | 3 |
| 1756-ControlLogix 控制器生产的标签 | 1 | 3 |
| 1756-ControlLogix 控制器消费的标签 | 1 | 2 |
| 带 1788-CNC（机架优化）的 1794Flex I/O | 1 | 1 |
| 本例中的连接总数 | — | 11 |

　　上例中，总共使用了 11 条连接，5 条位于 1769-L35CR，6 条位于 1756 ControlLogix 控制器。

## 4.3.3　同轴电缆系统

　　ControlNet 电缆系统是一个完全与地隔离的同轴介质网络系统，为了确保没有偶然的接地情况发生，必须严格选择电缆、连接器和各种附件，并采用正确的安装技术。

### 1. 确定所需分接器的数目

　　用户所需要分接器的数目取决于用户连接到网络上的设备数目，用户应该为每一段上的每一个节点和中继器准备分接器。罗克韦尔自动化公司提供的分接器套件主要有 4 种，如

图 1-4-16 所示。每个分接器套件如图 1-4-17 所示。由于断开的支线电缆可能会在网络上引起噪声，所以建议用户在每个断开的支线电缆头安装防尘帽。若电缆系统有超过一个断开的支线电缆，则未使用的支线电缆上应该连接虚拟负载（1786-TCAP）。分接器是无源的电子设备，是网络正常工作的必需设备，通过其他方式连接到同轴干线电缆可能导致反射能量，从而干扰网络通信。

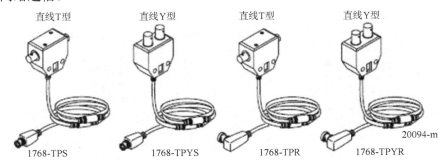

图 1-4-16 分接器类型

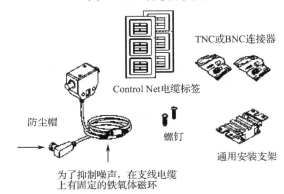

图 1-4-17 分接器套件组成

## 2．连接编程设备

编程设备（一般为计算机）与 ControlNet 网络的连接方式可分为以下两种。

（1）通过分接器直接连接到一个段上，如图 1-4-18 所示，计算机可以通过插入主板的通信卡与分接器相连，也可以通过串口或并口与 ControlNet 通信接口设备相连，再间接与分接器相连。

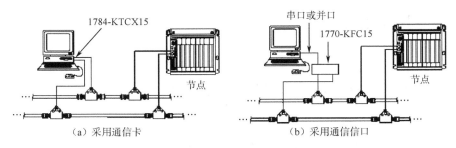

图 1-4-18 计算机与 ControlNet 的连接方式（1）

（2）通过 ControlNet 访问电缆（1786-CP）与 ControlNet 网络访问端口相连，将计算机与 ControlNet 节点（处理器或通信模块）相连，如图 1-4-19 所示。此时计算机也被看成一个节点，需要一个唯一的地址，组态软件和通信软件能自动识别这些并自动为用户分配地址，从而用户具有 ControlNet 网络上所有的权限。

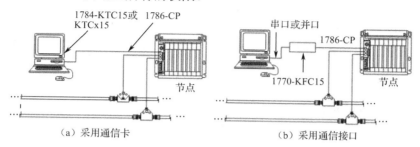

图 1-4-19　计算机与 ControlNet 的连接方式（2）

### 3．确定需要的电缆类型

有不同类型的 RG-6 四芯屏蔽电缆可能适合用户的安装需求，用户可根据应用和计划安装地点的环境因素综合选择最恰当的电缆类型，如表 1-4-7 所示。

表 1-4-7　ControlNet 电缆类型

| 应 用 场 合 | 使用电缆类型 |
| --- | --- |
| 轻工业应用 | 标准-PVC CM-CL2 |
| 重工业应用 | 有铠装和联锁保护的电缆 |
| 高温或低温环境下应用，以及在腐蚀环境中（恶劣的化学条件）的应用 | Plenum-FEP CMP-CL2P |
| 需要曲折或绕曲的应用和需要抵抗潮湿环境的应用 | High Flex 柔性 RG-6 电缆 |
| 直接埋地，同水接触，抵抗霉变 | Flood Burial |

### 4．确定干线电缆段的长度

干线电缆段是指在两个分接器之间的缆线，如图 1-4-20 所示

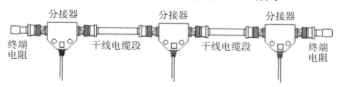

图 1-4-20　干线电缆段

一个段可以包含标准 RG-6 四芯屏蔽电缆的最大长度与用户段中的分接器数目有关，对干线电缆段没有最小长度的限制。最大允许的段长度是 1000m，此时段中只有两个分接器。每附加一个分接器，段的最大总长度减小 16.3m，一个段中最多允许的分接器数目为 48 个，此时最大长度为 250m，可以用下式来表示：

$$最大允许的段长度（m）=1000-16.3×（分接器数目-2）$$

### 5．确定是否需要中继器

如果用户系统每个段需要的分接器个数大于 48 个，或干线电缆的长度超过规格允许值，则需要安装中继器。每个链路中最大可分配的地址数为 99，因为中继器不需要地址，所以不会占用网络资源。如果每个段的长度都小于 250m，则每个段最多可容纳的节点数为 47（在一个 250m 长的网段上允许连接 48 个分接器，其中一个分接器供中继器使用）。中继器的安装方式有串联、并联或串并联混合式，具体内容请参阅中继器的安装说明书。

### 6．使用冗余介质（可选）

用户可以在 ControlNet 的节点间使用第二根干线电缆作为冗余介质，当冗余介质存在时，节点在两个分割的段上发送信息、接收信号时比较两个信号的质量，选择信号质量更好的线路进行，这样也为一根电缆出问题的时候准备了备用电缆。

当规划冗余介质系统时，应遵循下列准则。

（1）沿不同的路径敷设两条干线电缆（干线电缆 A 和干线电缆 B），降低两根电缆同时被破坏的可能性。

（2）在冗余线缆链路上的每个节点都必须支持冗余的同轴介质连接，并且在任何时候都同时连接到两根干线电缆上，任何一个只接到冗余线缆链路一边的节点都会在未连接的干线电缆上导致介质错误。

（3）安装线缆系统时，应注意确保任何物理设备位置的干线电缆都易于识别，并且可以用适当的图标和字母进行编号，为每一个具备冗余端口的 ControlNet 设备进行编号，用户可以将设备连接到正确的干线电缆上。

（4）冗余线缆链路上的两根干线电缆必须有相同的组态，每一段必须具有相同数目的分接器、节点和中继器，在两根干线电缆上连接的节点和中继器之间的相对排列顺序必须相同，如图 1-4-21 所示。

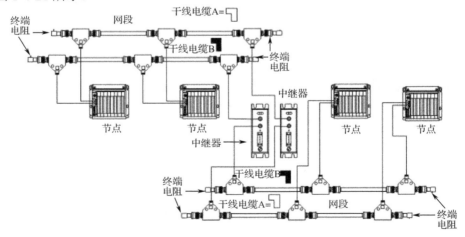

图 1-4-21　冗余系统示意图

（5）在冗余线缆的两边同时安装电缆，这样每一根电缆都有大致相同的长度，在冗余线缆链路上的两根干线电缆之间，最大允许长度差别随着中继器的增加而减小。

（6）应避免将（具备冗余端口的）同一节点的两根冗余干线电缆连接到不同的网段上，

这样会导致无法确定的操作。

### 7. 使用 IP67 介质

密封性介质组件是指适用于恶劣环境的 ControlNet 分接器和连接器，密封性分接器包含在 ControlNet IP67 分接器和连接器安装套件中，可以保护 BNC 接头，但该分接器不具备防水能力。

## 4.3.4　光纤介质系统

ControlNet 可以用光纤链路增加网络距离或在高噪声环境下进行电气隔离。在不同建筑物中使用相互连接的设备时，强烈推荐使用光纤链路。

### 1. 确定拓扑结构

点对点和星形拓扑结构可以采用标准的光缆。光纤中继适配器与同轴电缆的连接必须使用标准的分接器。每个中继适配器最多可直接连接 4 个光纤模块。每个模块有两个光纤连接端口，每个端口需要两个光纤连接器，一个用于接收（Rx）信号，另一个用于传输（Tx）信号。点对点连接两个同轴电缆网段的基本方式是用两个光纤中继器模块和两个光纤模块，如图 1-4-22 所示。用户可选择的拓扑结构有点对点、星形、冗余和环形结构，确定拓扑结构时要注意以下约束条件：

（1）两个节点之间只允许有一条链路。

（2）网络上最多允许 99 个节点。

（3）最多只能串联 5 个中继器。

（4）同轴电缆网段的约束（分接器及干线电缆段）。

（5）光纤网段的功率损耗预算。

（6）网络传输的最大延时。

（7）网络参数要求。

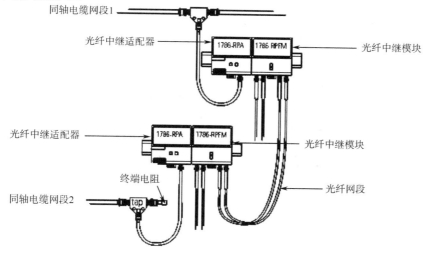

图 1-4-22　光纤介质基本拓扑

点对点拓扑结构如图 1-4-23 所示。同轴电缆网段上不要求必须安装节点，如果只是用中继器进行扩展，则在光纤中继适配器上的 BNC 同轴电缆连接器安装 75Ω的终结器。所有未连接到同轴电缆网段的中继器都必须安装终结器，如光纤网段 2 与光纤网段 3 相连的中继器。

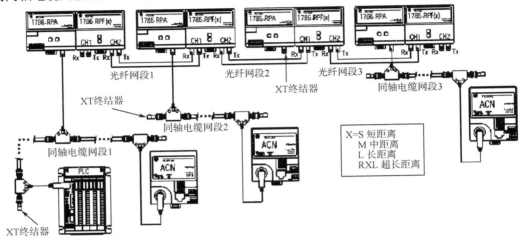

图 1-4-23　点对点拓扑结构

星形拓扑结构如图 1-4-24 所示，网络中所有光纤网段都从中心位置开始，星形拓扑通常需要有源集线器或无源光纤连接器。

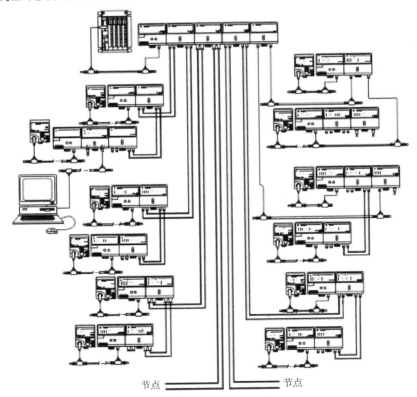

图 1-4-24　星形拓扑结构

　　冗余拓扑结构如图 1-4-25 所示，在需要进行系统热备时，可使用冗余拓扑。它有一个约束条件是通道 A 和通道 B 的光纤长度差异不能超过 650m。图 1-4-26 显示了一种不正确的冗余配置结构，利用一个模块上的两个通道来进行冗余连接，其违背了两个节点之间不允许有超过一个链路的规则。

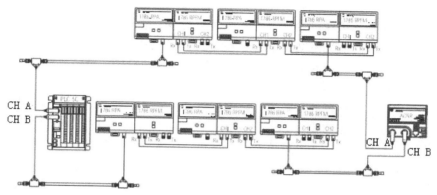

图 1-4-25　冗余拓扑结构

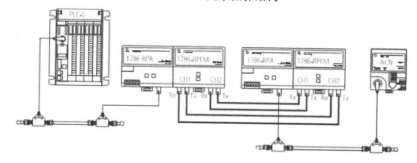

图 1-4-26　错误的冗余拓扑结构

　　环形拓扑结构如图 1-4-27 所示，节点以菊花链形式连接在一起，环形光纤网络具有内置的冗余，一旦光纤环断开，通信则沿相反的方向进行。

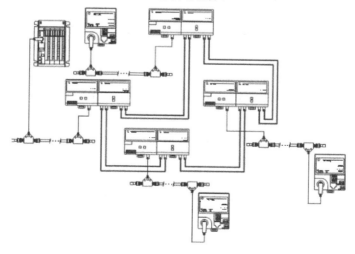

图 1-4-27　环形拓扑结构

### 2．确定衰减等级

每个使用光纤中继器的网段都必须使光纤网段维持在最低衰减等级以内，以便获得有效的信号强度。光纤网段的信号衰减取决于终端连接器、接头、隔板及光缆质量。在任何时刻衰减的总量不能超过该类型中继器模块的功率预算。

规划网络时必须计算光缆的功率分配。短距离光缆中继器模块的功率预算为 4.2dB，因此在两个中继器模块间的最大衰减不能超过 4.2dB。这种功率预算分配在工作温度范围（0～60℃）内都是有效的。当光纤中继器的工作温度不超过 20℃时，该模块的功率预算可以增加到 6.9dB，应当注意功率预算分配还和连接器及光缆的质量有关。如果使用高质量的连接器和光缆，可以增大功率预算的分配值，它们还可以承受更大的温度范围和更长的距离。

下面的例子是在最大工作温度为 20℃和 60℃时确定两个中继器间光缆的最大长度。这里计算的是路径中的衰减，而不是理论值。若计算结果超过系统预算，则需要增加中继器。

步骤 1：总的允许的衰减值。根据选定的光缆类型和长度，总共允许有多大的衰减（dB）。

步骤 2：减去连接器的衰减。选择连接器，每个短距离连接器是 1.5dB，在每个光缆段中需要计算两个连接器的衰减。

步骤 3：减去光缆长度导致的功率衰减。典型光缆的衰减率为 10dB/km。

步骤 4：比较衰减。将步骤 2 和步骤 3 计算得到的功率衰减相加，同步骤 1 得到的总衰减功率预算比较。如果步骤 2 和步骤 3 的功率衰减小于或等于步骤 1 的总衰减功率预算，则用户的功率衰减在预算之内；如果步骤 2 和步骤 3 的功率衰减大于步骤 1 的总衰减功率预算，就需要重新组态网络拓扑结构，减小光缆长度或减少连接器数目，然后重新计算预算功率衰减。

在图 1-4-28 所示的例子中，总衰减=1.5×2+3=6dB，如果最高工作温度为 20℃，则总衰减小于 6.9dB 的允许值，满足要求；如果最高工作温度为 60℃，则总衰减大于 4.2dB 的允许值，不满足要求，需要重新设计网络结构。

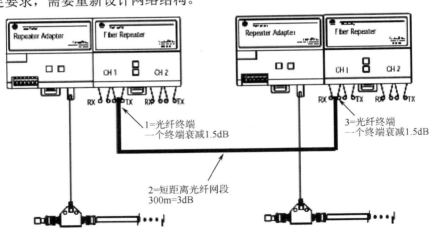

图 1-4-28　计算光纤网络功率衰减示例

反过来说，最高工作温度为 20℃，那么最大光缆长度=(6.9-3)/10=0.39km=390m；最高工作温度为 60℃，那么最大光缆长度=(4.2-3)/10=0.12km=120m。考虑到光缆连接器的老化，推荐对每个短距离光缆在总的衰减中保留 0.5～1.0dB 的余量。因此，在 20℃下最大光缆长度为 290～340m，60℃下最大光缆长度应该为 20～70m。

中等距离光缆中继器模块的功率预算为 13.3dB，因此在两个中继器模块间的最大衰减不要超过 13.3dB。损失功率预算包括全部隔离器/熔接头，这种衰减功率预算分配在工作温度范围（0～60℃）内都是有效的。每个光缆段有两个光缆连接器，每个连接器有 0.5dB 的衰减，光缆的衰减率为 1.0dB/km。因此可计算出最大光缆长度为 12.3km，如果考虑保留 1dB 的余量，则最大光缆长度为 11.3km。

### 3．确定传播延迟

ControlNet 有一个重要的技术指标，称为最大传输延时。该指标说明了网络上两个节点间最坏情况下的信号延时，这可根据信号通过的距离与中继器数目计算出最坏情况。

网络上的延时应该包括通过同轴介质、光纤介质、同轴介质中继器的延时和通过光纤中继适配器及光纤模块的延时。一个网络如果要正常运行，则所有网络延时之和必须小于等于最大传输延时 121μm。表 1-4-8 为罗克韦尔公司 ControlNet 网络介质组件的延时值。

表 1-4-8　ControlNet 网络介质组件的延时值

| ControlNet 网络介质组件 | 延　时　值 |
| --- | --- |
| 1786-RPD，RPTD | 815ns |
| 1786-RPCD | 100ns |
| 1786-RPA | 901ns |
| 1786-RPFS | 100ns |
| 1786-RPFRL | 550ns |
| 1786-RPFRXL | 550ns |
| 1786-RPFM | 153ns |
| 62.5μm 光缆 | 5.01ns/m |
| 200μm 光缆 | 5.01ns/m |
| 同轴电缆 | 4.17ns/m |

图 1-4-29 为一个示例，从节点 1 到节点 2 具有以下最大延时。

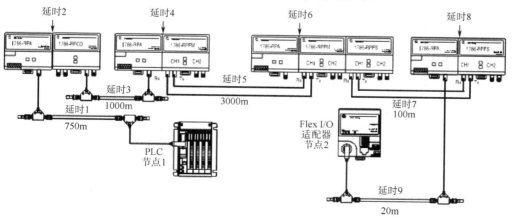

图 1-4-29　计算网络延时示例

延时 1：PLC 到 1786-RPA（光纤中继适配器），同轴电缆 750m，750m×4.17ns/m= 3.1μs。

延时 2：光纤中继器，1786-RPA+1786-RPCD（光纤中继连接器），901ns+100ns= 1.0μs。

延时 3：同轴电缆，1000m×4.17ns/m=4.2μs。

延时 4：光纤中继器，1786-RPA+1786-RPFM，901ns+153ns=1.1μs。

延时 5：62.5μm 光缆 3000m，3000m×5.01ns/m=15.03μs。

延时 6：光纤中继器，1786-RPA+1786-RPFM+1786-RPFS，901ns+153ns+100ns=1.2μs。

延时 7：200μm 光缆 100m，100m×5.01ns/m=0.5μs。

延时 8：光纤中继器，1786-RPA+1786-RPFS，901ns+100ns=1.0μs。

延时 9：同轴电缆 20m，20m×5.01ns/m=0.1μs。

总延时等于 27.2μs。通过分接器的延时很小可以忽略不计。

对冗余网络来说，不仅仅要计算最坏情况下两个节点间的线路延时，还需要计算最坏情况下网络通道 A 和网络通道 B 间的延时变差，最坏情况下冗余通道间的延时变差应该小于等于 6.4μs。

## 4.3.5　性能优化

ControlNet 网络硬件连接完成之后，通过相应软件对 ControlNet 进行组态后就可以使用了。在 4.2.2 节中介绍 NUT、SMAX、UMAX 等网络参数，它们对 ControlNet 网络性能有很大影响，要想使用好 ControlNet，面临的一个重要问题就是系统的优化。用户应该根据网络的实际配置情况对这些参数进行初步计算，然后用组态软件根据系统的实际情况进行校验，对不合理的参数做出相应调整，满意后再下载到整个网络上。

### 1．NUT 的选择

NUT 的大小决定了系统的循环周期，NUT 值太大，一个节点两次发送数据之间的间隔就会变长，系统的实时性也因此变差；如 NUT 值太小，使得在一个网络刷新时间里扫描所有的节点变得十分吃力，系统的控制信息和显性报文的发送得不到保证，容易造成网络堵塞和崩溃。因此，NUT 的选取至关重要，下面从理论上分析决定 NUT 大小的因素。

由 CTDMA 的原理可知：

$$NUT = t_{预定} + t_{非预定} + t_{维护}$$

式中，$t_{预定}$、$t_{非预定}$、$t_{维护}$ 分别对应系统预定时间段、非预定时间段和维护时间段的时间长度。

考虑到最坏情况，即在每一个 NUT 内，所有预定节点都有数据发送，且每一个 MAC 帧中 Lpacket 部分的长度都达到其规定的最大值 510 字节；同时非预定时间段中由于 CTDMA 机制保证至少要有一个节点发送数据，由此可得：

$$t_{预定} = T \cdot SMAX; \quad t_{非预定} = T$$

式中，$T$ 为节点发送一个最大 MAC 帧所需要的时间，当网络的结构、长度、所带节点数等物理特性确定后，$T$ 为一确定值。

从上面的分析可以看出，NUT 的大小主要受 SMAX 值的影响。

**2．节点地址的优化**

由 ContolNet 的 MAC 方法可知系统按节点号由小到大依次分预定时间段和非预定时间段发送数据，在各时间段内节点的数据发送次序由隐性令牌传递技术控制，如果某个节点由于某种原因离线，其中下一个节点必须等待一个 slot 时间。对于节点地址号不连续的总线，ControlNet 的 MAC 视这些不存在的地址为离线节点，当该地址依据隐性令牌机制发送数据时，总线同样空闲一个 slot 时间，然后隐性令牌继续加 1。因此，一个不连续的节点将占有一部分带宽，从而减小了总体可用带宽。不连续的节点地址号越多，对总可用带宽的影响也越大，所以仔细选择地址可以提高网络的性能和效率。

基于上述分析，关于与 MAC 层相关的地址组态总结出如下原则。

（1）将需要发送强实时性数据的节点地址号从 1 开始依次递增，并且地址号应尽量连续，中间不要有空的地址，这些节点组成预定节点，从而 SMAX 才能取最小值。

（2）将不需要发送强实时性数据的节点地址号往后排，但不要离 SMAX 太远，使其空地址尽可能少，以降低对带宽的浪费，这些节点组成非预定节点。

# 4.4　网络组态软件

RSNetWorx for ControlNet 是用来组态 ControlNet 的 Windows 应用软件，它采用图形或列表的方式表示 ControlNet 的结构和设备。通过这个软件，用户可以查看和配置整个 ControlNet 上的节点，定义 ControlNet 扫描模块（Scanner）的扫描列表（Scanlist），将扫描模块的数据空间与网络数据进行映射。

RSNetWorx for ControlNet 软件的主要功能和特点如下。

（1）符合 Windows 标准的操作界面，用户可以很容易地进行 ControlNet 网络组态。

（2）基于 RSLinx 提供的底层通信服务，可以在不同位置，通过不同网络访问并组态ControlNet。

（3）用户通过配置网络参数，如 NUT 等来优化网络。

（4）可以在在线或离线状态下进行网络组态。

（5）可以下载或上载整个网络中的组态参数。

（6）通过扫描列表配置工具（Scanlist Configuration Tool）可以查看和编辑所有的ControlNet 连接。

（7）支持罗克韦尔所有的 ControlNet 产品和其他符合 ControlNet 国际标准的第三方产品，只需提供相应产品的 EDS 文件即可。

（8）可以生成 HTML 格式的报表。

（9）全面翔实的帮助系统等。

运行 RSNetWorx for ControlNet 软件后，可出现类似于图 1-4-30 所示的界面。菜单栏中各项菜单的主要功能如下。

（1）File：新建、打开、保存、打印一个网络配置，生成报表等。

（2）Edit：对网络中选中的项目进行剪切、复制和粘贴等操作。

（3）View：设置 RSNetWorx for ControlNet 软件界面。

（4）Network：浏览网络，切换在线和离线状态，编辑、上载或下载网络参数等。

（5）Device：编辑选中设备、机架或模块的属性。

（6）Tools：设备 EDS 文件向导。

（7）Help：相关帮助。

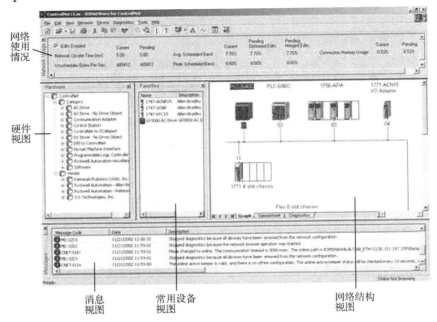

图 1-4-30　RSNetWorx for ControlNet 软件界面

组态 ControlNet 最简单的方法就是让 RSNetWorx for ControlNet 软件来扫描网络，它会自动将网络上的设备添加进用户的配置中。然后，用扫描列表配置工具来自动配置相应的连接，下面将简单介绍这个过程。请注意，如果在网络中有 PLC-5C、SLC 或 ControlLogix，ControlNet 的组态还需要用到 RSLogix5、RSLogix500 或 RSLogix5000 软件。

第一步：新建一个网络配置，选择"File→New"。如果同台计算机上正好也在运行 RSNetWorx for DeviceNet，那就选择"ControlNet Configuration"。新建完成后，在网络结构视图区就会出现一个空网络。

第二步：扫描网络，选择"Network→Online"。在出现的对话框中选择需要进行配置的 ControlNet 网络。

第三步：配置网络。选中"Edits Enabled"选择框，用户获得配置网络的权利，此时其他用户就只能扫描网络，无法同时进行网络配置。网络的基本参数在"Network→Properties"中，用户可按需要更改。

第四步：用扫描列表配置工具来创建连接。在网络结构视图中选中网络扫描模块，选择"Device→Scanlist Configuration"，将会出现配置工具对话框，选择相应的节点或模块后，单击"Connection→Insert"，在连接属性对话框中设置相应参数即可。重复这样的操作，完成所有连接的设置。如果用户希望软件自动完成连接的创建，可以在选择节点或模块后直接单击"Connection→Auto Insert→Selected Devices"。

　　第五步：如果需要将扫描模块中的数据发送给其他设备，则选择"Device→Insert Target for Connections"，在出现的对话框中设置参数即可。

　　第六步：保存网络配置。选择"File→Save"，以 .xc 文件保存，保存对话框出现时，将 "Optimize and rewrite schedule for all connections"选项选择上。

　　在 4.5 节的例子中会继续介绍 RSNetWorx for ControlNet 的使用方法。

# 4.5　应用举例

## 4.5.1　演示生产者/消费者模式

　　本例通过在 ControlNet 网络上的 ControlLogix 和 FlexLogix，演示生产者/消费者模式。接线如图 1-4-31 所示，计算机通过 KTCX 卡与 ControlNet 相连。ControlLogix 机架中，处理器在 1 号槽，ControlNet 接口模块在 3 号槽。

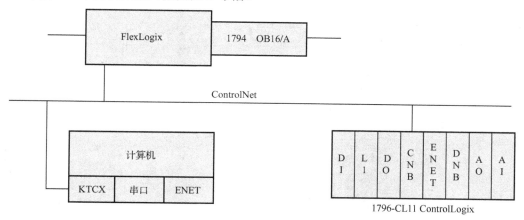

图 1-4-31　ControlNet 示例接线

　　首先要用 RSLogix5000 创建一个新的 FlexLogix 项目。在桌面上双击 RSLogix5000 图标将之打开，先离线创建一个项目，然后把它下载到处理器。

　　（1）从主菜单上选择"File"，再从下拉菜单中选择"New"，出现如图 1-4-32 所示的界面。

　　（2）处理器类型选择"1794-L33/A FlexLogix 5433 Controller"，注意 0 槽留给处理器。

　　（3）输入处理器名称"OutFeedCnvr"，单击 "OK"按钮，新项目创建结束。

　　双击"Controller Tags"显示处理器标签，如

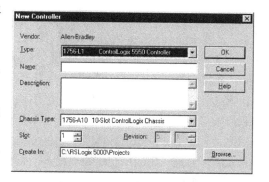

图 1-4-32　新建 FlexLogix 项目

图 1-4-33 所示。注意在 I/O Configuration 文件夹里创建的输入项，一个 Flexlogix 处理器最多

可以控制两个本地 FlexRails（Flex 导轨、Local 和 Local2），每个导轨可以带 8 个 Flex I/O 模块，3 槽留作 FlexBus Local，4 槽留作 FlexBus Local2，同时看一下创建的控制器标签，每个 FlexRail 都有 SlotStatusBits 输入标签及一个 INTeger 数据标签阵列用于存放离散量输入和输出数据，默认的 I/O 数据阵列包括 8 个 INTeger（每槽 1 个）。可以调整一下机架尺寸，因为在这个示例中，FlexLogix 后面只组态了一块 I/O 模块，可以将大小设为 2，为新增模块留个余地。

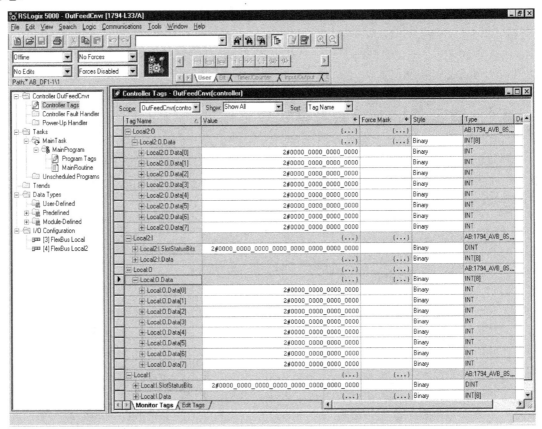

图 1-4-33　FlexLogix 处理器标签

（4）右击 I/O 组态中的"FlexBus Local"，选择"Properties"，显示如图 1-4-34 所示的界面，设置 Chassis Size 为 8，单击"OK"按钮。

（5）现在开始组态 I/O，单击"FlexBus Local"，选择"New Module"，如图 1-4-35 所示。选择 1794-OB16/A 模块，单击"OK"按钮；输入模块名"DIO"，单击"Next"按钮（0 槽默认是对的）；注意不能设置模块的 RPI（请求打包间隔），因为这块模块位于本地背板，FlexLogix 处理器通过现有的 Flex I/O 总线与本地导轨上的模块通信，这种总线属于主/从型，不同于 ControlLogix 系统的 producer/consumer 总线，所以 I/O 模块必须被 master（主处理器）扫描（FlexLogix 处理器），而不能用 producer/consumer 模式，连击两次"Next"按钮，注意观察设置输出 Safe State Values（安全状态值）和输入 Filter Times（滤波时间）的画面，最后单击"Finish"按钮，完成模块设置。

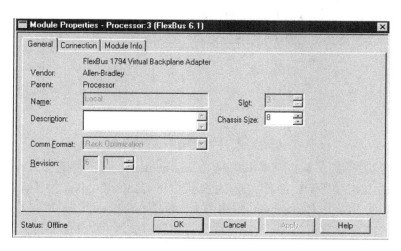

图 1-4-34　FlexBus 属性设置

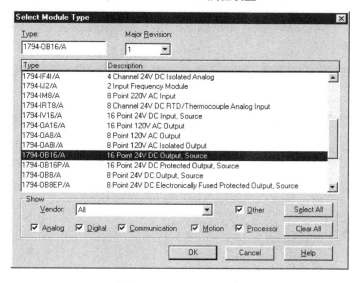

图 1-4-35　FlexBus 组态

接着要去禁止"FlexBus Local2"总线，因为在这条总线上没有连接任何 I/O，禁止它以免处理器出现小故障，也使处理器不再浪费时间去试图打开这条总线上的连接。

（6）右击"FlexBus Local2"，选择"Properties"，找到"connection"按钮禁止这条总线。单击"OK"按钮。

（7）完成 I/O 组态后，如图 1-4-36 所示。

在下载程序前要完成的最后一件事是插入一条语句，用来测试系统。

（8）插入一条示例语句，如图 1-4-37 所示。注意创建一个处理器范围的 tag，名为"ConveyorData"，数据类型是 DINT。

图 1-4-36　FlexLogix I/O 组态结果

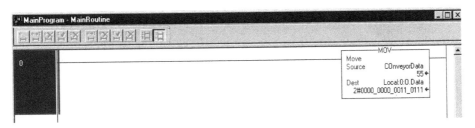

图 1-4-37　FlexLogix 示例语句

（9）存盘，准备下载。从主菜单中选择"Communications"，再选择"Who Active"；展开 KTC 卡，如图 1-4-38 所示。注意 FlexLogix 类似于 ControlLogix，为了找到处理器，必须通过下拉通信界面（内含 ControlNet 网络的），再通过背板，其中 1788-CNCR 的功能和 ControlLogix 机架中的 1756-CNBR 一样。注意右边窗口显示的是 FlexLogix 背板，显示的数据代表槽号，0 槽永远是处理器，1 槽和 2 槽用于通信模块，3 槽是 FlexBus Local，4 槽是 FlexBus Local2。选择 FlexLogix 处理器，并下载项目。将处理器切换到运行方式，在"ConveyorData tag"中输入一个值，如果系统工作正常，则可以看到 1794-OB16 的 LED 输出指示灯显示刚才输入的值。

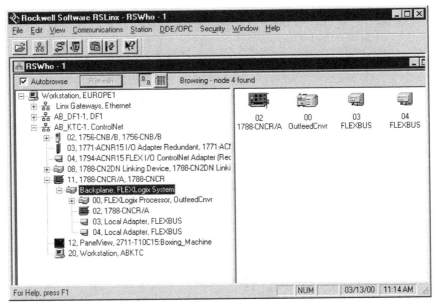

图 1-4-38　FlexLogix 程序下载

本地 I/O 工作正常后，建立一个 tag，提供给 ControlLogix 处理器，通过使用 produce/consume tag 将由远程 FlexLogix 控制的数据和由 ControlLogix 系统控制的数据紧紧集成在一起。

（10）将项目离线。因为已经有一个 tag 送到输出 LED，所以只要将这个 tag 改成 produced tag 就可以在 ControlLogix 中读它。测试系统时，不管在"ConveyorData"中输入什么值，都能在 ControlLogix 处理器的输出 LED 上反映出来。找到 tag 编辑器，在 tag 名"ConveyorData"的左边"P"一栏打上"√"，这样这个 tag 就变成一个"Produced tag"，只有"Produced tag"才能被其他处理器消费，注意同样可以用鼠标右击 tag 来编辑其属性，存盘并下载。

（11）回到 ControlLogix 处理器，创建一个 tag 来 consume 刚才的"Produced tag"；再打开一个 RSLogix5000，创建一个新项目，命名为"MainConveyor"，处理器槽号为 1。

（12）用鼠标右击 I/O configuration 文件夹，选择"New Module"；加入模块 1756-CNB[R]/B，取名"ControlNet"，槽号为 3。

（13）在 ControlLogix 处理器中要"consume"FlexLogix 处理器中的 tag，就必须创建这样一条连接，其路径应该是从 ControlLogix 处理器到 ControlLogix 机架中的 ControlNet 接口模块 1756-CNB[R]/B，再到 FlexLogix 机架中的 ControlNet 接口模块 1788-CNCR/A，再到 FlexLogix 处理器。因此，用鼠标右击 1756-CNB[R]/B，选择"New Module"，然后选择 1788-CNCR/A，取名"FlexLogixCNB"，节点号为 11，槽号为 2。接着要在 1788-CNCR/A 下加入 FlexLogix 处理器。

（14）用鼠标右击 1788-CNCR/A，选择"New Module"，如图 1-4-39 所示。选择 1794-L33/A 处理器，将处理器命名为"FlexOutfeed1"，注意槽号为固定值 0。

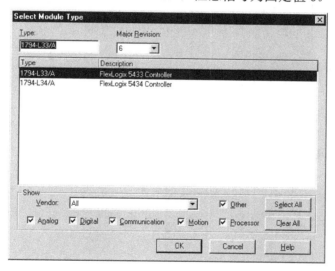

图 1-4-39　选择 FlexLogix 控制器

（15）选择"Finish"，I/O 组态窗口将显示如图 1-4-40 所示界面。

图 1-4-40　ControlLogix 项目中的 I/O 组态

在 ControlNet 网络上使用预定连接的任何 I/O 设备都必须出现在 I/O Configuration 文件夹中 1756-CNB[R]/B 模块的下面。如果使用非预定连接与一个设备进行通信，那么该设备不必出现在 I/O Configuration 文件夹中。可以同时使用预定连接和非预定连接与一个设备进行通信。

已经为 FlexLogix 处理器指定了连接路径，接下来还要指定想要 consume 的 tag。

（16）加入 tag，取名"FlexConsumed"，类型设置为"DINT"；用鼠标右击"tag"，选择"Edit Tag Properties"，要把这个 tag 定义成用来 consume FlexLogix 处理器的 tag；按图 1-4-41 所示设置参数，然后选择"OK"按钮；已经定义了 tag，用来 consume 来自 FlexLogix 处理器的 tag，存盘并下载到位于 ControlLogix 机架 1 槽的处理器。

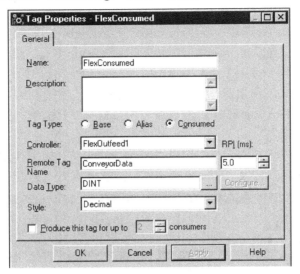

图 1-4-41　Consumed Tag 属性设置

检查 FlexLogix 处理器的 I/O configuration 文件夹，可以发现上面有一个黄色的警告三角，这表示在 ControlNet 网上未进行规划。接下来要用 RSNetWorx 将这个连接规划进去。

（17）打开 RSNetWorx，并通过 KTCX 卡将 ControlNet 网络在线。

（18）选择"Edits enabled"，使之处于编程状态。

（19）在主菜单上选择"Network"，再选"Single Pass Browse"，通知 RSNetWorx 去采集所有节点的连接信息。

（20）存储网络信息。

（21）回到 RSLogix5000 中的 FlexLogix 项目。

（22）检查 I/O 文件夹，可以发现与 FlexLogix 控制器的连接正在运行，黄色的警告三角已经消失。

（23）使程序在线，并在 tag "ConveyorData"中输入一个新值。

（24）将两个处理器都切换到运行模式，确认"ConveyorData"的值指示在 1794-OB16 输出 LED 上，同时显示在 ControlLogix 处理器的 tag "FlexConsumed"中。

## 4.5.2　远程终端控制

本示例通过在 ControlNet 网络上的 PanelView，对在 DeviceNet 上的 160SSC 变频器进行控制，完成电动机的启停和调速。系统结构如图 1-4-42 所示。计算机通过 1770-KFD 与 DeviceNet 相连，通过 EtherNet 与 ControlLogix 相连，ControlLogix 则和 ControlNet、

DeviceNet 相连，在 ControlNet 上的 PanelView 和在 DeviceNet 上的 160SSC 变频器在 ControlLogix 处理器的控制下进行数据交换，通过 RSLinx 软件查看，整个系统如图 1-4-43 所示。通过这个例子，可以学习到 ControlNet 上的非预定连接，还可以了解 PanelView、160SSC 变频器的使用方法。

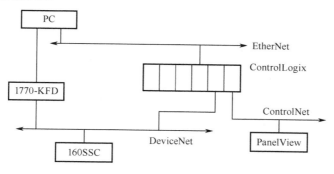

图 1-4-42　远程终端控制示例结构

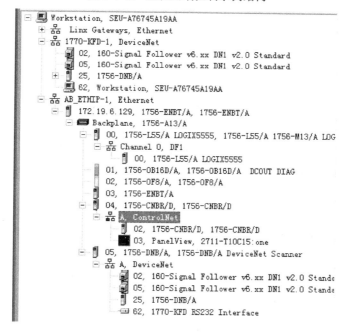

图 1-4-43　远程控制示例系统设备

首先创建 PanelView 的应用程序，需要使用 Panel Builder32 软件。

1）新建应用程序

单击 Panel Builder32 应用程序，进入 Panel Builder32 的编程界面，选择"Create a new application"，单击"OK"按钮，弹出如图 1-4-44 所示的新建应用程序对话框，给新建的应用程序命名，选择 PanelView 终端设备型号，本示例选择类型为"PV1000"，通信方式为"ControlNet"，操作方式为触摸屏式（Touch）。设置完成后单击"OK"按钮进入编程画面。

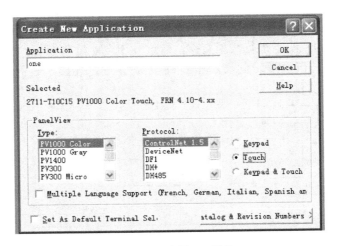

图 1-4-44　选择 PV 型号

2）创建画面 Screens

在左侧工程树中的 Screens 目录下，右击"1-Screen 1→Properties"，修改其属性：Name（命名）、Number（画面编号）、Screen Background（画面背景色）、Grid Spacing。

创建新的画面，右击"Screens"，选择"New…"，创建分画面 2-Motor Control，3-Alarm List。

3）编辑系统控制画面

在系统主菜单画面创建一个"Screen List Selector"控件，通过这个屏幕列表选择控件，实现从系统主菜单画面跳转到各个分画面的功能。分画面包括 Screen 2-Motor Control、Screen 3-Alarm List。

在 Screen 1-Main Menu 中创建"Screen List Selector"控件，单击"Objects→Screen Selectors→Screen List Selector"，双击本控件设置其属性；在 Screen 选项下选择相应的屏幕，在 Message Text 中输入相应的说明文件，如图 1-4-45 所示。

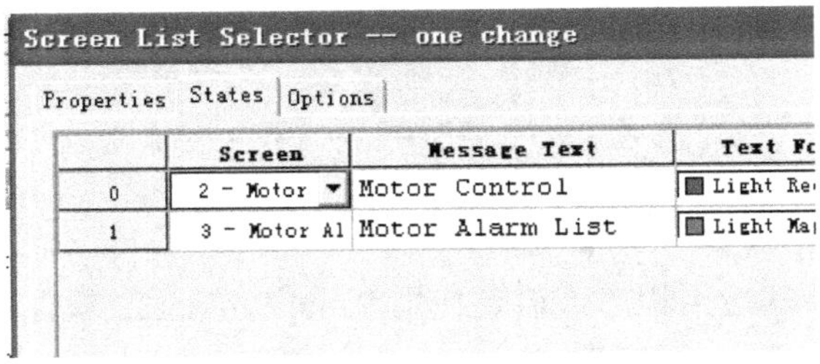

图 1-4-45　创建跳转画面属性

在主菜单画面中添加屏幕标题"Main Menu"和"Goto the Configuration Screen"跳转按钮。系统分画面的创建如下。

（1）创建电动机启停按钮。

在 Screen 2-Motor Control 中画一个电动机启动的保持按钮，双击该按钮弹出其属性对话框，在 Properties 栏下进行设置，如图 1-4-46 所示。需要修改 Write、Contacts 及 Write Tag。

States 栏下的设置如图 1-4-47 所示。Message 改为 State 0：Start；State 1：Stop（因本示例对应的梯形图程序中，Start/Stop 使用同一地址，只是初始值不同，Start=0，Stop=1），并在 Stop 后的 Blink 上打上对钩，对应的屏幕显示为：当触动 Start 后，电动机启动，屏幕上的 Start 按钮变为 Stop 按钮，并且闪烁。

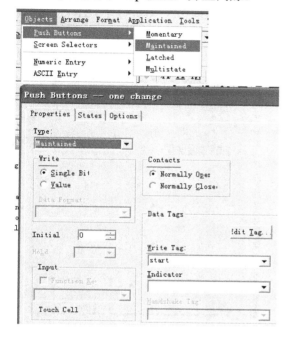

图 1-4-46　创建启动按钮

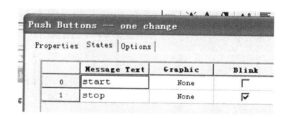

图 1-4-47　启/停按钮的状态

（2）创建调速的数值输入。

本示例中设定调速范围为 0～50Hz。单击"Objects→Numeric Entry→Inc/Dec"，将其画在屏幕的适当位置，这是一个 Inc/Dec 型的数值输入，在数值框旁画上 PanelView 的上/下键（Objects→List Keys→Move Up/Move Down），使用上/下键可以使输入数值增大或减小，形成画面如图 1-4-48 所示。双击新添加的 Inc/Dec 型数值输入，设置其属性，如图 1-4-49 所示。相对应的 Write Tag 为 Speed02（本设计中有两台电动机，故有两个速度标签）。Format 的 Field 选项定义了可以输入的数据宽度（数据的位数），这里设为 2。

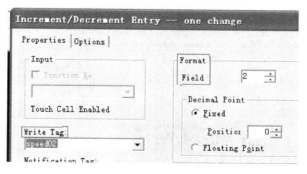

图 1-4-48　速度调节

图 1-4-49　速度按钮的属性

（3）创建棒状图显示及刻度指示。

单击"Objects→Graphic Indicators→Bar Graph"，画在屏幕适当位置。这是一个棒状图显示控件，可以形象地表示电动机当时的速度。双击该棒状图，设置其属性，如图 1-4-50 所示。

Fill 栏选择 Left，表示自左向右填充；Range 栏表示数据范围，本设计中为 0~50；相对应的 Read Tag 为对应电动机的速度标签。单击"Objects→Graphic Indicators→Scales→Linear"，画在屏幕适当位置。双击新添加的刻度指示，修改属性，如图 1-4-51 所示。

图 1-4-50　棒状图设置

图 1-4-51　刻度设置

至此完成一个电动机的控制画面，另外需要创建返回主菜单屏幕的 Return 控件，然后再添加屏幕标题 Motor Control，以及棒状图刻度指示的文本注释："0、10、20、30、40、50"，完成后的电动机转速显示图如图 1-4-52 所示。

按照同样的方法，完成第二个电动机的控制画面，注意标签的对应。至此完成系统控制画面部分的内容。

4）创建报警

PanelView 作为现场监控设备，报警功能要求及时、准确。在左侧工程树中的 Alarms 目录下可以进行报警设置，如图 1-4-53 所示。可以设置 Alarm Setup（报警组态设置）、Alarm Triggers（报警触发）、Alarm Messages（报警组态消息）。

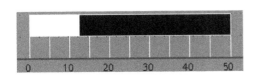

图 1-4-52　速度棒状图

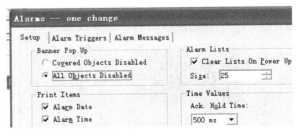

图 1-4-53　报警列表属性

报警画面设计步骤如下。

（1）设置报警触发（Alarm Triggers）。

Alarm Triggers 中设定了触发报警的 Triggers Tag 和 Triggers Type。这里设定了高速报警和低速报警，如图 1-4-54 所示。

（2）设置报警信息（Alarm Messages）。

Alarm Messages 中设定了报警触发后显示的报警信息，其设置如图 1-4-55 所示。在"Message Text"下写入相应的报警信息，在触发报警后此信息将会显示在屏幕上。"Value/Bit"的含义是：若是 Value 型报警，则该值就是报警的数值；若是 Bit 型报警，则该值就是一个偏移地址。

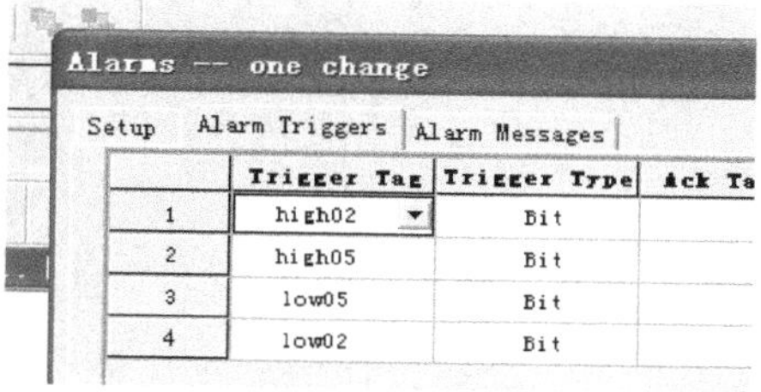

图 1-4-54　报警标签

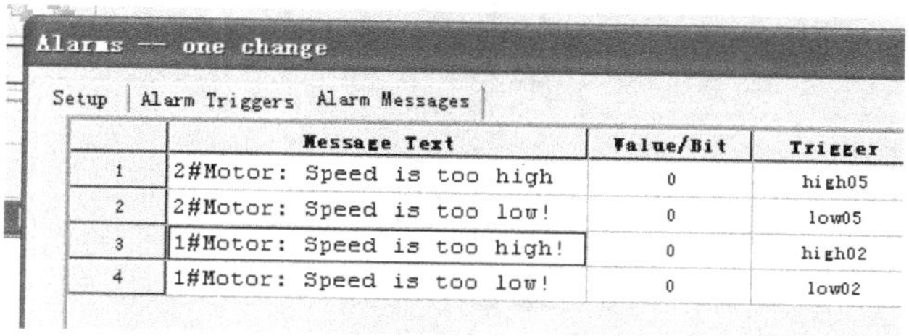

图 1-4-55　报警信息

（3）创建报警条（Alarm Banner）。

报警条就是报警发生过，自动弹出到屏幕上的一个对话框，该对话框包含与当前发生的报警相关的文本信息，以及对当前报警采取确认还是清除措施等。单击"Screen→Create Alarm Banner"就创建了报警条，这时左侧 Screens 目录下多了一个 Alarm Banner Screen。

（4）创建报警按钮（Alarm Button）。

报警按钮有 6 种：Ack、Ack All、Clear、Clear Alarm List、Print、Print Alarm List，分别是确认当前报警、确认所有报警、清除当前报警、清除所有报警、打印当前报警、打印所有报警，根据所需创建按钮。创建好的报警按钮如图 1-4-56 所示。

图 1-4-56　报警画面

（5）创建报警列表（Alarm List）。

PanelView 终端支持报警列表，报警列表中顺序存储发生的报警信息。单击"Objects→Alarm List"，在画面的适当位置创建。其属性取默认值。

5）ControlNet 型 PanelView 的 Tag 编辑形式

ControlNet 型的 PanelView 是指连接到 ControlNet 网络上的 PanelView，其连接方式可以

是预定连接，也可以是非预定连接，本示例选择非预定连接。

单击左侧工程树中的"Systerm→Tag Database"。Tag Name 是 PanelBuilder 中创建的标签名，Data Type 为各标签量对应的数据形式，Address 中填写与各标签对应的 ControlLogix 控制其中的 Tag，这些 Tag 需要在 ControlLogix 程序中定义。如图 1-4-57 所示。

| | Tag Nam | Data Typ | Node Name | Address | Initial Valu |
|---|---|---|---|---|---|
| 1 | high | BOOL | cn | high | 0 |
| 2 | high02 | BOOL | cn | high02 | 0 |
| 3 | high05 | BOOL | cn | high05 | 0 |
| 4 | low | BOOL | cn | low | 0 |
| 5 | low02 | BOOL | cn | low02 | 0 |
| 6 | low05 | BOOL | cn | low05 | 0 |
| 7 | speed | IEEE Float | cn | speed | 0 |
| 8 | speed02 | IEEE Float | cn | speed02 | 0 |
| 9 | speed05 | IEEE Float | cn | speed05 | 0 |
| 10 | start | BOOL | cn | start | 0 |
| 11 | stop | BOOL | cn | stop | 0 |

图 1-4-57  PanelView 标签信息设置

在与 ControlLogix 控制器连接时，它的通信组态很重要，主要是节点地址的写法要符合 ControlLogix 的组态规则，双击左侧工程树"Application Setting→Communication Setup"，修改通信组态属性，如图 1-4-58 所示。

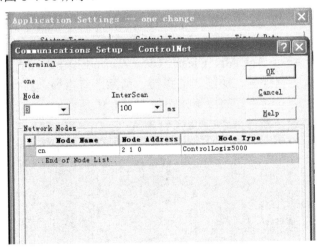

图 1-4-58  PanelView 与 ControlLogix 的通信设置

Node Type 选择"Control Logix 5000"；Node Address 为"2 1 0"；1756-CNB 的节点号为 2（根据 RSNetWorx for ControlNet 扫描出的结果决定）；ControlLogix 的背板号为 1；ControlLogix 的 CPU 模块槽号为 0；Node Name 与 Tag Database 中的 Node Name 一致；Terminal 下的 Node 表示 PanelView 的节点号，根据 RSNetWorx for ControlNet 扫描出的结果，其应为 3。

检查 PanelBuilder32 中编辑好的程序，确认无误后将画面下载到 PanelView 中，单击

"File→Download"（只有在 Screen 画面时才会出现 Download 选项），出现如图 1-4-59 所示的对话框，选择 PanelView 图标，单击 "OK" 按钮即可下载。

接下来设置 160SSC 变频器，并对 DeviceNet 进行组态。运行 RSNetWorx for DeviceNet，单击 "On line" 按钮，选择路径如图 1-4-60 所示。

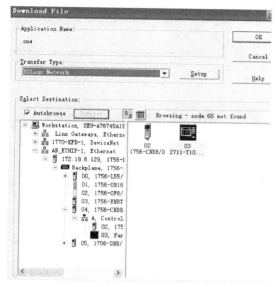

图 1-4-59　PanelView 程序下载

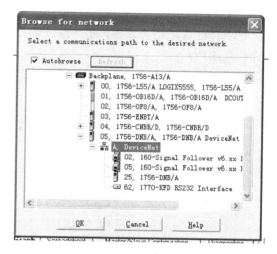

图 1-4-60　选择 De viceNet 扫描路径

扫描结果如图 1-4-61 所示。

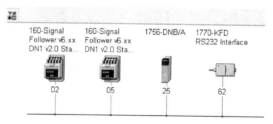

图 1-4-61　DeviceNet 扫描结果

在 RSNetWorx for DeviceNet 扫描结果中，双击 160SSC 图标，弹出变频器属性框，选择 Parameters 页面，加载后出现如图 1-4-62 所示的对话框。按照示例要求，几个需要修改的变频器参数量如下。

① 22、23 号参数设为默认值 20、70。

② 20 号控制字写入 Attempt Reset。

③ 46 号控制字写入 Network Control。

④ 56 号控制字写入 Reset Input Mode。

⑤ 59 号控制字写入 Internal Frequency。

⑥ 电压设置为 380V，频率设置为 50Hz。

160SSC 变频器控制字如表 1-4-9 所示。

表 1-4-9　160SSC 变频器控制字

| | 7 | 6 | 5 | 4 | 3 | 2 | 1 | 0 |
|---|---|---|---|---|---|---|---|---|
| 7-0 | | | | | | | | 启动 |
| 15-8 | | | | | | | | |
| 23-16 | | | | 转速字（低位） | | | | |
| 31-24 | | | | 转速字（高位） | | | | |

下面的重点是组态设备网模块 1756-DNB。双击节点 25，1756-DNB/A 模块设置界面如图 1-4-63 所示。

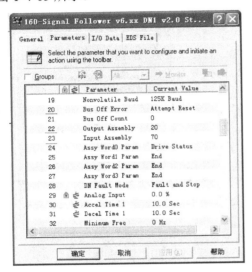

图 1-4-62　变频器参数修改

图 1-4-63　设备网模块属性修改

单击"Scanlist"，将设备从"Available Devices"添加到"Scanlist"中，即选中设备单击">"按钮，如图 1-4-64 所示。

图 1-4-64　设备添加

在 Scanlist 页面中，Available Devices 列表中是 DeviceNet 中的所有设备，Scanlist 列表中是添加进该扫描模块的设备。

双击 Scanlist 中的一台变频器，出现如图 1-4-65 所示的界面。变频器的输入/输出字节数是可以根据实际情况改变的，本例中都设置为 4 字节。另一台变频器也可用同样的方法改变设置。

打开"Input&Output"页面，可以看到变频器各自对应其输入/输出地址，其中输入地址如图 1-4-66 所示。"Auto Map"将自动顺次生成映像地址，"Unmap"解除已生成的映像地址，按照默认设定，那么 02 号 160SSC 对应 5:I.Data[0]和 5:O.Data[0]，05 号 160SSC 对应 5:I.Data[1]和 5:O.Data[1]。单击"应用"按钮，将设置下载到扫描模块中。

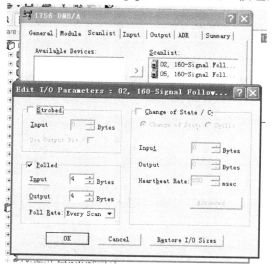

图 1-4-65　确定变频器控制字的字节数

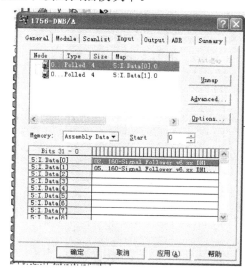

图 1-4-66　输入地址

紧接着对 ControlNet 进行组态，组态方法请参考上一个例子。

最后，ControlLogix 处理器中的程序如图 1-4-67 所示。Rung0~1 控制变频器的启/停。Rung2~4 控制 1#电动机，允许频率在 0~50Hz，输入频率控制字时必须保证 0 位为 1（为 1 时电动机才能启动）；Rung5~7 为报警控制，电动机频率在达到 11Hz 以后方可进行报警检测。Rung8~12 为 2#电动机的控制及报警。

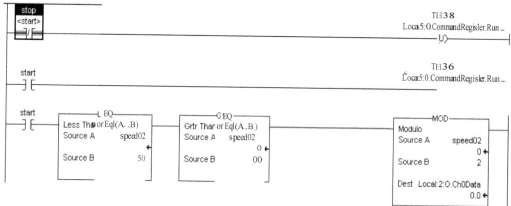

图 1-4-67　远程控制终端示例程序

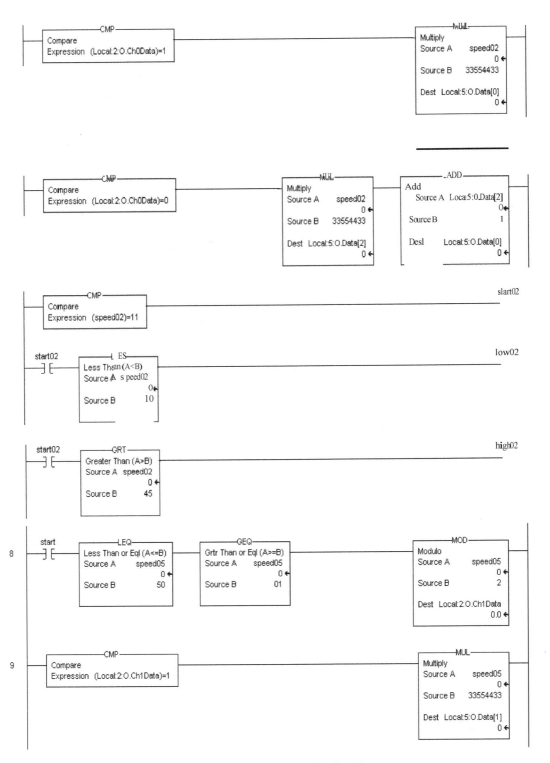

图 1-4-67　远程控制终端示例程序（续）

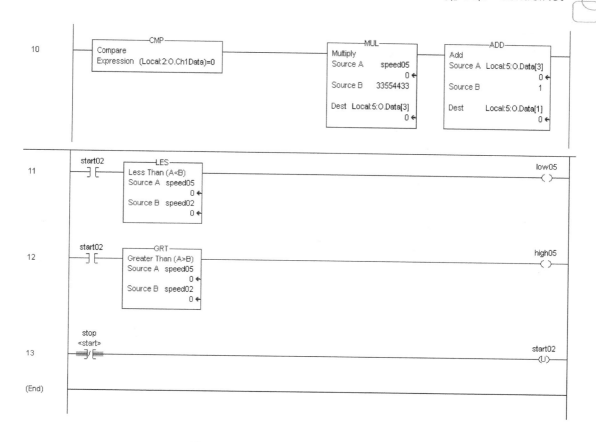

图 1-4-67　远程控制终端示例程序（续）

## 4.5.3　在钢铁行业的应用

某钢厂的高炉自动控制系统分为矿槽系统、炉顶系统、热风炉系统、煤气清洗系统、煤气预热系统、喷煤系统（制粉、喷吹）、高炉本体及循环水系统等。制粉系统将原煤进行细化加工成粉末状，经过喷吹系统加压吹入高炉内，增加高炉内冶炼强度及降低焦比。热风炉系统用三座热风炉轮流燃烧、送风，将高温加压空气吹入炉内，使炉内原料在高温状态下还原为生铁，是炼铁生产中的重要环节。矿槽系统将炼铁所用原料按照炉内计算参数进行配料、称量。炉顶系统根据工艺参数设定数据进行布料设备、布料方式控制，对高炉炉况有直接影响。煤气清洗系统将高炉的副产品煤气进行一系列清洗，变成净煤气后可用于生产中的其他环节。煤气预热系统对煤气和助燃空气预热后可改善煤气的燃烧效率。高炉本体安装有大量温度、流量和压力检测点。对整个高炉的砖衬、水系统、冷却壁系统进行连续监测和控制，是高炉监测控制的主体部分。

整个系统采用 8 套 ControlLogix L5550 冗余系统，考虑到距离远、节点多、抗干扰等因素，采用 ControlNet 网络类型，其抗干扰性能好，网络通道冗余，保证可靠通信。网络结构为总线型主、子网结构，既减小了主网的通信量，保证了人机界面的数据显示，又有利于子网快速的现场数据采集。图 1-4-68 为整个系统的简单结构图，主、子网均为 ControlNet 网络，各个控制站依所控制设备的不同采用不同的模块。

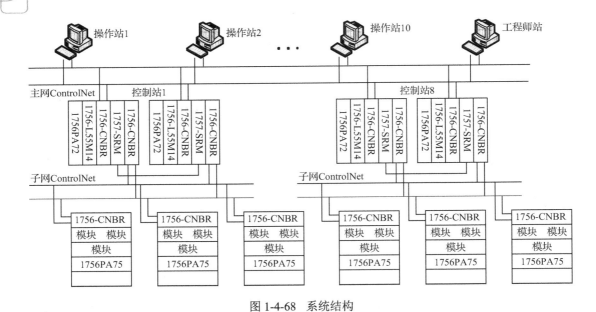

图 1-4-68　系统结构

# 4.6　小　　结

　　ControlNet 是一个由独立供货商组织 CI 管理的开放式网络，在单一物理介质链路上，可以同时支持对时间有苛刻要求的实时 I/O 数据的高速传输，以及报文数据的发送，包括编程和组态数据的上载/下载，以及对等信息传递等。在所有采用 ControlNet 的系统和应用中，其 5Mbps 高速的控制和数据传输能力大大提高了实时 I/O 的性能和对等通信的能力。

　　ControlNet 是一种高度确定性网络，因为其能够准确地预报数据传递完成的时间。同样 ControlNet 也因其可重复性而闻名，该特性保证了传输时间为可靠的常量，且不受网络上节点增加或减少的影响。这些都是保证实现可靠、高度同步和高度协调的实时性能的至关重要的要求。不同于其他双绞线网络，ControlNet 使用的光纤介质最远可达 30km，同轴电缆加中继器可达 6km，速度始终保持在 5Mbps 而不会随距离衰减，并可在噪声环境中使用。另外，处理器热备和 ControlNet 介质的冗余保证了更高的系统可用性，这些都使得 ControlNet 当之无愧地成为连接远程 I/O 和对等 PLC 主站的最理想网络。

# 第 5 章　EtherNet/IP

## 5.1　概　　述

以太网（Ethernet）是由 Xerox 公司创建，并由 Xerox、Intel 和 DEC 公司联合开发的基带局域网规范。Ethernet 使用 CSMA/CD 技术，并以 10Mb/s 的速率运行在多种类型的电缆上。Ethernet 不是一种具体的网络，是一种技术规范，是 IEEE802.3 所支持的局域网标准。按照国际标准化组织开放系统互连参考模型的 7 层结构，Ethernet 标准只定义了数据链路层和物理层，作为一个完整的通信系统，它需要高层协议的支持。APARNET 在制定了 TCP/IP 高层通信协议，并把 Ethernet 作为其数据链路和物理层的协议之后，Ethernet 便和 TCP/IP 紧密地捆绑在一起了。TCP/IP 的简单实用已为广大用户所接受，采用 TCP/IP 协议的 Ethernet 已广泛应用于各个领域，国际互联网（Internet）就是以此为基础的。书中提到的 Ethernet 如不加解释都指的是采用 TCP/IP 协议的 Ethernet。

现场总线产生和发展至今，世界各大公司纷纷投入大量人力和物力，开发了数百种现场总线，开放的现场总线也有数十种。虽然广大仪表和系统开发商及用户对统一的现场总线呼声很高，但由于技术和市场经济利益等方面的冲突，市场上的现场总线经过十几年的争论也无法统一，且在未来很长一段时间内都难以统一，多标准等于无标准。

另外，现场总线在其自身的发展过程中，无一例外地沿用了各大公司的专有技术，导致相互之间不能兼容，同时也无一例外地过多强调了工业控制网络的特殊性，从而忽视了其作为一种通信技术的一般性和共性。因此，尽管迫于市场和用户的压力，这些现场总线协议公开了，但其本质上还是"专有的"，其"开放性"仅是局部的，对于广大仪表和系统开发商来讲，开发和实现技术还是具有很大难度。

以 Ethernet 为代表的信息网络通信技术却以其协议简单、完全开放、稳定性和可靠性好而获得了全球的技术支持，与目前的现场总线相比，Ethernet 具有以下优点。

（1）应用广泛。Ethernet 是目前应用最广泛的计算机网络技术，受到广泛的技术支持，几乎所有的编程语言都支持 Ethernet 的应用开发，如 Delphi、Java、Visual C++及 Visual Basic 等。这些编程语言由于被广泛使用，并受到软件开发商的高度重视而具有很好的发展前景，因此如果采用 Ethernet 作为现场总线，可以保证多种开发工具、开发环境供选择。

（2）成本低廉。由于 Ethernet 的应用最广泛，因此受到硬件开发与生产厂商的高度重视与广泛支持，有多种硬件产品供用户选择，而且由于应用广泛，硬件价格也相对低廉。目前 Ethernet 网卡的价格只有 Profibus、FF 等现场总线的 1/10，并且随着集成电路技术的发展，其价格还会进一步下降。

（3）通信速率高。目前 Ethernet 的标准通信速率为 10M。100M 的快速 Ethernet 也已经被广泛应用，1000M Ethernet 技术也逐渐成熟，10G Ethernet 正在研究，其速率比目前的现场总线快得多。另外，Ethernet 还可以满足对带宽的更高要求。

（4）软硬件资源丰富。由于 Ethernet 已应用多年，人们在 Ethernet 的设计、应用等方面有很多经验，对其技术也十分熟悉。大量软件资源和设计经验可以显著降低系统的开发和培训费用，进而显著降低系统的整体成本，并大大加快系统的开发和推广速度。

（5）可持续发展潜力大。由于 Ethernet 的广泛应用，故其发展也一直受到广泛重视，并吸引大量的技术投入。在这瞬息万变的时代，企业的生存与发展将在很大程度上依赖于一个快速而有效的通信管理网络，信息技术与通信技术的发展将更加迅速，也更加成熟，由此保证了 Ethernet 技术不断持续向前发展。

（6）易于与 Internet 连接，能实现办公自动化网络与工业控制网络的信息无缝集成。工业控制网络采用 Ethernet，可以避免其发展游离于计算机网络技术的发展主流之外，从而使工业控制网络与信息网络技术互相促进，共同发展，并保证技术上的可持续发展，在技术升级方面无须单独的研究投入。

但在工业应用中直接采用 Ethernet 面临两大问题。首先，Ethernet 采用的是 CSMA/CD 介质访问控制机制，具有排队延迟不确定的缺陷，无法保证数据传送的实时性和确定性，因此无法在工业控制中得到有效使用。其次，如前所述，Ethernet 只规定了物理层和数据链路层的协议，TCP/IP 也只是传输层和网络层协议，缺乏面向工业应用的应用层协议。所以，为了满足工业应用的要求，必须在现有 Ethernet 技术和 TCP/IP 技术的基础上做进一步工作。许多研究者致力于解决上述两大问题，并取得了丰硕成果。对于前一个问题，随着计算机技术的发展，Ethernet 的发展也取得了本质上的飞跃，先后产生了高速以太网和千兆以太网产品及国际标准，Ethernet 又增加了全双工通信技术、交换技术、信息优先级等来提高实时性，并改进了容错技术，从根本上解决了 Ethernet 通信传输延迟存在不确定性的问题。更重要的是，广大工控专家通过研究发现，通信负荷在30%以下时，10M 以太网的通信响应实时性要好于2.5M 的 ARCnet（一种曾被广泛应用于工业控制网络的令牌总线）；而负荷在 10%以下时，以太网几乎不发生碰撞，或者说因碰撞而引起的传输延迟几乎可以忽略不计。因此，通过采用适当的系统设计和流量控制技术，以太网完全能用于工业控制网络。对于后一个问题，解决的方法有三种：一种是把现有的工业应用层协议与以太网、TCP/IP 集成在一起；另一种是在以太网和现有工业网络之间安装网关，进行协议转换；还有一种是重新开发应用协议。目前，有影响的工业以太网有 Modbus-IDA、FF HSE、ProfiNet、EtherNet/IP 和我国自主开发的 EPA。

EtherNet/IP（EtherNet Industry Protocol）是适合工业环境应用的工业以太网协议体系。它是由两大工业组织 ODVA 和 CI 推出的最新成员。EtherNet/IP 采用和 DeviceNet 及 ControlNet 相同的应用层协议 CIP，再加上已经被广泛使用的 Ethernet 和 TCP/IP 协议，就构成 EtherNet/IP 协议的体系结构。由于在应用层使用了 CIP，EtherNet/IP 也具备 CIP 网络所共有的一些特点，包括如下几点。

① 可以传输多种不同类型的数据，包括 I/O 数据、配置和故障诊断、程序上/下载等。

② 面向连接，通信之间必须建立连接。

③ 用不同的方式传输不同类型的报文。

④ 基于生产者/消费者模型，提供对组播通信的支持。

⑤ 支持多种通信模式：主从、多主、对等或三者的任意组合。

⑥ 支持多种 I/O 数据触发方式：轮询、选通、周期或状态改变。

⑦ 用对象模型来描述应用层协议，方便开发者编程实现。

⑧ 为各种类型的 EtherNet/IP 设备提供设备描述，以保证互操作性和互换性。

此外，EtherNet/IP 还满足从高精度时间同步（±100ns）、分布式伺服控制、离散控制、过程控制到安全系统等所有工业应用要求，并支持现场和远程监视、诊断和组态。当然，EtherNet/IP 产品也可使用其他标准 TCP/IP 以太网上的服务，如 HTTP、SNMP 等，这意味着工业自动化和企业信息系统更直接的集成。比如，无须附加编程，相关人员就可方便地通过网页浏览器来组态、诊断并监视工厂设备。EtherNet/IP 还从 EMC、安装防护等级各方面做出规定，保证 EtherNet/IP 产品的严格工业环境适应性。统一的 CIP 保证了 EtherNet/IP、ControlNet 和 DeviceNet 的无缝集成，这意味着用户无须进行额外编程，即可直接从任意一点访问、组建并维护不同网络中的任意设备，并且 CIP 内秉的"路由"技术可以让 EtherNet/IP 实现工厂里采用不同协议的其他工业现场总线或网络互联互通，使所有设备都进行沟通，最大限度地保护用户投资和节约系统升级成本。

# 5.2　网络模型

EtherNet/IP 的网络模型如图 1-5-1 所示。如前所述，EtherNet/IP 是以太网、TCP/IP 及 CIP 的集成，其中应用层使用 CIP 是 EtherNet/IP 和其他工业以太网的主要区别所在。

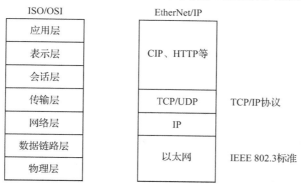

图 1-5-1　EtherNet/IP 网络模型与 ISO/OSI 参考模型的比较

## 5.2.1　物理层

在 IEEE802.3 标准规范中，物理层的特性主要有通信波特率、拓扑结构、传输介质和最大网络长度及连接器技术、信号编码等性能规范，其具体的命名方法如图 1-5-2 所示。名称最前面是数字，表示的是通信波特率。名称的中间是 BASE 或 BROAD，用来表示网络是宽带还是基带。所谓宽带指的是在一条线上有多个信道（信号频率），不同的数据可以通过使用不同的信道在同一物理介质上传播；所谓基带是一条线上只有一个信道，所有的数据传输只能使用这个信道。除了一种以太网（10BROAD36）是宽带网络外，其他类型的以太网都是基带网络。名称最后如果是数字，则表示的是网段的最大长度；如果是字母 T，则表示传输介质是双绞线；如果是字母 F，则表示传输介质是光纤。标准中规定的以太网类型如下。

图 1-5-2　IEEE802.3 标准以太网物理层命名方法

（1）1BASE5：通信速率为 1Mbps，拓扑结构为星形，传输介质为两对双绞线电缆，最大网段长度为 250m（半双工），连接器为 N-型同轴连接器，信号编码为 Manchester 码。

（2）10BASE5：通信速率为 10Mbps，拓扑结构为总线型，传输介质为单条 50Ω 同轴电缆，最大网段长度为 500（半双工），连接器为 N-型同轴连接器、Barrel 连接器和终端盒，信号编码为 Manchester 码。

（3）10BASE2：通信速率为 10Mbps，拓扑结构为总线型，传输介质为单条 50Ω RG58 同轴电缆，最大网段长度为 185m（半双工），连接器为 BNC T-型同轴连接器、Barrel 连接器和终端盒，信号编码为 Manchester 码。

（4）10BROAD36：通信速率为 10Mbps，拓扑结构为总线型，传输介质为单条 75Ω CATV 宽带电缆，最大网段长度为 185m（半双工），信号编码为射频调制。

（5）10BASE-T：通信速率为 10Mbps，拓扑结构为星形，传输介质为两对 100Ω 的 3 类电缆或较好的非屏蔽双绞线（UTP）电缆，最大网段长度为 100m，连接器为 RJ-45 型连接器，信号编码为 Manchester 码。

（6）10BASE-FL：通信速率为 10Mbps，拓扑结构为星形，传输介质为两芯光缆，最大网段长度为 2000m，连接器为 ST-型光纤连接器，信号编码为 Manchester 码。

（7）10BASE-FB：通信速率为 10Mbps，拓扑结构为星形，传输介质为两芯光缆，最大网段长度为 2000（半双工），连接器为 ST-光纤型连接器。

（8）10BASE-FP：数据速率为 10Mbps，拓扑结构为星形，传输介质为两芯光缆，最大网段长度为 1000m（半双工），连接器为无源星形耦合器与光纤连接器封装成的组件。

（9）FOIRL：数据速率为 10Mbps，拓扑结构为星形，传输介质为两芯光缆，最大网段长度为 1000m（半双工）或大于 1000m（全双工），连接器为 SMA 型光纤连接器或 ST-型光纤连接器，信号编码为 Manchester 码。

按照 IEEE802.3μ 快速以太网的规范，100Mbps 的以太网类型如下。

（1）100BASE-TX：数据速率为 100Mbps，拓扑结构为星形，传输介质为两对 100Ω 的 5 类 UTP 电缆，最大网段长度为 100m，当采用 UTP 电缆时为 RJ-45 型连接器，当采用 STP 电缆时为 9 线 D 型连接器，信号编码为 4B/5B 码。

（2）100BASE-FX：数据速率为 100Mbps，拓扑结构为星形，传输介质为两芯光缆，最大网段长度为 412m（半双工）或 2000m（全双工），最好采用双 SC 型光纤连接器，也可采用 ST 型光纤连接器和 FDDI MIC-型光纤连接器，信号编码为 4B/5B 码。

（3）100BASE-T4：数据速率为 100Mbps，拓扑结构为星形，传输介质为 4 对 100Ω 的 3 类 UTP 电缆，最大网段长度为 100m（半双工），采用 RJ-45 型连接器，信号编码为 8B/6T 码。

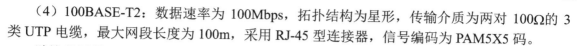

（4）100BASE-T2：数据速率为 100Mbps，拓扑结构为星形，传输介质为两对 100Ω的 3 类 UTP 电缆，最大网段长度为 100m，采用 RJ-45 型连接器，信号编码为 PAM5X5 码。

除这些以外，IEEE802.3 中还规定了 1000Mbps 和 10 000Mbps 以太网的物理层性能规范，这里不做详细介绍，有兴趣的读者可查看相关文献。

以太网使用的传输介质分为电缆传输介质和光缆传输介质两类。传输介质的传输特性主要是传输损耗和传输带宽。传输损耗是指以太网数据帧信号在介质中传输每单位长度对信号能量的损耗（或幅度的降低），而传输带宽则反映的是以太网数据帧信号在介质中传输每单位长度信号失真的情况（或畸变程度）。以下分别对电缆传输介质和光缆传输介质等做扼要的说明。

电缆传输介质主要分为双绞线对电缆（Twisted Pair Cable）和同轴电缆（Coaxial Cable）两大类。

### 1. 双绞线对电缆

双绞线对电缆每对线的两根绝缘铜线是相互扭绞在一起的，扭绞的目的为降低对串音和噪声的敏感性。高质量的双绞线对需每英寸扭绞 7～8 次。双绞线对电缆又分为非屏蔽双绞线对电缆（Unshielded Twisted Pair Cable，UTP）、筛网状双绞线对电缆（Screened Twisted Pair Cable，ScTP）和屏蔽双绞线对电缆（Shielded Twisted Pair Cable，STP）等。

（1）非屏蔽双绞线对电缆。非屏蔽双绞线对电缆，顾名思义，即无屏蔽的双绞线对电缆，也称特性阻抗为 100Ω的电缆。各类非屏蔽双绞线对电缆的特性包括特性阻抗、最高传输频率，以及适合以太网传输的信号和标准的非屏蔽双绞线对电缆的特性，如表 1-5-1 所示。非屏蔽双绞线对电缆最多可将 4 个双绞线对封装在一个电缆外护套中。传输 10BASE-T、100BASE-TX 和 100BASE-T2 信号时需用两对双绞线，传输 100BASE-T4 和 1000BASE-T 信号时需用 4 对双绞线。

表 1-5-1　非屏蔽双绞线对电缆的特性

| 电缆类型 | 阻抗（Ω） | 最高工作频率（MHz） | 以太网物理层 | 遵守标准 |
| --- | --- | --- | --- | --- |
| 3 类 | 100 | 16 | 10BASE-T、100BASE-T4、100BASE-T2 | TIA/EIA568-A |
| 4 类 | 100 | 20 | 10BASE-T、100BASE-T4、100BASE-T2 | TIA/EIA568-A |
| 5 类 | 100 | 100 | 10BASE-T、100BASE-T4、100BASE-T2、1000BASE-T、100BASE-TX | TIA/EIA568-A |
| 5e 类 | 100 | 100 | 10BASE-T、100BASE-T4、100BASE-T2、1000BASE-T、100BASE-TX | TIA/EIA568-A |
| 6 类 | 100 | 250 | 10BASE-T、100BASE-T4、1000BASE-T | TIA/EIA568-A |
| 7 类 | 100 | 600 | 10BASE-T、100BASE-T4、1000BASE-T | |

（2）筛网状双绞线对电缆。筛网状双绞线对电缆是一种 4 对双绞线 100Ω非屏蔽的电缆，用金属箔或金属丝编织的筛状网将 4 对双绞线包裹起来，使得电磁干扰最小及受外噪声的影响降低。

（3）屏蔽双绞线对电缆。屏蔽双绞线对电缆是由 IBM 公司规范的 150Ω电缆，是专为令牌环网络设计的。150Ω屏蔽双绞线用金属箔缠绕屏蔽后，被封装在用金属丝编织的屏蔽罩内，因而电磁干扰和串音均降到最低。一般来说，150Ω屏蔽双绞线对电缆不使用在以太网中，但可以采用安装特殊的阻抗匹配变压器等设备与以太网收发器连接。

### 2. 同轴电缆

同轴电缆在轴心线上有一个中心导体，外围是一个管状导体（可以是金属丝编织网、金属箔或者两者并用），管状导体与中心导体是同心的，在两者之间用绝缘材料进行隔离，同轴电缆的最外层是绝缘外护套，对于有特殊要求的同轴电缆来说还需要按要求进行铠装。

同轴电缆有较宽的带宽，可以用于传输数据、语音、视频等，以及多媒体信息。同轴电缆的种类包括粗同轴电缆、细同轴电缆、CATV 同轴电缆和双同轴电缆。现扼要介绍如下。

（1）粗同轴电缆。顾名思义，粗同轴电缆的缆径比较粗，通常为 10mm。粗同轴电缆的阻抗为 50Ω，用于较早的 Ethernet 10BASE5 以太网系统，传输速率为 10Mb/s，最大网径约为 500m，每个网段上最多允许有 100 个站点。

以太网粗同轴电缆需要每 2.5m 做一个"标记"，因为用于连接站点到网络的 10BASE5 收发器要放置在 2.5m 整数倍的间隔位置上，以使影响网段信号传输质量的反射最小。"标记"一般采用有黑带间隔的比较鲜亮的色彩（如黄色），以方便将收发器置于正确位置上。这样在长达 500m 的网段上可按 2.5m 间隔的任意整数倍位置放置多达 100 个 10BASE5 以太网收发器。收发器通过一个卡头与粗同轴电缆进行机械和电气连接，使传输的信息流畅通无阻。10BASE5 以太网网段可以是单一的电缆段，也可以是多段端对端的连接。后者会导致阻抗失配，甚至会引起过大的信号反射而造成比特差错和数据帧的破坏。因此，要求构成一个网段的所有缆段都要采用一个厂家的产品，以便有相同的阻抗匹配。10BASE5 以太网粗同轴电缆要求用有 50Ω安装端子的 N 型同轴连接器进行连接。特别是当多段缆端对端地连接网段时，就要用多个 N 型同轴连接器进行连接。

（2）细同轴电缆。细同轴电缆的缆径比较细，通常为 5mm。细同轴电缆的阻抗为 50Ω，用于 Ethernet10BASE2 以太网系统。其传输速率为 10Mb/s，最大网径为 185m。细同轴电缆的优点是便宜、轻便、易于弯曲，缺点是传输特性差，最大网径仅为 185m，且每个网段上最多允许有 30 个站点。

10BASE2 以太网收发器需要通过"BNC"以太网收发器和"#D4"连接器，而不是分接型连接器与细同轴电缆相连。"BNC"连接器有 T 型连接器（BNCTee）和直通型连接器（BNC Barrel）两种。T 型连接器的水平部分每端包括一个阴型 BNC 连接器，与连接缆段的阳性 BNC 连接器配合使用；而 T 型连接器的垂直部分则包括一个阳性 BNC 连接器，可将 T 型连接器直接插入计算机网站的以太网接口卡或连接一个外部以太网收发器。若网站离网络较远，则使用 BNC 直通型连接器代替 BNC T 型连接器进行直通连接。

10BASE2 以太网同轴缆段的每端必须终接 BNC 50Ω的端子，为了安全起见，地线必须与一端的地线连接，如与网段的端子连接。同轴电缆应满足 RG58A/U 和 RG58C/U 标准的要求。

（3）CATV 电缆。CATV 电缆是一种 75Ω的同轴电缆，用于传输有线电视信号。当然，也可用于以太网 10BROAD36 网络来传输以太网信号。CATV 电缆有较宽的带宽是相对于其他以太网物理层使用的基带传输带宽而言的，如采用频分复用方式，在一条电缆内可以将较宽的带宽分割成多个较窄的带宽，每个窄带宽都有不同的频率范围。好像是将一条宽阔的道路划分出多条跑道一样，每条跑道可以"跑"不同的信息，因而可以支持多种业务传输多路广播电视节目。

（4）双同轴电缆。

双同轴电缆是在一个电缆保护套内装入两条相互绝缘的同轴电缆。150Ω的双同轴电缆专用于短距离通信，也可用于高速以太网 1000BASE-CX 系统传输信息。光缆的种类也是繁多的，但基本都是由加强元、光纤单元、外护套及填充物组成的。光缆分为多模光缆和单模光缆两类。多模光缆的光纤单元装入的是多模光纤，而单模光缆的光纤单元装入的是单模光纤。

光纤是一种特殊构造的，像头发丝一样细的光导纤维的简称。光纤使光信号仅能在"纤芯区"内传播而"跑不出来"，并且光信号在传输中产生的损耗和失真是通信可以承受的。光纤一般由纤芯区、包层区和外护套组成。纤芯区处于光纤的中心区，功能是将光信号在本区内传输，因而是最重要的区域。包层区包围着纤芯区，功能是保证纤芯区内的光信号"跑不出来"。外护套处于光纤的最外层，包围着包层区，功能有两个：一是加强光纤的机械强度；二是保证外面的光不能进入光纤之中。

光纤的分类方法很多，如可按材料组成、应用范围、光学特性来分类等。如按材料组成分，可以分为玻璃光纤、塑料光纤和金属包层光纤；如按应用范围分，可以分为传感器光纤和通信光纤；如按光学特性分，可以分为多模光纤和单模光纤等。要了解什么是多模光纤和单模光纤，应首先了解什么是光纤的模。光是振荡在光频的电磁波，从这一点出发，其振荡的规律应是遵循经典的电磁场理论。因为波导中的电磁波运动可以按麦克斯韦方程组来求解，且可有无数个解，因此这里可以借用此理论来描述光波在光纤中的传播，即一个解对应一个模。所谓的多模光纤，就是可以传输上千个模的光波的光纤，而所谓的单模光纤，就是允许传输的模很少，基本上只能传输基模的光纤。当然，多模光纤和单模光纤是相对而言的，当光纤的芯径远大于其中传输光波的波长时，此光纤就可称为多模光纤，而当光纤的芯径与其中传输光波的波长在同一个量级时，光纤就是单模光纤。

光纤最重要的传输特性是传输损耗和传输带宽。其传输损耗是指光纤内光信号在传输中光能量的损失（信号幅度的降低），表明光信号在光纤内不能无限远地传输。也就是说，光纤内光信号的传输损耗会随着传输距离的增加而逐渐降低幅度，直到接收端无法识别原发送的信号为止。光能量损失的主要原因是光纤材料内杂质和材料的不均匀性，因而造成了传输光被吸收和所谓的瑞利散射。

光纤的传输带宽则是光纤内光信号在传输中能量的散开（信号的失真）。在光纤内传输的光信号不能无限远地传输也是由光纤传输的带宽特性造成的。也就是说，随着传输距离的增加，光信号的失真会逐渐增加，直到接收端无法识别原发送信号为止。光纤的传输带宽特性使传输信号的速率受到限制，一般来说，由于信号畸变（失真）的原因，当接收端刚开始不能辨别发送端所发送的信号时，光信号的速率与光纤长度的乘积即为此段光纤的带宽，但往往将长度取为单位长度，在书写时将其省略。因此，光纤传输带宽的表示单位是速率（频率），即 MHz、GHz 等，其量值等于基带转移函数的幅值降低到零频率值所规定的分贝数（-3dB）时的最低频率。

以太网电气连接器常用的有 RJ-45 8 引线连接器、AUI 15 引线连接器和 MII 40 引线连接器。本书对使用最普遍的 RJ-45 连接器做详细介绍。

RJ-45 型连接器用于以太网双绞线对链路，包括 10BASE-T、100BASE-TX、100BASE-T4、100BASE-T2 和 1000BASE-T 等各种物理层。10Gb/s 以太网使用光纤传输介质，一般不使用 RJ-45 型电气连接器。RJ-45 型连接器有 8 个引线，因此也被称为"8 引线模块式连接器"。RJ-45 的公插头一般安装在双绞线对电缆的两端，而 RJ-45 的母插座一般安装在设备上，如网卡、中继器或交换机上。对于以太网的各种物理层，RJ-45 型连接器的引线分配规范如表 1-5-2 所示。

表 1-5-2　RJ-45 型连接器的引线分配规范

| 引　　线 | 10BASE-T | 100BASE-TX | 100BASE-T4 | 100BASE-T2 | 1000BASE-T |
|---|---|---|---|---|---|
| 1 | TD+（发数据） | TD+（发数据） | TX-D1+（发数据） | BI-DA+（双向数据） | BI-DA+（双向数据） |
| 2 | TD-（发数据） | TD-（发数据） | TX-D1-（发数据） | BI-DA-（双向数据） | BI-DA-（双向数据） |
| 3 | RD+（收数据） | RD+（收数据） | RX-D2+（收数据） | BI-DB+（双向数据） | BI-DB+（双向数据） |
| 4 | 备用 | 备用 | RI-D3+（双向数据） | 备用 | BI-DC+（双向数据） |
| 5 | 备用 | 备用 | RI-D3-（双向数据） | 备用 | BI-DC-（双向数据） |
| 6 | RD-（收数据） | RD-（收数据） | RX-D2-（收数据） | BI-DB-（双向数据） | BI-DB-（双向数据） |
| 7 | 备用 | 备用 | RI-D4+（双向数据） | 备用 | BI-DD+（双向数据） |
| 8 | 备用 | 备用 | RI-D4-（双向数据） | 备用 | BI-DD-（双向数据） |

目前最常用的网线就是 5 类双绞线对电缆，它由 8 根不同颜色的线分成 4 对绞合在一起。RJ-45 连接器的公插头由金属片和塑料构成，也常称为水晶头，将双绞线与水晶头连接时要特别注意的是引脚序号，当金属片面对我们的时候从左至右引脚序号依次是 1～8，这序号在进行网络连线时非常重要，不能搞错。EIA/TIA 的布线标准中规定了两种双绞线的线序 568A 与 568B。

（1）标准 568B：白橙--1，橙--2，白绿--3，蓝--4，白蓝--5，绿--6，白棕--7，棕--8。

（2）标准 568A：白绿--1，绿--2，白橙--3，蓝--4，白蓝--5，橙--6，白棕--7，棕--8。

TIA/EIA-568B 标准接线如图 1-5-3 所示。根据网线两端水晶头的做法是否相同，可以分为两种网线。

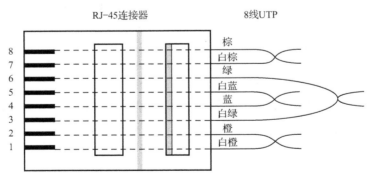

图 1-5-3　RJ-45 连接器的 TIA/EIA-568B 标准接线

（1）直通线：网线两端水晶头做法相同，都是 TIA/EIA-568B 标准，或都是 TIA/EIA-568A 标准。用于 PC 网卡到 HUB 普通口，HUB 普通口到 HUB 级联口。一般用途用直通线就可全部完成。

（2）交叉线：网线两端水晶头做法不同，一端为 TIA/EIA-568B 标准接线，另一端为

TIA/EIA-568A 标准接线。用于 PC 网卡到 PC 网卡，HUB 普通口到 HUB 普通口。

判断用直通线或交叉线的简单方法是：设备口相同用交叉线；设备口不同用直通线。

## 5.2.2　数据链路层

以太网的数据链路层也分为介质访问控制（MAC）子层和逻辑链路控制（LLC）子层。MAC 子层的任务是解决网络上所有节点共享一个信道所带来的信道争用问题。LLC 子层的任务是把要传输的数据组帧，并且解决差错控制和流量控制的问题，从而在不可靠的物理层上实现可靠的数据传输。

以太网介质访问控制的方法涉及采用半双工与全双工两种工作模式，半双工工作模式需要介质接入控制，而全双工工作模式则不需要介质接入控制。

半双工以太网的工作模式是网络介质由众多节点共享，每个节点不能同时收发信息，即在每段时间内只能执行接收或发送一种功能，因此对众多节点共享同一介质的网络需要采用某种规则，以对节点发送信息的时机进行控制，避免发生冲突。半双工以太网采用 CSMA/CD 协议，即网络上的节点在发送数据前，要监听网络是否空闲。如果网络空闲，则发送；如果网络忙，则继续监听。如果有两个节点要同时发送数据，则发生冲突。如果发生冲突，则节点发出阻塞信号，所有节点都停止发送，等待一个随机的时间片后再尝试发送。

在 IEEE802.3 标准规范中，确定了第二种工作模式，即全双工以太网工作模式。这种工作模式是在站点之间提供可以独立发送与接收的点对点的链路，因而可以同时收发和交换信息。不像半双工工作模式那样，需要使用 CSMA/CD 介质接入控制协议来进行介质接入控制。在全双工以太网中，各站点必须进行全双工工作模式的配置，物理介质也必须满足全双工工作模式的要求。目前，支持全双工工作模式的物理介质规范有 100BASE-T、100BASE-TX、100BASE-FX、100BASE-T2、1000BASE-T 等 9 种，而 10BASE-5、10BASE-2、10BASE-FP、100BASE-T4 4 种物理介质规范不支持全双工工作模式。全双工工作模式限制在两站之间连接点对点的链路，因而不存在共享介质的竞争和发送帧数据碰撞的问题。在发送帧数据之间可有最小的帧间隔，也不要求有执行其他功能的码组。全双工工作模式比半双工工作模式的吞吐量增加了一倍，且由于无竞争与碰撞，也提高了工作效率。

## 5.2.3　网络层与传输层

EtherNet/IP 在网络层和传输层上采用标准的 TCP/IP 协议。TCP/IP 协议是 20 世纪 70 年代中期美国国防部为其 ARPANET 广域网开发的网络体系结构和协议标准。如今，TCP/IP 协议成为最流行的网际互联协议，并由单纯的 TCP/IP 协议发展成为一系列以 IP 为基础的 TCP/IP 协议簇。

网络层所要实现的功能是把数据包由源节点送到目的节点，要实现这一功能，网络层需要解决报文格式定义、路由选择、阻塞控制、网际互联等一系列问题。

网络层最重要的协议是网际协议（Internet Protocol，IP），通常称为 IP 协议，它是 TCP/IP 的心脏。IP 层接收由更低层发来的数据包，并把该数据包发送到更高层。相反，IP 层也把从传输层接收来的数据包传送到更低层。IP 数据包是不可靠的，因为 IP 并没有做任何事情来确认数据包是按顺序发送的或者没有被破坏，这些功能需要在传输层完成。IP 数据包中含有发送它的主机地址（源地址）和接收它的主机地址（目的地址）。为了实现各主机间的通信，每台主机都必须有一个唯一的网络地址，就好像每一个住宅都有唯一的门牌号一样，才不至于在传输资料时出现混乱。这个网络地址称为 IP 地址，它唯一地标识一个主机。目前，IP 地址是一个 32 位的二进制地址，为了便于记忆，将它们分为 4 组，每组 8 位，由小数点分开，用 4 字节来表示，且用点分开的每个字节的数值范围是 0～255，如 202.116.0.1，这种书写方法叫做点数表示法。

每个 IP 地址又可分为两部分，即网络号部分和主机号部分。网络号表示其所属的网段编号，主机号则表示该网段中主机的地址编号。按照网络规模的大小，IP 地址可以分为 A、B、C、D、E 五类，其中 A、B、C 类是三种主要的类型地址，D 类地址称为广播地址，供特殊协议向选定的主机发送信息时用，E 类地址留作将来使用。

A 类地址的表示范围为 0.0.0.0～126.255.255.255，默认子网掩码为 255.0.0.0。A 类地址分配给规模特别大的网络使用。A 类网络用第一组数字表示网络本身的地址，后面三组数字作为连接于网络上的主机地址，分配给具有大量主机（直接个人用户）而局域网络个数较少的大型网络。

B 类地址的表示范围为 128.0.0.0～191.255.255.255，默认子网掩码为 255.255.0.0。B 类地址分配给一般的中型网络。B 类网络用第一、二组数字表示网络的地址，后面两组数字代表网络上的主机地址。

C 类地址的表示范围为 192.0.0.0～223.255.255.255，默认子网掩码为 255.255.255.0。C 类地址分配给小型网络，如一般的局域网和校园网，它可连接的主机数量是最少的，采用把所属的用户分为若干网段进行管理。C 类网络用前三组数字表示网络地址，最后一组数字作为网络上的主机地址。

子网掩码是与 IP 地址结合使用的一种技术。它的主要作用有两个，一是用于确定 IP 地址中的网络号和主机号，二是用于将一个大的 IP 网络划分为若干小的子网络。子网掩码以 4 字节 32bit 表示。子网掩码中为 1 的部分定位网络号，为零的部分定位主机号。因此，当 IP 地址与子网掩码二者相"与"（and）时，非零部分即为网络号，为零部分即为主机号。除了 IP 外，网络层还使用其他一些协议为 IP 服务，作为 IP 有效的补充，包括如下几点。

（1）地址解析协议（Address Resolution Protocol，ARP）用于在已知 IP 地址的情况下确定物理地址。

（2）反向地址解析协议（Reverse Address Resolution Protocol，RARP）用于在知道物理地址的情况下确定 IP 地址。

（3）点对点协议（Point-to-Point Protocol，PPP）和串行线路接口协议（Serial Line Interface Protocol，SLIP）用于通过串行线路传输 IP 数据报文。

（4）互联网控制报文协议（Internet Control Message Protocol，ICMP）主要用于报告传输中出现的问题，另外也可以用于网际测试。ICMP 报文是封装在 IP 数据包中传输的。ICMP 部分弥补了 IP 在可靠性方面的缺陷，提供了一定的差错报告功能。

（5）互联网组管理协议（Internet Group Management Protocol，IGMP）用于管理多播组，在主机和多播路由器之间交换主从关系信息。IGMP 报文也是封装在 IP 数据包中传输的。IGMP 报文只有查询报文和回答报文两种。

传输层的作用是提供应用程序间（端到端）的通信服务，它提供两个协议：用户数据报协议（User Datagram Protocol，UDP），其负责提供高效率的服务，用于传送少量的报文，几乎不提供可靠性措施，使用 UDP 的应用程序须自己完成可靠性操作；传输控制协议（Transmission Control Protocol，TCP），其负责提供高可靠的数据传送服务，主要用于传送大量报文，并为保证可靠性做了大量工作。表 1-5-3 列出它们之间的主要区别。

表 1-5-3　TCP 与 UDP 之比较

| 内　　容 | TCP | UDP |
|---|---|---|
| 连接建立过程 | 需要 | 不需要 |
| 传输方式 | 分组传输 | 总是避免分组 |
| 报文分组顺序 | 报文总是以发送的顺序到达主机，并得到接收者的确认，以确保投递成功 | 报文以它们到达的顺序达到主机 |
| 传输可靠性 | 采用超时重发，三次握手，滑动窗口等保证可靠传输 | 几乎不提供可靠性，须由应用层来完成可靠性操作 |

虽然 UDP 几乎不提供可靠性措施，但其实现机制简单，假如通信子网提供足够的可靠性，使用 UDP 将获得可观的效率，如远程过程调用（RPC）、生产过程数据交换等，这种场合一次传输发送分组的数量不多，为这种有限几次的交互而建立一个连接开销太大，让每个分组携带 IP 地址并进行寻址也不会太影响效率，即便传输出错，导致几次重传，其效率也比面向连接的方式高，所以 RPC 建立在 UDP 之上。应用层依赖于 UDP 的还有简单网络管理协议 SNMP、单纯文件传输协议 TFTP、引导协议 BOOTP 等。

面向连接的 TCP 不要求每一分组都含目的 IP 地址，只要求包含一个很短的连接号，所以非常适合于每个分组仅发送很少字符的交互式终端应用。另外，TCP 也适合于进行大数据量的文件传输，因为每次大文件传输可能要传送许多分组，建立连接后就不必为每个分组进行单调的寻址，传输效率显然比每个分组都进行寻址高出许多。应用层依赖于 TCP 协议包括大量交互型的虚拟终端协议 TELNET、远程登录和远程 shell 执行，以及文件传输型的电子邮件协议 SMTP、文件传输协议 FTP 等。

## 5.2.4　应用层

EtherNet/IP 的应用层采用了 CIP，并且用对象模型来描述 CIP。另外，为了保护互操作性和互换性，EtherNet/IP 也提供设备描述。本节主要介绍 CIP 在以太网上的封装。

封装协议所定义的实际上是应用层和传输层的接口，也就是 CIP 和 TCP/UDP 的接口。封装协议预留了 TCP 端口 0xAF12 和 UDP 端口 0xAF12，用于 CIP 通信。封装协议规定了 CIP 数据包是如何被组成 TCP 包或 UDP 包的。另外，由于 TCP 是面向连接的协议，封装协议还需要进行会话管理。一个会话管理需要经历 3 个阶段：建立会话、维持会话、结束会话。因此，封装协议还规定了多种用于会话管理的报文。

封装数据包包头格式如图 1-5-4 所示，包头长度为 24B，其有效数据段的长度为 0～65511B。数据按照规定的格式封装好后，作为 TCP 或 UDP 报文中的数据段传输。

| 命令 | 长度 | 会话句柄 | 状态 | 发送者背景 | 选项 |
|------|------|----------|------|------------|------|
| 2B | 2B | 4B | 4B | 8B | 4B |

图 1-5-4　封装数据包包头格式

由于封装和具体的网络底层协议无关，所以用类似的方法可以使得 CIP 在其他支持 TCP/IP 的网络上运行，如 ATM、FDDI 等。

# 5.3　EtherNet/IP 应用

## 5.3.1　优势应用

由于采用了 CIP 协议规范及以太网、TCP/IP 技术，EtherNet/IP 具有广泛的优越性。

首先，EtherNet/IP 解决了设备间的一致性问题。目前，工业控制网络中的设备通信、交互已经不是传统意义上的数据传输，更多的是面向对象和开放性的思想下的网络应用，EtherNet/IP 为网络设备提供了良好的一致性规范，解决了互操作的难题，使互操作成为可能。而其他一些工业以太网方案，如 Modbus Over TCP 等，并不能真正解决这个问题，这是因为 Modbus Over TCP 只是简单地将基于 232 或 485 的物理接口的 Modbus 通信技术应用在 TCP 层以上，并没有给出通用的对象库和标准类型的设备描述，因此通信双方在解析信息时还必须约定信息含义和指令代码，而在 EtherNet/IP 组成的网络上，设备间不仅互相通信，更可以知道信息的确切含义。因此，使用 Modbus Over TCP 网络上的设备在通信前还需要进一步通信约定，而在 EtherNet/IP 组成的网络上来自不同提供商的同类产品在逻辑上可以互换。

其次，采用 EtherNet/IP 组建的控制网络可以较容易地集成到 Internet/Intranet 上，可以通过 Internet 来管理整个企业网。

最后，EtherNet/IP 由于和 DeviceNet、ControlNet 采用了相同的应用层，具有共享的对象库和设备规范，因而得到广泛支持。全球大约 400 个厂商提供了基于这 3 种网络的产品。

根据 EtherNet/IP 的优点，它适合应用于以下场合。

（1）大型应用，需要连接多台计算机、控制器、HMI、I/O 和其他设备，如图 1-5-5（a）所示。

（2）作为多个 DeviceNet 网络的主干网络，如图 1-5-5（b）所示。

（3）控制间的点对点互锁，如图 1-5-5（c）所示。

（4）连接 I/O 和传动控制，如图 1-5-5（d）所示。

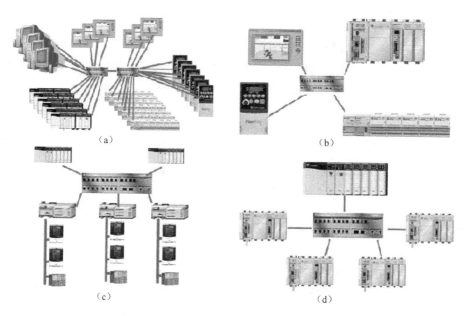

图 1-5-5　EtherNet/IP 的优势应用

## 5.3.2　产品简介

目前在 EtherNet/IP 网络上的产品主要有下列几种。

### 1. 可编程控制器

（1）基于 Logix 平台的控制器：罗克韦尔自动化所有基于 Logix 平台的控制器提供 EtherNet/IP 连接能力，这些控制器包括 ControlLogix、FlexLogix、CompactLogix、SoftLogix（基于个人计算机的控制系统）。

（2）MicroLogix 控制器：MicroLogix1100 控制器内置 10/100Mbps EtherNet/IP 端口，可以实现点对点的对等通信，并支持在线编辑功能，扩展了 Allen-Bradley MicroLogix 系列控制器的灵活性。MicroLogix1100 控制器可以在紧凑的体积内实现所需要的全部功能，每款控制器都支持 EtherNet/IP 报文和在线编辑功能，内置 LCD 液晶显示屏，并集成有功能丰富的 I/O。

（3）基于个人计算机的控制：SoftLogix5800 将高性能的 Logix 控制引擎和功能强大、系统开放的个人计算机有机地融合在一起。SoftLogix 采用了与 Logix 平台相同的控制引擎。因此，同样可以使用 RSLogix5000 编程软件对其进行开发。这样一来，无论是基于个人计算机的控制器还是 Logix 控制器，都可以在两者之间重复利用已有的程序。

（4）PLC 控制器：EtherNet/IP PLC-5 控制器将久负盛名的 Allen-Bradley PLC 融入工业标准以太网络中，让用户的应用项目更灵活、更开放。通过控制器内置的通信端口，应用项目可以对系统进行控制和监视。该系列控制器均支持使用 EtherNet/IP 协议进行数据传输，并提供 6 种不同内存容量的型号供用户选择。PLC-5 EtherNet/IP 通信模块是一个单槽模块，可以与增强型 PLC-5 控制器配合使用，叠加在处理器模块的一侧，为其提供额外的

EtherNet/IP 网络连接能力。

（5）SLC 控制器：虽然 SLC500 系列控制器的市场地位是小型工业应用项目，但是它同样为用户提供了功能丰富、结构灵活的选择。内置的以太网接口可以提供快速的数据交换能力，不存在背板延迟。通过高速的以太网，不仅能够上传/下载程序，而且能进行在线编辑和点对点的对等通信。该系列控制器提供 3 种不同内存容量的型号供用户选择。

### 2．网络互联设备和接口模块

（1）EtherNet/IP 到 DeviceNet 的网络互联设备：可以实现控制层、自动化层网络与设备层网络的无缝集成。它作为 DeviceNet 网络的扫描器，能够控制 DeviceNet 网络上的兼容设备，包括传感器、I/O 模块、气动阀门等，同时它还是一个 EtherNet/IP 网络适配器。

（2）EtherNet/IP 到基金会现场总线的网络互联设备：实现 FF H1 总线设备与 EtherNet/IP 网络的连接，并且能够通过 EtherNet/IP 网络上的系统控制 FF H1 总线上的设备。

（3）1761-NET-ENI 以太网接口模块：允许将 MicroLogix、CompactLogix 及其他 DF1 协议全双工设备连接到 EtherNet/IP 网络。利用该模块，实现控制器之间的通信，甚至通过 SMTP 服务器发送电子邮件。

（4）1761-NET-ENIW 嵌入 Web 服务器的以太网接口模块：能够通过 Internet 对控制器内部的数据表进行读写。该模块有着简单易用的图形化操作界面、增强的数据配置功能，这将帮助用户提高设备的生产性能和远程数据访问能力。

（5）DeviceNet 到以太网网关：XM-500 EtherNet/IP 网关可以将 DeviceNet 网络和 EtherNet/IP 网络连接起来。该网关支持全部 DeviceNet 主站功能，最多可以支持 63 个 DeviceNet 节点设备，XM-500 还提供标准的 TCP/IP 接口，同时支持 EtherNet/IP 和 Modbus/TCP 协议。

### 3．I/O 系统

（1）ControlLogix I/O：能够紧密地与 ControlLogix 控制器及其编程软件集成在一起，无论是设计、安装，还是长期使用，都能为用户节省可观的时间和费用。模拟量 I/O 配置向导、离散量 I/O 配置向导，将帮助用户轻松完成对 I/O 模块的配置。

（2）FLEX I/O EtherNet/IP 网络适配器：10/100Mbps 网络连接能力，内置 Web 服务器，每个适配器最多可以连接 8 个 FLEX I/O 模块。FLEX I/O 是通用分布式 I/O 系统，为用户提供方便的现场设备连接能力，可以有效地减少接线端子，缩短现场接线距离。通过选择不同的通信适配器，FLEX I/O 可以接入到相应的网络中。在设计上，FLEX I/O 的功能不亚于大型的框架式 I/O，但是其体积却更加小巧，而且能够帮助用户节省可观的硬件投资和安装费用。

（3）POINT I/O EtherNet/IP 网络适配器：10/100Mbps 网络连接能力，内置 Web 服务器，支持 DHCP 动态 IP 地址分配，也可以通过 DIP 开关手动设置 IP 地址，每个适配器最多可以连接 63 个 POINT I/O 模块。POINT I/O 是一种模块化的 I/O 系统，每个模块的通道数目从 1～16 不等。因此，用户可以购买系统正好需要的 I/O 类型和数目，构建体积小巧、经济实用的分布式 I/O 系统。POINT I/O 的双重凹槽卡紧设计可以让 I/O 模块和终端底座牢固地连接在一起，使两者成为一个整体。

（4）Compact I/O：Compact I/O 结构灵活，设计具有独创性，已经获得专利。它不仅功

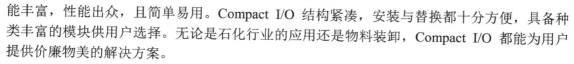

能丰富，性能出众，且简单易用。Compact I/O 结构紧凑，安装与替换都十分方便，具备种类丰富的模块供用户选择。无论是石化行业的应用还是物料装卸，Compact I/O 都能为用户提供价廉物美的解决方案。

（5）ArmorPoint I/O EtherNet/IP 网络适配器：10/100Mbps 网络连接能力，内置 Web 服务器，每个适配器最多可以连接 63 个 ArmorPoint I/O 模块。ArmorPoint I/O 是罗克韦尔自动化支持 IP67 防护等级、基于 EtherNet/IP 网络的 I/O 产品，它具备 POINT I/O 的全部功能，适用于在设备现场进行安装，其配置方法也与 POINT I/O 相同，无须额外培训。利用 ArmorPoint I/O 控制其他类似产品，如 Allen-Bradley ArmorStart 防护型电动机启动器，相当于让这些产品也连接到 EtherNet/IP 网络中。

### 4．操作员接口

（1）PanelView Plus 和 VersaView CE：PanelView Plus 操作员接口和 VersaView CE 工业计算机通过图形化的显示和数据记录功能，将设备的状态信息生动、直观地展现在操作员面前。作为 ViewAnyWare 战略的重要组成部分，PanelView Plus 可以通过 RSView Studio 软件进行开发，并且具备 RSView Machine Edition 的全部功能。PanelView Plus 采用模块化的结构，方便用户灵活地进行配置、安装和升级。VersaView CE 工业计算机提供更强的功能，支持多种文档浏览器、网络连接方式，并具备终端服务和 FTP 服务器功能。

（2）VersaView 工业计算机：专门为分布式或独立的人机界面应用项目而设计，它将最先进的技术应用在工作站、无显示器计算机、集成显示器计算机上，坚固耐用，可以在环境恶劣的工业现场中应用。

（3）PanelView 标准型：提供卓越的图形显示能力，具备彩色、灰度及单色显示屏，并提供节省体积的平板显示屏和 CRT 显示屏等多种型号供用户选择，这类操作员接口具有较强的可扩展性、稳定性，价格适宜，不仅可以降低总体运作成本，而且能显著促进系统生产能力的提高。PanelView EtherNet/IP 操作员接口具备丰富的功能，能够使用 CIP 协议与 EherNet/IP 网络上多个控制器进行通信，最多可以支持 8 个生产者数据对象实例和 8 个消费者数据对象实例。

（4）InView 信息显示屏：从面板安装的小型显示屏到超大型显示屏，InView 信息显示屏将以不同的方式把信息传达给工作人员。用户可以根据需要，选择不同屏幕大小、显示行数、字符尺寸、LED 颜色、字体和显示效果的 InView 信息显示屏。集成有 EtherNet/IP 模块的 InView 信息显示屏可以与 EtherNet/IP 网络上的控制器进行通信。

### 5．变频器

（1）PowerFlex 系列交流变频器：通过使用 20-COMM-E 或 22-COMM-E 通信适配器，可以将 Allen-Bradley PowerFlex 系列交流变频器连接到 EtherNet/IP 网络，支持 Web 浏览器访问。在通信适配器的帮助下，用户可以通过 EtherNet/IP 网络对变频器进行控制、配置和数据采集。PowerFlex 系列变频器包括 PowerFlex 40、PowerFlex 70、PowerFlex 700、PowerFlex 700S、PowerFlex 7000 中压变频器等。

（2）所有内置 SCANport 端口的变频器：通过 Allen-Bradley 1203-EN1 模块，可以让所有内置 SCANport 端口的变频器连接到 EtherNet/IP 网络，因此用户在升级到 EtherNet/IP 网络时，可以利用原有的变频器，从而保护了投资。SCANport 是一种标准的外围设备通信端口，1203-EN1 模块提供了 EtherNet/IP 到 SCANport 的转换。

### 6. 电力及能源管理解决方案

为了对全厂范围，甚至多个厂区的电力参数进行监视，以太网是最理想的网络选择。PowerMonitor 3000 电力监视器将为用户提供丰富的电力参数，并且可以通过 EtherNet/IP 网络将这些数据发送给多个相关系统，它所提供的信息可以在整个网络范围内共享，既可用于电力维护，又可用于成本核算，为征收电费提供依据，还能用于电能管理和生产调度。具备 EtherNet/IP 通信能力的 PowerMonitor3000 可以向 PLC、SLC、ControlLogix 等控制器发送数据，同时还内置了 Web 服务器，只需要连接 EtherNet/IP 网络就可以利用浏览器查看其实时数据，这些功能既可以单独使用，也可以和其他大型的能源管理软件配合使用，如 RSPower 32、RSPowerPlus、RSEnergyMetric。通过这些软件，用户可以对整个厂区的电力情况进行监视、记录和报警。

## 5.3.3  网络规划

规划 EtherNet/IP 网络时，应首先考虑拓扑结构、长度和连接。

EtherNet/IP 使用常见的、现货供应的介质，并遵从 IEEE 802.3/TCP/UDP/IP 标准和约定，尽管可以使用的介质类型和拓扑选项有很多，但最简单，也是最常用的结构是使用 5 类双绞线的星形拓扑结构，如图 1-5-6 所示，与设备级网络相比，有比较大的区别。设备级网络最常采用的是树形结构，一根线缆上可以连接超过 60 台的设备，还可以通过桥接器等装置来延长网络长度，提高布局的灵活性。

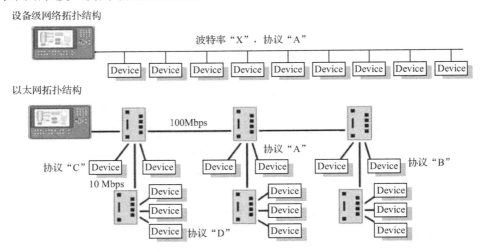

图 1-5-6   以太网和设备级网络的拓扑结构

EtherNet/IP 采用星形拓扑结构，将整个网络分成多个段，几乎可以连接在任意位置的设备上，为布局带来非常大的灵活性。由于网络中必须要用到交换机等连接设备，所以在设计自动化系统时必须将这些连接设备的成本考虑在内。

在设备级网络中，通常可以根据长度在几种通信速率中选择一种。一旦确定后，所有设备都必须按照这一速率进行通信，不能更改；而在 EtherNet/IP 网络中，允许在同一网络中，设备间采用不同的速率进行通信，如 10Mbps、100Mbps 和 1000Mbps。高通信速率常用于不同交换机或 Hub 之间的连接，而大多数 EtherNet/IP 设备提供 10Mbps 和 100Mbps 的通信能力。

在 EtherNet/IP 网络中还允许多种协议并存，如可使用分布式数据库、E-mail、网页服务等多种技术，将工业控制系统和企业已有的管理系统无缝连接在一起，而在设备级网络中只允许按照一种协议进行通信。

网络长度选择范围很宽，取决于选用的介质，对于 5 类双绞线电缆，交换机和节点之间的最远距离可达 100m。

可用的连接数量是用户确定 EtherNet/IP 网络容量时必须考虑的另一个因素。连接是控制器或通信卡与之通信的设备数量的度量。连接建立了两个设备之间的通信连接。连接可以是控制器到本地 I/O 模块或本地通信模块、控制器到远程 I/O 模块或远程通信模块、控制器到远程 I/O（机架优化的）模块、生产者和消费者标签，以及报文。

EtherNet/IP 使用非预定连接。非预定连接是一种控制器间或控制器与 I/O 间的信息传送，由 RPI 或 MSG 指令触发，非预定报文只在需要时发送和接收数据。

根据表 1-5-4 确定每个控制器和通信卡的可用连接数，然后根据其确定用户具体应用需要的连接数，如表 1-5-5 所示。

表 1-5-4　EtherNet/IP 可用的连接数

| 产　　品 | EtherNet/IP 连接数 | 该设备能够通信的节点数（TCP/IP 连接数） |
|---|---|---|
| ControlLogix 1756-ENBT EtherNet/IP 接口 | 128 | 64 |
| FlexLogix 1788-ENBT EtherNet/IP 接口 | 32 | 64 |
| CompactLogix L35E 控制器 | 32 | 64 |
| PLC-5E 控制器 | 64 | 64 |
| SLC 5/05 控制器 | 24 | 24 |
| SoftLogix5800 | 128 | 64 |
| MicroLogix 1761-ENI EtherNet/IP 接口 | 6 | 6 |

表 1-5-5　EtherNet/IP 估算连接数

| 具　体　应　用 | 计算连接数 |
|---|---|
| 离散 I/O 的机架（使用默认机架优化设置） | 1 |
| 模拟量、专用、带诊断功能的 I/O 模块 | 1 |
| 带编程软件的个人计算机 | 1 |
| 带 RSLinx 软件的 HMI（默认设置） | 4 |
| 变频器 | 1 |
| 链接设备 | 1 |
| 通信指令 | 1 |
| 生产者/消费者标签 | 生产者侧：1，消费者侧：1 |

报文将数据传送到其他设备，如其他控制器或操作员终端，无论在报文路径上有多少设备，每次报文使用一条连接，为了节省连接，可以组态只使用一次报文将实现从多个设备读或写到多个设备。

一个基于 EtherNet/IP 网络的典型控制系统如图 1-5-7 所示，除了各种工业设备外，有必要先对 EtherNet/IP 网络的基本部件进行了解。

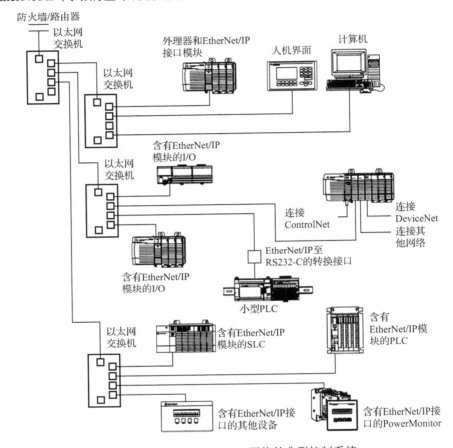

图 1-5-7　基于 EtherNet/IP 网络的典型控制系统

（1）以太网主干线（Backbone）。以太网主干线是整个网络中通信量最大的一部分，通常具有最高的传输速度和最长的距离。

（2）路由器（Router）。路由器将整个网络分成多段，出于负载平衡和安全的目的，在路由器上通常装有防火墙来进行通信管理。路由器也常用于一个网络的边缘，作为和其他远程网络连接的设备。路由器安装在主干线上，彼此之间的连接采用高速网络。路由器工作在网络模型中的网络层上，必须按照可路由的协议（如 IP 协议）来传递报文。由于路由器必须检查数据包中的网络地址，所以要比工作在数据链路层上的交换机或网桥复杂，也需要花费更多的时间进行数据处理，因此 I/O 数据不能保证可以实时通过路由器。

（3）集线器（Hub）。集线器是网络中的一种连接设备，它将多条通信线连接在一起，形成星形结构，所以有时也称为多口转发器。在网络中使用集线器，将会造成网络带宽下降和冲突的产生，因此集线器更适合用于信息网络中，而不是控制系统中。

（4）交换机（Switch）。集线器技术如今已被一种全新的交换技术所替代，它允许多个端口同时按照最高速度交换数据，并且不发生任何冲突。例如，在 16 口 10Mbps 的集线器中，16 个端口要共享 10Mbps 带宽；而 16 口 10Mbps 的交换机，每一路传输都具有 10Mbps 的带宽。在工业控制应用中需要传输实时数据时，最好采用交换机。关于交换机的更多内容在 5.3.4 节中介绍。

（5）网关（Gateway）。网关是指在不同类型网络或应用间进行协议转换的设备，它工作在传输层。网关有时也指的是在两个具有相同协议网络之间的连接设备，表示某个网络的入口或者出口，不一定做协议转换。

（6）网段（Segment）。一个网段指的是一组相关设备连接在一起的网络，它与其他网络通过路由器或者交换机隔开。一个大网络通常都划分为几个网段，这样便于满足安全和负载平衡要求。

规划一个基于 EtherNet/IP 的系统，首先要确定应用需求，然后给出初步的系统方案，并预测系统性能，看系统性能是否能够满足应用需求，如果不能则修改系统方案直至满足为止。在网络规划时，应仔细考虑以下问题。

（1）系统需求。这是最明显的问题，用户需要明确系统要做什么，安装 EtherNet/IP 将有无可能满足工程要求，需要考虑以下方面。

① 工厂车间的控制需要如何与现有或计划中的信息网络集成（自由交换所有类型的数据）、连接（只交换自动化数据）还是相互独立（无信息交换）。

② 系统要拥有面向未来的能力，可升级性必须考虑清楚。

③ 网络中传输的数据量和传输速度及对于网络性能的影响。

④ 必要的构架，包括用于传输所有这些信息的介质、硬件/软件因素，如路由器、交换机和防火墙。

（2）系统环境。确定应用环境条件，如温度、湿度、电磁干扰、有无腐蚀性化学物质、振动等。

（3）与网络信息部门配合。自动化应用项目中的 I/O 控制数据将产生大量的数据流量，如果信息网络部门并不希望这样，那么这些流量将影响企业的其他部门。良好的网络设计规划和实施可以解决这些问题，但是网络信息部门如果不知道工厂车间会发生什么情况，也就无法采取相应的措施。将网络信息部门的人员列入规划和决策过程中，这样做能够帮助解决可能出现的内部问题，例如，谁来控制网络？谁来负责维护？谁来分配 IP 地址？如果网络信息部门在整个过程中参与的足够早，那么将为解决这些问题提供有力的支持。

（4）网络分段。为了从最佳的网络性能中获益，非常重要的一点是要确保合适的流量分段。这样做除了可以简化网络管理之外，还将使控制网络的可用性最高。有两种方式可以划分网段并同时使工厂车间与企业网络相集成：使用物理分段的方法，如交换机；可以通过使用虚拟局域网（VLAN）或 IP 子网来创建逻辑分段。

（5）使用集线器。由于集线器或中继器会造成数据冲突，这对于控制网络来说是一种特别不容易被人注意的特点。交换机和路由器是最佳的选择。交换机可以避免冲突，并且同时在 IP 子网中将流量分段，而路由器可以进行网络和流量分段。

（6）使用交换机。当使用交换机时，需要明确期望交换机来管理什么？它对于操作环境来说合适吗？它将处理什么类型的数据（商业的还是工业的）？由于在交换机上要使用

EtherNet/IP 协议，因此交换机最好配备一些功能，其中包括所有端口的全双工功能、IGMP 监听（只向特定 IP 多播组相关的交换机端口转发多播传输流）、端口镜像（将从一个端口发往另一个端口的帧进行复制，从而用于故障解决的功能）。许多交换机制造商提供的交换机都实现了这些功能，并能满足一些其他需求。

（7）通信介质。工业应用中推荐使用 CAT 5e 和 6 铜电缆和连接器。对于大多数应用来说，推荐使用非屏蔽双绞线，而在金属导管和电磁干扰严重的环境中，请选择屏蔽双绞线；光纤适用于抗电磁干扰和需要长距离连接交换机的情况。单模光纤只有一种方式进行传输，对于衰落具抵抗能力，因此可以用于需要特别长距离的应用中。多模光纤传输距离适中，同时拥有较高的带宽。

（8）终端设备的限制。在 100Mbps 或 1Gbps 的网络上，数据流量不可能成为系统的瓶颈，但是在以太网的高带宽网络上，系统性能的限制通常情况下是由终端设备的处理能力造成的。供应商必须提供设备的性能信息和计算规则，用户可以将所有的设备加入到系统中进行考虑。

（9）安全因素。通过网络共享，信息可以被传播得更远，因此也带来了安全方面的问题。如果从一开始就对以太网进行管理和控制，那么安全问题不会比任何当今的现场总线网络更严重。事实上，使用标准以太网是使重要数据和系统更加安全的重要工具。一些普通的安全措施包括将信息网络/企业网与自动化网络的逻辑分离，限制拥有传统需求的用户对自动化系统进行访问，实施工厂车间安全过程、策略和程序，引入信息安全技术来加强访问策略。

（10）网络安装。网络安装时要严格按照有关设备的说明书来操作，尤其要妥善处理隔离、接地、屏蔽等问题。

### 5.3.4 工业以太网交换机

传统以太网和以太网设备的设计并不是专门针对工业现场应用条件和应用环境的，这使得传统以太网设备无法保证在工业现场能够正常工作。另外，由于以太网传送时延不确定，实时性难以保证，再加上以太网采用共享式的总线拓扑结构，不支持数据报文的优先处理。这些都导致传统以太网不能满足工业网络的现场要求。

工业以太网中采用交换技术来改进传统以太网，引进各种技术和标准，如全双工通信、流量控制、自动负载平衡等，通过交换机在工业以太网中的广泛使用来改进传统以太网用于工业现场的不足。

交换式以太网有以下优点（相对于当前的共享式网络）。

（1）当每一个设备都是直接连接到一个以太网端口时，在端口间发生冲突的概率将大大降低。这将使数据的到达会有更高的确定性。

（2）每个端口将会为设备提供更多的带宽。在共享式网络中，系统中的任何一个设备在发送数据时将占用整个网段的带宽，这意味着在通信负载较大的情况下，网络的可靠性将大大降低，很难保证网络的"确定性"。在交换式网络中，网段内的设备减少，带宽增加，冲突大大降低，网络的实时性得以增强。

交换机是在工业以太网实施交换技术的关键部件，它是一种多端口带有处理器和存储器的通信设备，一般带有多个 10Mbps/100Mbps 的以太网端口和 1～2 个 100Mbps/1000Mbps 的上行链路端口，由专用专业化的硬件电路来完成数据帧的转发，实现桥接和选路功能。

交换机可以在各个端口上实施控制策略，可以限制允许使用交换机的主机硬件地址。多层交换机可以通过访问控制列表来管理物理设备，通过端口安全控制来为网络的物理访问提供安全保障。交换机采用全双工通信模式，可以同时发送和接收数据，不仅增加了可利用的带宽（相对于半双工，带宽增加了一倍），而且可以使数据及时传送，从而增强了以太网的实时性。交换机采用 IEEE802.1D 提供的生成树协议和端口主干协议，可以提供冗余通道，以及利用多个连接建立骨干通道，有效地实现了容错和增强了柔性。交换机引进动态交换、自动协商和自动负载平衡等技术可以提高交换式以太网的动态特性，能满足分布实时系统灵活性的要求，而 IEEE802.1P/Q 优先级功能和 IEEE802.3X 的流量控制功能，增强了交换式以太网的实时能力。

在工业现场，可以在以下场合使用交换机。

（1）隔离以太网中的现场设备和办公室设备。

在以太网中，所有的设备都具有相同的优先级，数据传输的原则是"先到达先服务"，在同一个冲突域中的设备很容易在发送数据时发生碰撞。当工业现场设备连接到企业局域网上时，工程师和管理人员可以远程监控和调整现场设备控制策略。但是，由于所有设备的优先级是相同的，现场设备的数据很容易和其他网络应用（如电子邮件、浏览互联网等）发生冲突，导致现场数据被破坏或实时性不能保证。工业以太网交换机能够有效地把工业现场网络和办公网络分割到单独的冲突域中，这时工程师仍然能够从冲突域外部访问控制设备，但现场数据很少发生冲突甚至没有冲突。

（2）单独隔离重要的现场设备。

在这种情况下，每一个交换机端口只连接一个现场设备，把每个设备分割在单独的冲突域中，从而可以确保重要现场设备不会和别的设备竞争网络带宽而发生冲突，确保了工业现场控制的顺利进行。

（3）在冲突域间提供高速链接。

一些以太网交换机有 100Mbps 甚至 1000Mbps 端口，可以在冲突域间提供高速链接，这些链接都是全双工通信模式。在这种情况下，网络数据传输的时间只有原先 10Mbps 端口的1/10 或 1/100，网络数据发生冲突的可能性更小，使工业以太网的"确定性"有了一定保障。

（4）在冲突域间提供光纤链接。

一些交换机既有无屏蔽双绞线的以太网端口，又有光纤端口。无屏蔽双绞线使用电子信号传输数据，容易受到工业现场的电磁干扰，而且传输距离较短，通常只有几百米，不能满足工业现场设备相距较远时的要求。光纤使用光信号传输数据不受闪电和高压设备的电磁干扰，同样也不受工业现场的各种电磁干扰；另外，光纤的传输距离可达 20km，可以满足几乎全部的工业要求。光纤很细且质量较轻，使现场布线更方便，光纤的数据传输速度也远高于普通铜线。

（5）为工业网络提供安全机制。

传统以太网采用共享式的总线拓扑结构，这使任何一个用户只要接入共享总线就可以对网络的任何一部分进行访问，不利于设备安全。交换机可以为工业网络提供各种安全措施。交换机可以在各个端口设置登录口令，防止非法用户发起一个与网络设备的会话。在传输层上的交换技术采用访问控制列表来提供安全保障，它可以阻止办公部门的数据在工业网络上进行传输，同样也可以阻止工业设备控制信息在办公网络上的传输。

（6）提供网络冗余设计。

在工业网络中，网络通信服务的中断将导致严重后果，带来巨大损失，因此在工业网络上提供冗余设计是非常必要的。工业以太网交换机可以为工业网络提供必要的冗余设计。例如，两台交换机互为热备，当某条链路失效时，冗余链路迅速启动代替失效链路，使工业网络能够顺利完成数据传输任务。为防止交换机的冗余设计导致网络回路，交换机采用了生成树协议。生成树协议的目的是通过协商一条到根网桥的无环路径来避免和消除网络中的环路。

工业以太网交换机需要在比较恶劣的环境下工作，因此它要比商用的以太网交换机更坚固、更结实。在选择用于工业网络的交换机时，除了考虑良好的温度适应能力、抗电磁干扰能力和抗振性能外，还要注意查看交换机是否支持虚拟局域网（VLAN）、IP 组播和数据链路层上的 IGMP Snooping 等。对于交换机的选择，针对应用级别给出一般的选择方法。

（1）较小规模系统。

① 应用范围：单控制器，设备数目少于 10 个，不与信息网络连接的控制网络。

② 必备功能：

● 10Mbps/100Mbps，所有端口可以进行全双工通信，这是确定性网络的必备条件之一。

● 每个端口具有可以显示其状态信息的 LED 灯。

③ 推荐应含有的功能：

● 交换机可以自动设置通信速率、全双工、自动跳线功能，这样可以减少系统配置的工作量，以及减少线缆兼容性等问题。

● 最高工作温度可达 55℃，甚至更高。

● 符合 IEC61000-4 标准，或者等同的电磁兼容标准。

④ 注意事项：此类型的交换机只适用于较小规模的系统，一般不支持 IGMP Snooping 功能。由于 EtherNet/IP 上组播的存在，必须要事先测试，避免由于组播风暴导致交换机过载，从而造成通信中断。

（2）一般系统。

① 应用范围：单控制器，设备数目大于 10，或者具有多个互锁控制的控制器，不与信息网络相连的控制网络。

② 必备功能：

● 较小系统中描述的必备功能。

● IGMP Snooping 功能，交换机可以管理 IP 组播。

● IGMP Query 功能，在一个应用中，至少要有一个交换机可以周期地发出 IGMP Query 命令，用来确定设备属于哪个组播组。

③ 推荐应含有的功能：

● 端口设置功能。交换机应允许管理员配置每个端口的通信速率、半双工/全双工等设置。例如，在某些干扰较大的场合，可以人为地将通信速率由 100Mbps 降到 10Mbps，以提高抗干扰能力。

● 可通过 Web 或 SNMP 方式访问端口，得到相应的状态和诊断信息。智能交换机通常支持通过 SNMP 或 Web 服务实现的远程监视和管理。

● 端口镜像功能。它允许将交换机任一个端口的情况镜像到另一个端口上，以便于监视和诊断。

④ 注意事项：此类交换机多用于多台设备之间的互相通信，如果存在控制与控制器之间的通信，那么 IGMP Snooping 功能就是必需的，这样可以减少网络堵塞，拥有更快的响应时间，这是高性能网络所必需的。

（3）大规模系统。

① 应用范围：与企业信息网络连接在一起的控制网络或企业级的控制网络。

② 必备功能：

● 在一般系统中描述的必备功能。

● 通过 Web 或 SNMP 方式访问端口进行配置和诊断。

③ 推荐应含有的功能：

● 如果控制网络与信息网络之间没有网关分割，那么交换机最好具有 VLAN 功能。

● 通常的交换机是在数据链路层上实现交换的，对于与信息网络相连的控制网络，最好使用在网络层也有交换功能的交换机。

根据应用要求的不同，可能还需要交换机具有一些特殊功能，下面列出这些功能供用户选择。这些功能不一定在所有厂家的交换机上都实现了，但如果交换机具有以下功能越多，就越适合在 EtherNet/IP 网络中使用。

（1）符合 IEEE 1588 标准：在 CIP Sync 应用中，交换机必须支持 IEEE 1588 标准。

（2）基于 IEEE 标准的冗余：在 EtherNet/IP 网络中实现冗余，交换机必须支持 IEEE802.1D 和 IEEE802.1w 标准。

（3）QoS：符合 IEEE802.1p 标准，实现流量控制。

（4）端口聚合（Port aggregation）：在多交换机应用中，端口聚合功能允许将多个端口合并在一起而提供更高的传输速率。例如，两个独立的 100Mbps 端口，使用 IEEE802.1ad 协议聚合在一起，提供 200Mbps 的传输速率。

（5）1Gbps 或更高的传输速率：大规模系统中需要更高的传输速率。

（6）警报信号输出：继电器信号输出，可直接连接警报器、灯或 PLC。

（7）供管理使用的串口：

按照 DHCP Option 82 给替换的新设备重新分配原来的 IP 地址。在 IP 地址自动分配系统中，如果 MAC 地址发生改变会重新分配一个 IP 地址。在工业网络中，同样一个设备，以新的代替旧的（网络的 MAC 地址发生改变），应不更换 IP 地址，如果交换机不具备这个功能，将要手动设置 IP 地址。

（8）交换机配置文件可存储和恢复：当更换交换机时，这项功能特别有用，免去了复杂的再配置过程。

安全功能：端口禁用和使能；端口可与 MAC 或 IP 地址绑定。

VLAN：可将整个网络划分成几个虚拟的子网络，子网络之间限制访问。

SSL/SSH：支持 SSL/SSH 安全连接，在安全连接内执行监视、配置等功能。

防火墙和 VPN：可以制定相应的安全规则。

目前，Cisco 公司已经加入 EtherNet/IP 网络阵营，这对 EtherNet/IP 的推广使用具有重要作用，相信越来越多适合 EtherNet/IP 网络使用的交换机即将推出，价格也会越来越低。

# 5.4　EtherNet/IP 应用举例

## 5.4.1　简单应用举例

本例演示 ControlLogix 控制器通过 EtherNet/IP 访问 PowerMonitor3000，完成以下功能：

（1）读取 PowerMonitor3000 内部的 Datetime。

（2）设置 PowerMonitor3000 内部的 Datetime。

本例的目的：

掌握具有 EtherNet/IP 接口的 PowerMonitor3000 内部的数据读写方法。

了解 ControlLogix 如何与 EtherNet/IP 接口设备通信。

学会 RSLogix5000 的 MSG 命令。

1）设置 PowerMonitor3000 的 IP 地址

连接好 PowerMonitor3000 的 Displayer 模块，在 PROGRAM → Configuration → OPTIONALCOMM 下面设置 PowerMonitor3000 的 IP 地址，PowerMonitor3000 的默认设置如下。

IP：128.1.1.UnitID，UnitID 为贴在 PowerMonitor3000（简称 PM）铭牌上的一串数字。

Mask：255.255.255.0。

Gateway：128.1.1.1。

本例中改为如下。

IP：202.119.27.224。

Mask：255.255.255.0。

Gateway：202.119.27.1。

配置好 PM 的 IP 后，可以通过 IE 来读取 PM 里面的数据，如 PM 的 IP 地址是 202.119.27.224，可以在 IE 浏览器的地址栏输入 http://202.119.27.224，IE 中会出现如图 1-5-8 所示的内容。在左侧有一些菜单，可分别选择、查看相应的数据。

2）创建 RSLogix5000 项目

运行 RSLogix5000，选择"File" → "New…"，在出现的界面中按图 1-5-9 所示的方式选择。

第一个输入框中填写的是新工程项目的名称；第二个下拉框是机架类型，本例中用的是 13 槽的机架；第三个输入框是 CPU 模块所在的槽号，槽号从 0 开始，ControlLogix 机架中的 CPU 模块可以放在任何一个槽内，这点与 SLC 不同，SLC 的 CPU 模块只能放在第一个槽里。其实从 RSLinx 里也可以看出来，打开 RSLinx，展开节点，如图 1-5-10 所示。

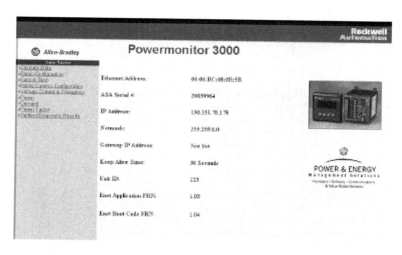

图 1-5-8　从浏览器中访问 PowerMonitor3000

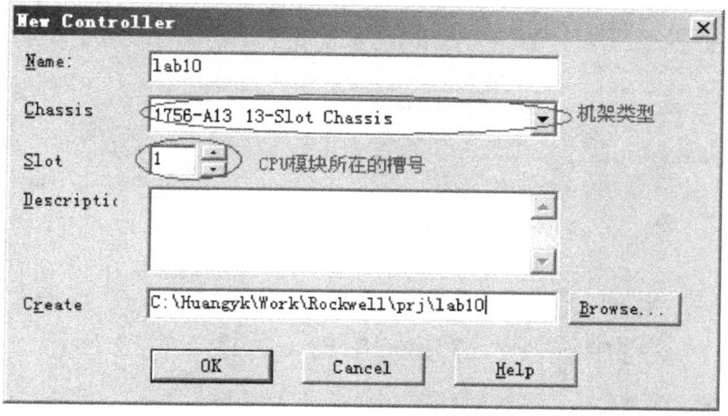

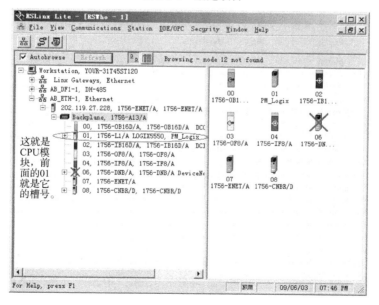

图 1-5-9　新建项目

图 1-5-10　RSLinx 扫描结果

第四个输入框是对新工程项目的描述；第五个输入框表示将项目文件存放在哪个文件夹中，可以按"Browse…"来选择。都输入好后，单击"OK"按钮，出现项目的主界面，如图1-5-11所示。

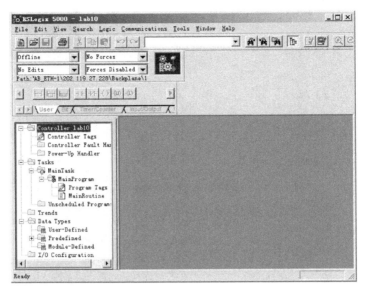

图1-5-11  项目主界面

用鼠标右键单击左侧列表中的"I/O Configuration"，在弹出的菜单中选择"New Module…"，在出现的对话框中选择"1756-ENET"，如图1-5-12所示。

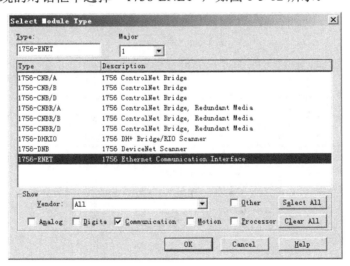

图1-5-12  选择新模块

单击"OK"按钮，在出现的界面中按图1-5-13所示进行配置。

在"Name"输入框中给这个模块起一个名字，"Slot"中输入1756-ENET所在的槽号，可以自己去数，也可以在图1-5-10中看出，在"Electronic"中选择"Disable Keying"。

单击"Finish>>"按钮，完成添加模块，返回主界面，如图1-5-14所示。

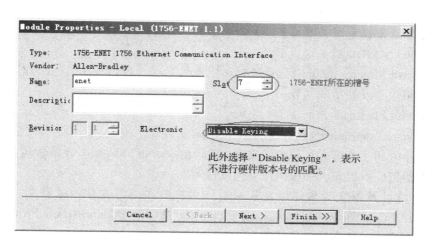

图 1-5-13 模块属性

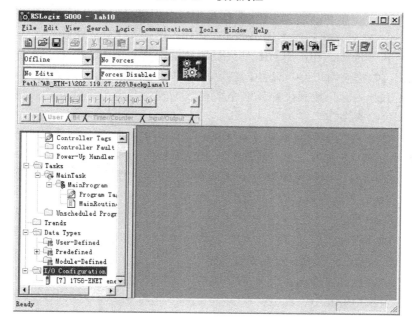

图 1-5-14 I/O 组态后的界面

3）PowerMonitor Data Message

通过各种通信方式，PowerMonitor3000 可以为企业信息与自动化系统提供大量的电量测试数据。下面简单介绍一下 PowerMonitor 的 Data Message 方法。

PowerMonitor3000 是一个数据读/写服务器，它并不产生任何 Data Message，但对客户发出的 Data Message 进行响应。其中的数据组织形式与 SLC 可编程控制器的文件类型很相似，即采用 Data Table 的方式存储数据。

与 PM3000 进行数据通信主要有 4 种方式。

（1）Table Write。

用户改写 PowerMonitor3000 内的数据表，一次就要写整个表，而不能只写某个表中的某个字。写数据通常都是为了设置 PowerMonitor3000 的设备属性、设置日期时间等。

（2）Simple Data Reads。

用户读 PowerMonitor3000 的测量数据和配置信息等，可以一次读整个数据表，也可以只读数据表里某一个或某几个字节。

（3）Indexed Data Reads。

（4）I/O Type Communication。

后两种暂不介绍了，可去查阅相关文档。PowerMonitor3000 数据表属性包括其地址、访问类型、数据类型、数据表大小和用户可配置性等。

Address，地址数据表的具体地址和采用什么样的通信方式和协议有关。对于串口通信、以太网 CSP/PCCC 通信，用 message 指令，地址由 CSP（Client Server Protocol）文件号决定，其中包括表中的数据类型和数字。

CSP 文件号基于 SLC 5/0x 数据表寻址系统，由于 SLC 500 数据表中的 1～8 已有了具体含义，所以在 PowerMonitor3000 中文件的标号是从 9 开始的。对于 Remote I/O 通信方式，采用 Block Transfer 命令，将要唯一的 Block Transfer Size 来指定文件。

对于设备网和 EtherNet/IP，用 CIP Assembly Instance 来指定数据表。

Data Access，数据表可以是只读的，也可以是可读写的。

Number of Elements，数据表中元素个数在数据表中有多少个独立的数据，所占字或字节的多少由数据类型来决定。

Data Type，数据类型表明数据是浮点型的还是整型的，一个浮点类型的数据占用两个字（16 位），或者 4 字节（8 位）；一个整型类型的数据占用一个字或者两字节。

User-configurability，用户可配置性。这个属性决定用户是否可以配置数据表的内容和长度。以 Date and Time 数据为例：

CSP file number: N11

Remote I/O BT length: 12

CIP assembley instance: 6(Write) or 7(Read)

Data table name: Date & Time

Data access: Read/Write

Number of elements: 8

Data type: Integer

User-configurable: No

Date and Time 数据表如表 1-5-6 所示。

表 1-5-6　Date and Time 数据表

Table B.5 Date and Time(N11)

| Element # | Element Name | Range | Deflt. Value[1] | Comment |
|---|---|---|---|---|
| 0 | Password | 0～9999 | 0 | On a write the correct password is required to change the basic device configuration. On a read, -1 is returned. |

续表

| Element # | Element Name | Range | Deflt. Value[1] | Comment |
|---|---|---|---|---|
| 1 | Date:Year | 1998~2097 | 1999 | A write sets the current 4-digit year. <br> A read returns the current 4-digit year. |
| 2 | Date:Month | 1~12 | 1 | A write sets the current month. <br> A read returns the current month. <br> 1=January, 2=February… 12=December |
| 3 | Date:Day | 1~31[2] | 1 | A write sets the current day of the month. <br> A read returns the current day of the month. <br> The internal real-time clock adjusts the date for leap-year. |
| 4 | Time:Hour | 0~23 | 0 | A write sets the current hour. <br> A read returns the current hour. <br> 0=12am, 1=1am…23=11pm <br> The imternal real-time clock does not adjust for daylight savings time. |
| 5 | Time:Minute | 0~59 | 0 | A write sets the minutes. <br> A read returns the current minutes. |
| 6 | Time:Seconds | 0~59 | 0 | A write sets the seconds. <br> A read returns the current seconds. |
| 7 | Time:Hundredths of seconds | 0~99 | 0 | A write sets the hundredths of seconds. <br> A read returns the current hundredths of seconds. |

4）创建 Tag

ControlLogix 通过以太网访问 PowerMonitor3000 在梯形图程序中要用到一些 Tag，先创建它们，如表 1-5-7 所示。

表 1-5-7　程序中使用的 Tag

| Tag 名称 | 类　型 | 大小（所占字数） | 描　述 |
|---|---|---|---|
| msgReadDate | MESSAGE | N/A | 读 PowerMonitor3000 内的 Date 数据 |
| msgWriteDate | MESSAGE | N/A | 写新的 Date 数据到 PowerMonitor3000 |
| oldDate | INT | 8 | 存放读取到的 Date |
| newDate | INT | 8 | 新的 Date 数据，将要写到 PowerMonitor3000 中 |

用鼠标右键选择左侧列表中的"Controller Tags"，在弹出的菜单中选择"Edit Tags"，将出现 Tag 编辑界面，如图 1-5-15 所示。

依次添加表 1-5-7 中的 Tag，添加完后，应如图 1-5-16 所示。

下面开始编写梯形图程序，主要用 MSG 指令。双击左侧列表中的"MainRoutine"，打开梯形图程序编写界面，插入 MSG 指令，在 Message Control 处选择 msgReadDate，如图 1-5-17

所示。

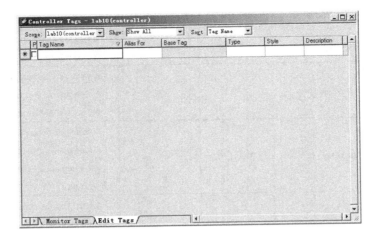

图 1-5-15　控制器 Tag

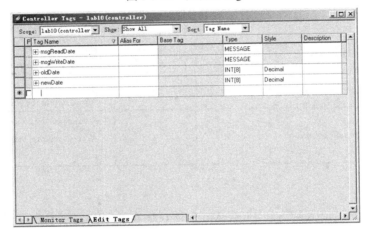

图 1-5-16　Tag 列表

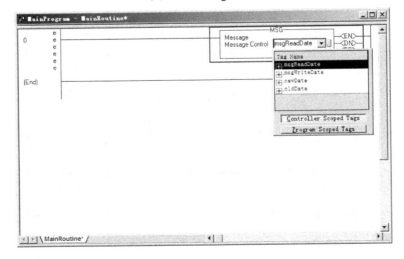

图 1-5-17　插入 MSG 命令

单击 Message Control 边上的小按钮，出现 Message Configuration 对话框，按图 1-5-18 所示配置 Configuration 属性页。

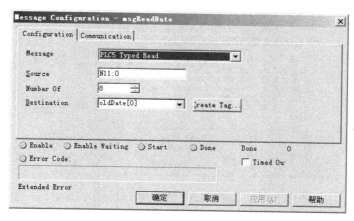

图 1-5-18　读指令 Message 配置

在"Message"下拉框中选择"PLC5 Typed Read"，在"Source"输入框中输入 N11:0，其中 N11 表示 PowerMonitor3000 中存放 Date 的数据表，:0 表示从这个数据表的第 0 个字开始读。下面的 Number Of 里面输入 8，表示读入 8 个字；在 Destination 里面输入 oldDate[0]，oldDate 是前面创建的 Tag，它是有 8 个字的数组，那么整个配置的意思就是：读数据表，源地址是 N11:0，目标地址是 oldDate[0]，共读 8 个字。

选择 Communication 属性页，按照图 1-5-19 所示的方式进行配置。

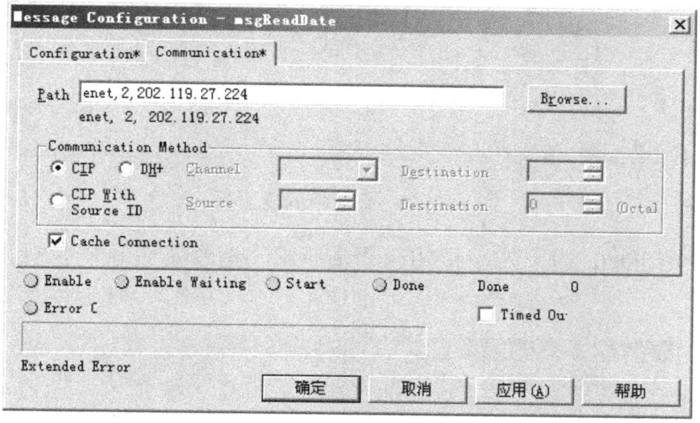

图 1-5-19　读指令 Message 通信配置

在"Path"输入框中输入 enet，2，202.119.27.224，其中 enet 是在 I/O Configuration 里添加 1756-ENET 模块时起的名字；后面的 202.119.27.224 是 PowerMonitor3000 的 IP 地址。

单击"确定"按钮，保存项目文件。

5）运行程序，查看结果

首先下载程序到 ControlLogix 的 CPU 里，从菜单中选择"Communication"→"WhoActive…"，按图 1-5-20 所示的方式选择 ControlLogix 的 CPU 模块。

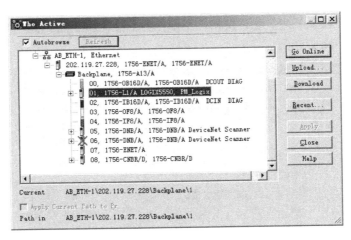

图 1-5-20　下载程序

单击右侧的"Download"按钮，将程序下载到 CPU 中，接着将程序转换到 run mode，此时，梯形图上应该如图 1-5-21 所示。

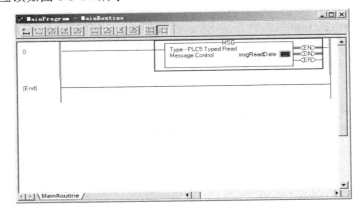

图 1-5-21　运行中的梯形图

可以单击 msgReadDate 边上的小按钮来查看 MSG 指令是否正确执行，如图 1-5-22 所示的状态是正确的。

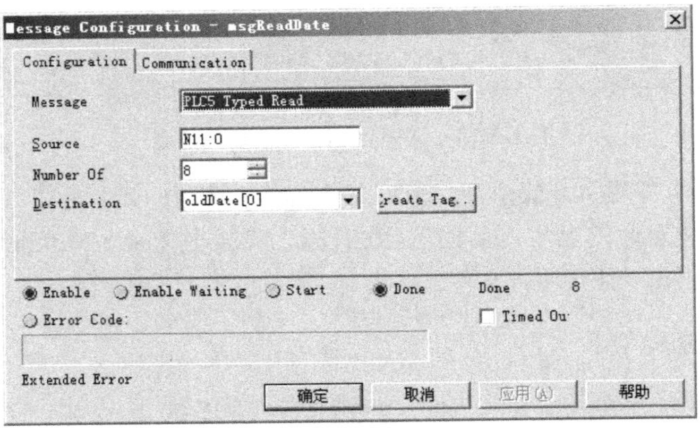

图 1-5-22　MSG 指令的运行结果

还可以查看读到的数据，双击右侧的"Controller Tags"，查看运行时各个 Tag 的值，展开 oldDate 前面的加号，可以看到 oldDate 中每一个元素的值，如图 1-5-23 所示。

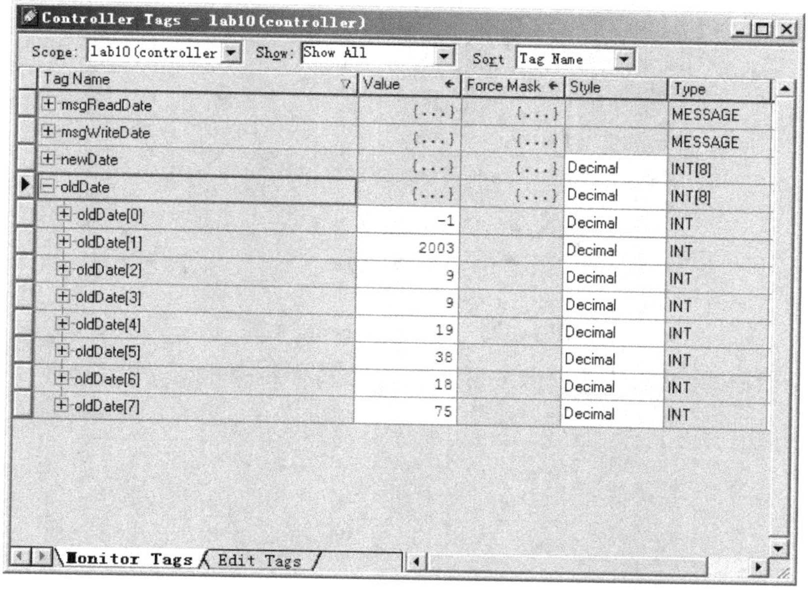

图 1-5-23　查看 Tag

6）向 PM3000 写数据

用鼠标右击左侧的"MainProgram"，在弹出的菜单中选择"New Routine…"，新建一个梯形图文件，取名为 prg1，如图 1-5-24 所示。

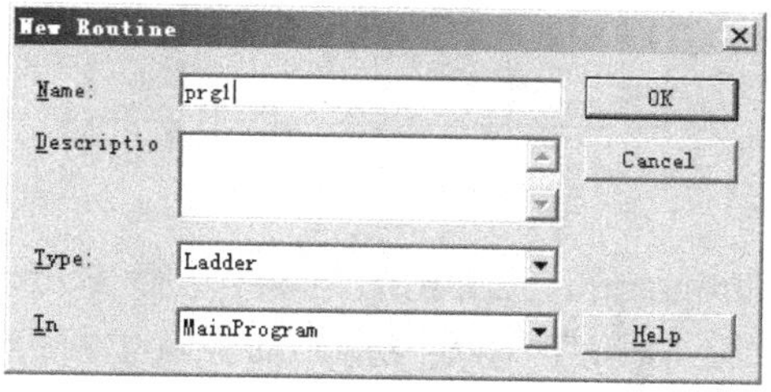

图 1-5-24　新建梯形图文件

单击"OK"按钮后，可以发现在左侧的 MainProgram 下面多了一个 prg1，双击它，开始编辑梯形图程序，同样添加一个 MSG 指令，将其与 msgWriteDate 对应上，单击旁边的小按钮来配置。

如图 1-5-25 所示在 Message 下拉框处选择"PLC5 Typed Write"，意思是向其写数据，源地址是 newDate[0]，目标地址是 N11:0，总共写 8 字节。"Communication"属性页的配置与前面一样，配置完成后，保存项目文件。

先在 newDate 里设置新的 Date 数据，双击 Controller Tags，展开 newDate，按图 1-5-26所示的方式修改 newDate 中每一位的值，修改后保存项目文件。

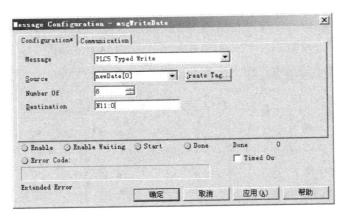

图 1-5-25　写命令 Message 配置

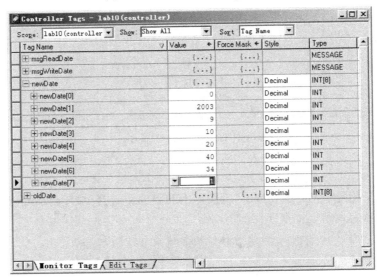

图 1-5-26　编辑 Tag

用鼠标右键选择"MainProgram"，在弹出的菜单中选择 Properties，在弹出的对话框中选择"Configuration"属性页，在 Main 下拉框中选择 prg1 作为主梯形图，如图 1-5-27 所示。

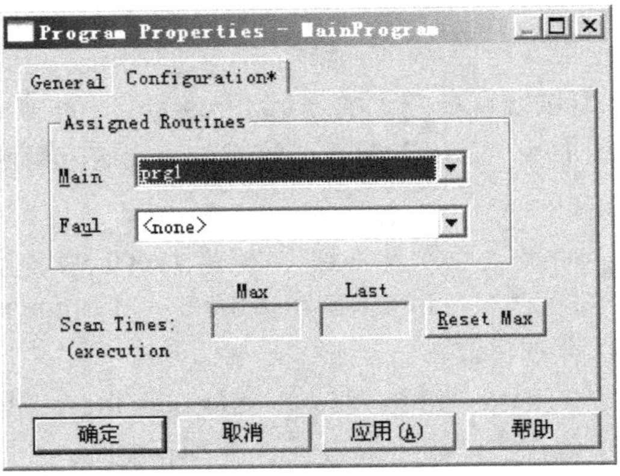

图 1-5-27　设置主程序

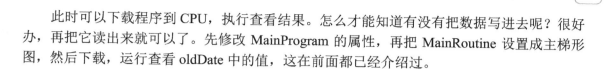

此时可以下载程序到 CPU，执行查看结果。怎么才能知道有没有把数据写进去呢？很好办，再把它读出来就可以了。先修改 MainProgram 的属性，再把 MainRoutine 设置成主梯形图，然后下载，运行查看 oldDate 中的值，这在前面都已经介绍过。

## 5.4.2　在汽车行业的应用

通用汽车公司是世界上最大的汽车制造商之一，创立于 1908 年，至今在全球拥有众多员工，并在多个国家经营制造业务。工业以太网对通用汽车发展的推进作用非凡。2003 年第四季度，美国通用汽车公司宣布了其 EtherNet/IP 网络实施方案，计划将这种标准化的工业以太网在其全球范围内的生产车间中推广。这一实施方案涉及通用汽车公司在非洲、欧洲、拉丁美洲、北美洲和中东地区的多家工厂。

通用汽车公司希望能够通过采用标准化的开放式网络，使其在装配厂的设计和运作上高度统一。为了实现这一目的，通用汽车所需要的以太网必须是一个开放的网络，不仅能够进行实时数据交换，而且可以采用标准的设备构建网络，基于 EtherNet/IP 网络的解决方案毫无疑问地满足了这些苛刻的要求。EtherNet/IP 网络不仅能够为通用汽车公司的控制器、机器人、过程控制设备提供实时数据通信，而且能够为更高一层的商务系统提供相关信息。

作为 EtherNet/IP 网络的应用层协议——CIP 协议也在不断发展，并且已经将通用汽车公司所需的一体化安全与同步功能纳入其长期发展计划中。根据 IEC 61508 标准，TUV 对 CIP Safety 安全协议进行了认证，结果表明该协议符合 SIL3 安全等级要求。同时，EtherNet/IP 网络采用了名为"CIP Sync"的时间同步方案，该方案基于最新推出的 IEEE1588 标准，在常规的 100Mbps 以太网及交换式架构下，这种方法可以实现两个设备纳秒级的时间同步精度。与传统的事件同步方式不同，CIP Sync 方法不仅有效地利用了网络带宽，而且实现了设备之间的高精度同步。另外，采用 CIP Sync 方法的 EtherNet/IP 网络同样可以使用现有的以太网设备来构建，符合工业以太网标准，并兼容 TCP/IP 和 UDP/IP 协议。通用汽车公司在全球范围内采用 EtherNet/IP 网络的举措对相关设备供应商产生了深远影响。这就意味着，在汽车生产线上，铆钉焊接机、伺服焊枪、电弧焊接机、激光焊接机、拼接机、点焊机等一系列设备都需要支持 EtherNet/IP 网络。

目前，通用汽车的工业以太网战略已经取得初步成果，2006 年 1 月，通用汽车（巴西）公司实施了 Cisco EttF 解决方案。这是基于 Cisco Catalyst 2955 工业等级交换机的新型基础架构，为汽车制造商打造了一个集数据、音频及多媒体服务为一体的智能网络，可以整合有关汽车制造的所有程序，在一个统一综合的网络平台上进行生产开发、装配、销售及物流。同时，通用汽车（上海）公司也采用了该套解决方案。

通用公司巴西制造厂及南美联合组织首席信息官 Cláudio Martins 先生说："Cisco EttF 解决方案通过紧密地整合工厂的程序，真正使工厂变得更加高效，帮助我们根据精确实时的信息做出决策，这对工厂至关重要。EttF 解决方案不仅为通用公司提供了应用程序及数据，还为我们提供了加入到一种统一网络的灵活性，满足了面向未来的商业需求。"

未来更具挑战！作为世界级的汽车生产厂商，通用汽车公司对 CIP、EtherNet/IP、CIP safety 等协议和设备的广泛采用，势必推动 CIP 协议及其相关网络的普及，使其成本降低并成为未来工业自动化的标准。

# 5.5　小　　结

Ethernet 和 TCP/IP 广泛应用于万维网和大多数电子邮件系统网络，同样是罗克韦尔自动化在制造层和用户商务系统之间的网络选择，因为通过它访问各种企业的信息系统相当便利。EtherNet/IP 网络可向几乎所有的计算机系统和应用软件包提供多厂商的连接能力，并充分利用了现成商用的 Ethernet 芯片和物理介质，使其成为全球标准。

EtherNet/IP 采用了标准的 Ethernet 和 TCP/IP，包括协议、芯片和介质，并在顶层植入了基于 NetLinx 架构的 CIP 协议，其结果是：采用 EtherNet/IP 对工厂进行组态、数据采集和控制，就可以同时享有所有标准 Ethernet、TCP/IP 和 NetLinx 网络架构的优点。

# 下篇

# 案 例 篇

本篇主要通过操作实践案例掌握罗克韦尔 PLC 的主要应用技术。首先，认识 CompactLogix 系列 PLC 和 Flex I/O 的硬件结构及安装与组态；其次，学习利用编程软件 RSLogix5000 完成几个案例的编程操作；再次，利用 DeviceNet、ControlNet 和 EtherNet/IP 三种总线技术组网，实现电动机的启停、转速控制和开环控制；最后，学习使用 FactoryTalk View，运用 FactoryTalk View 与 PLC 进行三种总线技术的网络通信。通过本篇案例的学习实践，读者可以基本掌握罗克韦尔 PLC 在工业应用中的基本技术。

# 案例 1　CompactLogix 系列 PLC 的硬件结构、模块特性及安装

**案例硬件设备**
- L43 CPU 及 3 种通信主站模块。

**案例学习目的**
- 能够认知罗克韦尔 PLC 及背板总线结构、处理器的特点。
- 能够认知 CPU 及其背板总线所连接的每个模块的功能和特性，认知槽号和主站号的概念。
- 能够动手安装 CPU、通信主站模块。

## 1．罗克韦尔 PLC

1）PLC 控制系统的三层结构

罗克韦尔 PLC 控制系统包含三个主要层次（又称三层结构），通过网络把这三个层次联系起来，构成整个控制系统。下面是现场设备层，通过远程 I/O、传感器等，把现场设备接入现场总线；中间是数据控制层，负责生产过程的控制与优化；上面是信息管理层，上位机通过网络与 PLC 通信，从而实现远程监控。

现场设备层将现场设备直接连接到控制器上，方便、快捷地采集现场设备（如传感器、驱动器等）的各种数据，并对设备进行配置和监视。现场设备层通常是主从网络（如 DeviceNet 现场总线、远程 I/O 等）。

数据控制层在各个 PLC 之间及其与各智能控制设备之间进行控制数据的交换、协调、编程、维护、监控等。数据控制层通常采用同级对等通信网络（如 ControlNet、DH+网等）。

信息管理层主要用于上层计算机系统采集和监控全厂范围控制系统的数据，以实现工厂级信息管理。这一层的特点是数据量大而实时性要求不高，通常采用 Ethernet 以传输大量的数据信息。

2）1768 CompactLogix 控制器

1768-L43 CompactLogix 控制器是 Logix 控制器系列中功能强大、可扩展的一款处理器，其内存容量为 2MB。它不需要后备电池，借助并存储从供电部分获取的能量，使控制器有足够的电量将程序备份到闪存中。用户程序存储在内部闪存中，节省备件的成本；它拥有 NetLinx 开放式网络架构的无缝连接，可以实现高级的实时控制和信息功能；它可以借助广泛的通信选项和模拟、数字、专用 I/O 获得更大的灵活性。

1768-L43 CompactLogix 控制器结合了一个 1768 背板和一个 1769 背板。1768 背板支持

1768 控制器、1768 电源和最多两个 1768 模块（如 EtherNet/IP 模块和 1768 ControlNet 模块）。1769 背板支持 1769 模块（如 1769 DeviceNet 模块和 1769 I/O 模块），如图 2-1-1 所示。

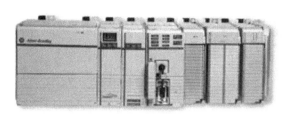

图 2-1-1　1768-L43

3）罗克韦尔通信主站模块及 I/O 模块

（1）以太网通信模块。

EtherNet/IP 是一种开放式的工业网络协议。EtherNet/IP 网络采用以太网通信芯片、物理介质（非屏蔽双绞线）及其拓扑结构，通过以太网交换机实现各设备间的互联，能够同时支持 10M 和 100M 以太网设备。EtherNet/IP 的协议由 IEEE802.3 的物理层和数据链路层标准、TCP/IP 和通用工业协议（Common Industry Protocol，CIP）3 部分构成，前面两部分为标准的以太网技术，这种网络的特色就是其应用层采用 CIP，即 EtherNet/IP 提高了设备间的互操作性。CIP 一方面提供实时的 I/O 通信，另一方面实现信息的对等传输，用于实现非实时的信息交换。

通信模块 1768-ENBT 如图 2-1-2 所示，通信速率为 10Mbps/100Mbps。每个通信模块最多可以支持 64 个 TCP/IP 连接、支持 128 个 CompactLogix 连接的 I/O 信息数据，其最大功耗为 4.38W。

（2）控制网通信模块。

ControlNet（控制网）采用最新技术的工业控制网络，满足了大吞吐量数据的实时控制要求。ControlNet 采用可靠的通用工业协议（CIP），将 I/O 网络和对等网络信息传输的功能集成在一起，具有强大的网络通信功能。

ControlNet 网络能够对苛刻任务控制数据提供确定的、可重复的传输，同时支持对时间无苛刻要求的数据传输。I/O 数据的更新和控制器之间的互锁始终优先于程序的上传/下载、常规报文的传输。

通信模块 1768-CNB 如图 2-1-3 所示，通信速率为 5Mbps。每个通信模块最多可以支持 99 个节点、支持 48 个 CompactLogix 连接的 I/O 信息数据，其最大功耗为 5.14W。

（3）设备网通信模块。

DeviceNet 网络是开放的底层设备网络，基于标准 CAN（Control Area Network）技术，采用可靠的通用工业协议（CIP），连接简单的工业设备，如传感器、执行机构等。

通信模块 1769-SDN 如图 2-1-4 所示，通信速率为 125Kbps（最大 500m）、250Kbps（最大 250m）和 500Kbps（最大 100m）。每个通信模块最多可以支持 64 个节点，其最大功耗为 3.8W。

图 2-1-2    1768-ENBT

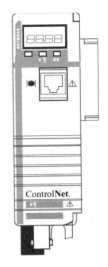

图 2-1-3    1768-CNB

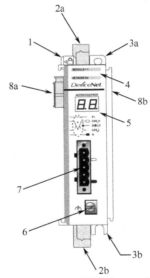

1—总线杆（带锁定功能）；2a—上导轨闩；2b—下导轨闩；3a—上面板安装卡；3b—下面板安装卡；
4—模块和网络状态灯；5—地址和错误数字显示；6—接地螺钉；7—DeviceNet 连接插座；
8a—带母引脚的移动式总线连接器；8b—带公引脚的总线连接器

图 2-1-4    1769-SDN

（4）I/O 模块。

I/O 模块分为数字量 I/O 模块和模拟量 I/O 模块两大类。

数字量 I/O 模块用来接收和采集现场设备的输入信号，包括按钮、选择开关、行程开关、继电器触点、接近开关、光电开关、数字拨码开关等数字量输入信号，以及用来对各执行机构进行控制的输出信号，包括向接触器、电磁阀、指示灯和开关等输出的数字量输出信号。模拟量 I/O 模块能直接接收和输出模拟量信号。

I/O 模块通常采用滤波器、光耦合器或隔离脉冲变压器将来自现场的输入信号或驱动现场设备的输出信号与 CPU 隔离，以防止外来干扰引起的误动作或故障。

1769-IQ6XOW4 模块如图 2-1-5 所示，为 6 点输入 4 点输出数字量 I/O 模块。

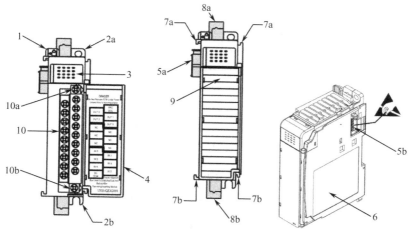

1—总线杆（带锁定功能）；2a—上导轨闩；2b—下导轨闩；3—I/O 诊断灯；4—带端口识别标签的模块门；
5a—带母引脚的移动式总线连接器；5b—带公引脚的固定总线连接器；6—铭牌标签；7a—上插槽；7b—下插槽；
8a—上导轨闩；8b—下导轨闩；9—可写标签；10—可拆卸端子块；10a—RTB 上固定螺钉；10b—RTB 下固定螺钉

图 2-1-5　1769-IQ6XOW4

其输入/输出与面板接线端子如图 2-1-6 所示。

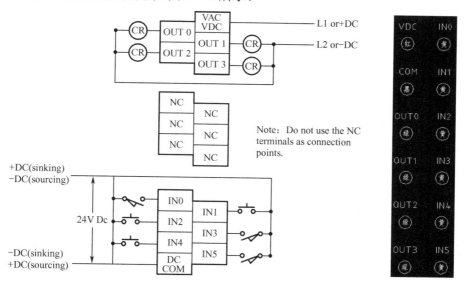

图 2-1-6　1769-IQ6XOW4 输入/输出与面板接线端子

1769-IF4XOF2 的外观与 1769-IQ6XOW4 模块相似，为 4 点输入 2 点输出模拟量 I/O 模块，如图 2-1-7 所示。

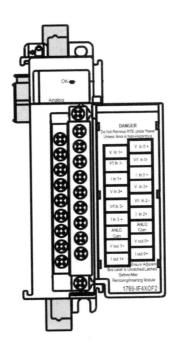

图 2-1-7　1769-IF4XOF2

其输入/输出示意图如图 2-1-8 所示。

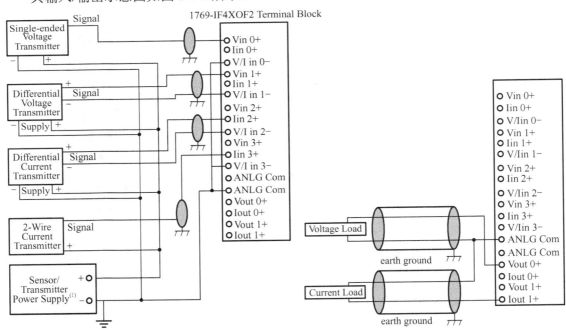

图 2-1-8　1769-IF4XOF2 输入/输出示意图

其面板接线端子如图 2-1-9 所示。

图 2-1-9  1769-IF4XOF2 面板接线端子

（5）槽号和主站号。

1768 CompactLogix 系统槽号编址方法：CPU 左边是 1768 总线，CPU 为 0，则以太网卡为 1，ControlNet 主站卡为 2；CPU 右边是 1769 总线，CPU 为 0，则 DeviceNet 主站卡为 1，I/O 模块依序增加编址。

主站号是相对主站与从站而言对主站卡的编号。

### 2．装配 1768 CompactLogix 系统

第一步：在导轨上安装 1768-L43 控制器，如图 2-1-10 所示。

（1）拉出锁片。

（2）将控制器滑动到位并推入锁片。

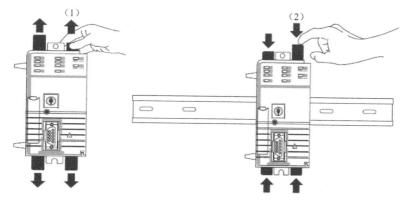

图 2-1-10  安装控制器

第二步：安装 EtherNet/IP 模块，如图 2-1-11 所示。

（1）在模块侧面找到 Ethernet（MAC）地址并将该地址记录下来。

（2）拉出锁片。

（3）使模块在导轨上与控制器的左侧对齐，并将配套连接器滑入到 1768-L43 控制器中。

（4）推入锁片。

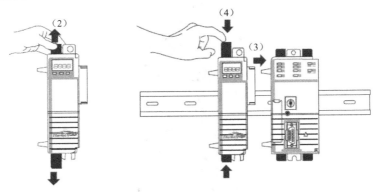

图 2-1-11　安装 EtherNet/IP 模块

第三步：安装 1768-CNB ControlNet 模块，如图 2-1-12 所示。

（1）拉出锁片。

（2）使 1768-CNB ControlNet 模块与 EtherNet/IP 模块或控制器的左侧对齐并使其滑动到位。

（3）推入锁片。

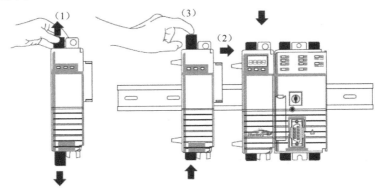

图 2-1-12　安装 ControlNet 模块

第四步：在导轨上安装电源，如图 2-1-13 所示。

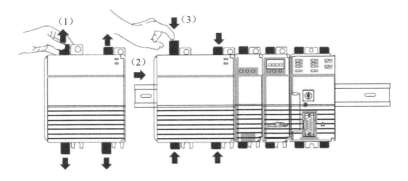

图 2-1-13　安装电源模块

（1）拉出锁片。

（2）使电源与 1768-CNB ControlNet 模块的左侧对齐并使其滑动到位。

（3）推入锁片。

第五步：将 1769-SDN DeviceNet 模块和 1769 I/O 模块安装在导轨上的控制器右侧，如图 2-1-14 所示。

（1）拉出锁片。

（2）使模块在控制器或模块的一侧沿着榫槽插槽滑动。

（3）推入锁片。

（4）将白色锁片拨到左侧。在 1769-SDN 与电源之间最多可以有三个模块。

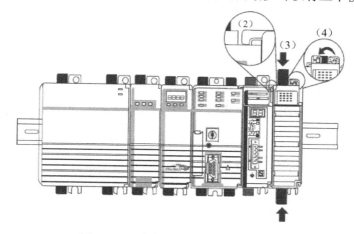

图 2-1-14　安装 DeviceNet 和 I/O 模块

第六步：安装 1769-ECR 端盖终结器，如图 2-1-15 所示。

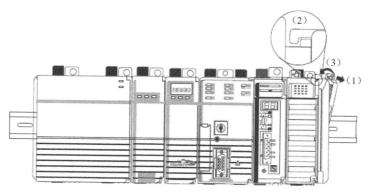

图 2-1-15　安装端盖终结器

（1）将锁片拉到右侧。

（2）在导轨上滑动端盖。

（3）将锁片拉到左侧。

# 案例 2　Flex I/O 硬件结构、功能特性及安装

**案例硬件设备**
- EtherNet/IP Flex I/O 模块。
- ControlNet Flex I/O 模块。
- DeviceNet Flex I/O 模块。

**案例学习目的**
- 能够认知罗克韦尔三层网络的特点及功能区别。
- 能够认知 3 种网络的通信从站模块及 Flex I/O 模块功能，以及从站号和槽号的概念。
- 能够动手安装 3 种网络的通信从站及 Flex I/O 模块。

## 1．罗克韦尔三层网络及其通信从站

罗克韦尔提供先进的 NetLinx 开放网络体系结构，其网络设计的最重要目标就是在同一网络上实现实时控制、系统组态及数据采集等多种不同的功能，可以高效地实现不同网络的互联且保证了系统性能。

NetLinx 体系结构包括三层开放的网络技术：DeviceNet、ControlNet 和 EtherNet/IP。之所以称为开放的网络技术，是因为这三种网络的技术规范不属于或者不受控于任何单一制造商。开放还意味着国际范围的广泛接受。自从基于 NetLinx 架构的网络通信技术诞生以来，迄今为止已经有超过两百万个节点用于不同行业。更重要的是，NetLinx 网络架构中三层网络技术及规范已经先后成为被广泛接受的国际标准。NetLinx 体系结构涵盖了工业控制几乎所有的元件，真正实现了"从顶层（互联网）到底层（设备层）"。

采用 NetLinx 开放网络体系结构有如下优点。

（1）紧密集成的通信结构体系。NetLinx 独特的特性可以帮助用户真正做到从互联网到设备网络的无缝通信（共享相同的应用层协议、同样的网络服务、与介质无关的设计等）。

（2）更加有效地利用网络带宽。基于"生产者/消费者"模式的通信方式可以更有效地减小网络通信量，高效率地使用网络带宽。

① 响应更及时。对多种报文传送方式的支持（如支持预规划等通信，如轮询、周期性发送、逢变则报等），极大地降低了数据发送量，网络通信实时性、确定性和可重复性较高。

② 降低了编程工作量。对于非关键的功能，无须 PLC 编程管理就可以实现。

③ 无须额外的线缆。控制、编程、诊断、组态和数据采集都采用同一链路，网络的运行、管理和维护都比较方便。

④ 提高生产效率。不同的现场总线网络都采用同样的核心技术，培训、施工和维护都更容易。构建高性能的多层网络结构但不损失网络的透明性。数据的存取成为全系统范围内

的操作，变得更简洁。

NetLinx 开放网络体系结构能够保证提升系统的整体性能，概括来说包括如下几个方面。

（1）DeviceNet——适用于简单智能设备，需要提高诊断能力、减少接线和安装成本，提供即插即用方案，需要密封式介质，适用于小型分组数据通信的场合。

（2）ControlNet——如果应用的首要要求是实时数据传送，要求较高的确定性或介质冗余，通信速率更高，中等大小的分组数据传送，要求可重复的规划数据，或者需要本征安全的设备时选用。

（3）EtherNet/IP——适用于需要有效的工厂级管理信息通信，要求更多的数据采集站点，需要处理大量报文数据的场合，利用这项成熟的技术，可以降低成本。

### 2. 罗克韦尔通信从站模块及 I/O 模块

每个 Flex I/O 系统至少包含一个适配器、一个端子基座和一个 I/O 模块，可通过 Flex 电源（1794-PS13）或任何其他兼容电源为系统供电。使用端子基座上的端子模块直接同现场设备接线。

如果现场出现故障，则 Flex I/O 还能节省额外的时间。它将现场接线端子和 I/O 接口组合在同一位置，使系统更便于维护和故障诊断，从而节省了时间和金钱。另外，Flex I/O 系统的重要特点是允许使用者处于安全场合，在背板供电情况下，拆卸并插入模块不需要中断系统。

Flex I/O 适配器模块将 Flex I/O 模块连接到通信网络上的一个 I/O 扫描器端口上。Flex I/O 适配器模块包含一个内置电源，将 24V 直流转换为 5V 直流，使背板能够为 Flex I/O 模块供电。

1）三种网络通信从站模块

1794-AENT 用于 Flex I/O 和 ControlLogix 控制器之间通过 EtherNet/IP 进行通信，如图 2-2-1 所示，其通信速率为 10Mbps/100Mbps，带 I/O 模块能力为 8。

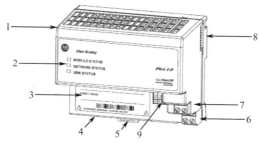

1—EtherNet/IP 适配器；2—状态指示灯；3—MAC ID 标签；4—RJ-45 网络电缆连接器；5—适配器导轨锁定卡；

6—24V DC 电源正公共端；7—24V DC 电源负公共端；8—Flex 总线连接器；9—IP 地址开关

图 2-2-1　1794-AENT

1794-ADN 用于 Flex I/O 和 ControlLogix 控制器之间通过 DeviceNet 进行通信，如图 2-2-2 所示，其通信速率为 125Kbps（最大 500m）、250Kbps（最大 250m）和 500Kbps（最大 100m），带 I/O 模块能力为 8。

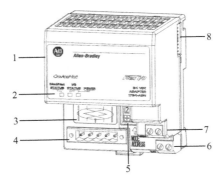

1—DeviceNet 适配器；2—状态指示灯；3—接线标签；4—DeviceNet 网络电缆；

5—DeviceNet 节点选择指拨开关；6—24V DC 电源正公共端；7—24V 电源负公共端；8—Flex 总线连接器

图 2-2-2　1794-ADN

1794-ACN15 用于 Flex I/O 和 ControlLogix 控制器之间通过 ControlNet 进行通信，如图 2-2-3 所示，其通信速率为 5Mbps，带 I/O 模块能力为 8。

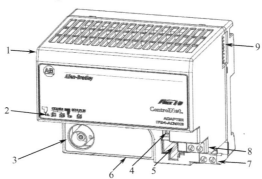

1—ControlNet 适配器；2—状态指示灯；3—ControlNet 网络电缆；4—ControlNet 节点选择指拨开关；

5—ControlNet 编程终端连接口；6—模块锁定卡；7—24V DC 电源正公共端；8—24V 电源负公共端；9—Flex 总线连接器

图 2-2-3　1794-ACN15

2）Flex I/O 模块

Flex I/O 模块插入端子基座，连接到 I/O 总线和现场设备。由于没有直接接线到 I/O 模块，所以能够带电插拔模块，在不用断开现场接线、其他 I/O 模块或 Flex 背板电源的情况下更换模块，消除了代价很高的停机时间及系统的无故重启。

I/O 类型的选择灵活多样，选择范围可以从数字量、模拟量到温度、运动控制。Flex I/O 允许用户在每个适配器上使用最多 8 个端子基座，提供最多 256 个数字量 I/O 或 96 路模拟量通道，可以通过安装和接线选项混合匹配数字量和模拟量 I/O，提供了成功的分布式系统解决方案。

1794-IB10XOB6 模块如图 2-2-4 所示，为 10 点输入 6 点输出数字量 I/O 模块。

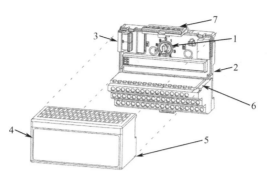

1—按键开关；2—终端基座；3—Flex 总线连接器；4—1794-IB10XOB6 模块；5—定位杆；6—槽；7—闭锁装置

图 2-2-4　1794-IB10XOB6

其输入/输出与面板接线端子如图 2-2-5 所示。

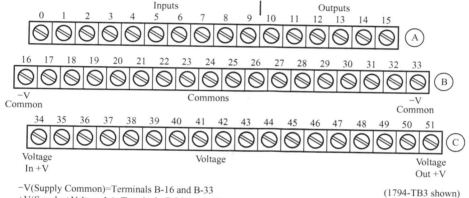

−V(Supply Common)=Terminals B-16 and B-33
+V(Supply +Voltage In)=Terminals C-34 and C-51
(Use B-33 and C-51 for daisy-chaining to next terminal base unit)

(1794-TB3 shown)

图 2-2-5　1794-IB10XOB6 输入/输出与面板接线端子

　　1794-IE4XOE2 的外观与 1794-IB10XOB6 模块相似，为 4 点输入两点输出模拟量 I/O 模块。其输入/输出与面板接线端子如图 2-2-6 所示。

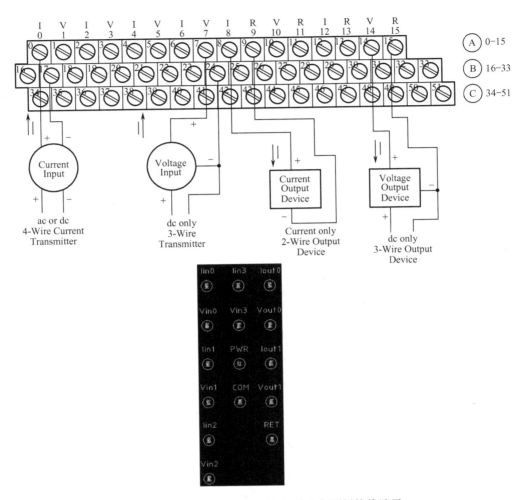

图 2-2-6　1794-IE4XOE2 输入/输出与面板接线端子

3）槽号和从站号

通过扩展远程 I/O 的编址方法是：不算从站上的通信模块，I/O 模块从 0 号槽开始向右，槽号依次增加。从站号是相对主站与从站而言对从站卡的编号。

## 3. 装配 Flex I/O 系统

安装 1794-AENT，如图 2-2-7 所示。

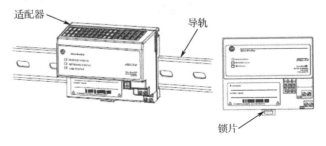

图 2-2-7　1794-AENT 的安装

（1）将适配器背面的唇边钩在导轨的顶部。

（2）在导轨上旋转适配器模块。

（3）在导轨上压下适配器直到完全卡进导轨。锁片将卡入到位并将适配器锁定在导轨上。

（4）如果适配器不能锁定到位，则可以使用一把螺丝刀或类似的工具在将适配器压入导轨时向下移动锁片，然后通过松开锁片使适配器锁定到位。

（5）如果有必要，推升锁片以锁定适配器。

1794-AND、1794-ACN15 和 I/O 模块的安装与上述方法类似，不再赘述。

下面介绍在现有系统上安装或更换适配器。

（1）从适配器底部移除以太网插入式连接器。

（2）断开任何与相邻端子座相连的适配器线。

（3）断开任何与适配器相连的用户电源线。

（4）使用一把螺丝刀或类似的工具打开模块的锁定机关并将适配器从其附属的基本单元移动。

（5）将 Flexbus 连接器推向端子座的右侧，从而拔掉背板连接器。

（6）推出导轨锁片，然后移除适配器。在安装新的适配器之前，注意适配器右后方的槽口。这个槽口能接收端子基座单元的钩，槽口开口在底部，钩和相邻的连接点保持端子座和适配器紧紧连在一起，减小了通过背板通信中断的可能性，如图 2-2-8 所示。

图 2-2-8　钩与槽口的连接

（7）完成适配器的安装，如图 2-2-9 所示。

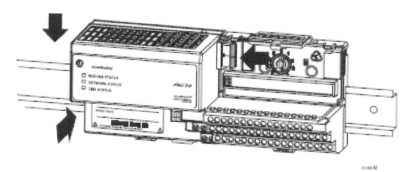

图 2-2-9　适配器的安装

# 案例 3　RSLogix 5000 基本使用案例

**案例硬件设备**

- L43 CPU。
- 罗克韦尔编程组态软件 RSLogix。
- 罗克韦尔通信服务软件 RSLinx。

**案例学习目的**

- 能够熟悉 RSLogix5000 中菜单及工具的作用，认知 RSLogix 软件的功能（硬件组态，编写调试控制程序）。
- 能够创建一个新的控制器工程文件。
- 能够在程序菜单和目录树中创建任务、程序和例程。
- 能够在 RSLinx 软件中添加 DF1 通信驱动，使计算机与 PLC 通信。
- 能够在 RSLinx 软件中添加 EtherNet/IP 通信驱动使计算机与 PLC 通信，在 RSLinx 中看到 PLC 所连接的模块情况。
- 能够使 CPU 在线，下载程序及运行程序。

## 1. CompactLogix 控制器基本程序的创建

1）创建一个新的控制器文件

双击桌面上的 RSLogix 5000 图标，打开 RSLogix 5000 软件。

创建一个新的控制器文件，其具体步骤如下。

（1）从 File 菜单中选择 New，屏幕将显示 New Controller 对话框，如图 2-3-1 所示。

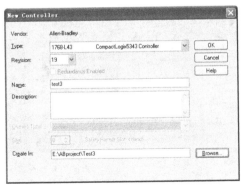

图 2-3-1　New Controller 对话框

（2）从 Type 下拉菜单中选择 1768-L43 CompactLogix5343 Controller。

（3）在 Revision 下拉菜单中选择 19。

（4）在 Name 栏中输入字母和数字组合作为处理器的名字，如 test3。

（5）在 Create In 栏内输入文件保存路径或单击"Browse"按钮定位地址目录，我们创建的文件目录在 E：\ABproject\Test3。

（6）确认输入与图 2-3-1 所示吻合，然后单击"OK"按钮。由此创建了一个控制器文件，其界面如图 2-3-2 所示。

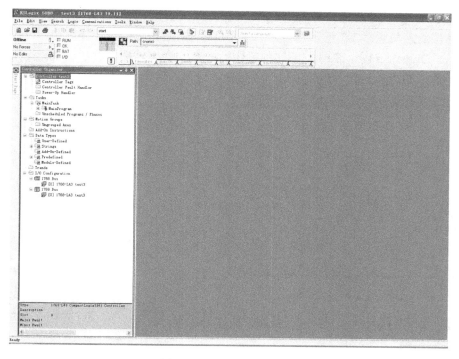

图 2-3-2　控制器文件界面

2）RSLogix 5000 程序菜单和项目树

在图 2-3-2 中，左侧菜单是控制程序的主体架构 Controller Organizer，控制器组织画面由文件夹项目树和文件组成，文件中包含现在这个控制器文件中有关程序和数据的所有信息。各部分说明如下。

（1）Controller L43：包含控制器范围的标签、控制器故障处理程序和电源处理程序。

（2）Tasks：在这个文件夹中显示任务，每个任务都各自带有梯形图例程和程序范围标签的程序。

（3）Trends：在这个文件夹中创建趋势图。

（4）Data Type：显示预定义和用户定义的数据类型，用户定义的数据在这个文件夹中创建。

（5）I/O Configuration：包含有关此控制器文件的硬件组态信息，以及所有要使用的模块信息，控制器用它来组态和通信。

3）创建新任务

（1）在 Controller Organizer 中，用鼠标右键单击 Task 图标，并在弹出的选项框中选择 New Task，出现 New Task 对话框，如图 2-3-3 所示。

（2）在 New Task 对话框的 Name 栏，输入 Task1。

（3）在 New Task 对话框的 Type 栏，选择 Periodic。

（4）在 New Task 对话框的 Period 栏，保留默认值 10ms。

（5）在 New Task 对话框的 Priority 栏，保留默认值 10。

（6）在 New Task 对话框的 Watchdog 栏，保留默认值 500ms。

（7）确认输入与图 2-3-3 所示吻合，单击"OK"按钮完成创建任务。这时 Task1 将显示在 Controller Organizer 中，Task1 的文件夹图标中有一个小时钟，表示这是一个周期的或基于时间的任务，如图 2-3-4 所示。

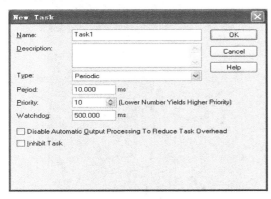

图 2-3-3　New Task 对话框　　　　　　　　图 2-3-4　周期任务 Task1

（8）也可以同时创建多个任务，如 Task2、Task3 等。

4）创建新程序

（1）在 Controller Organizer 中，用鼠标右键单击 Task1 图标，并在弹出的选项框中选择 New Program，出现 New Program 对话框，如图 2-3-5 所示。

（2）在 New Program 对话框的 Name 栏，输入 Program1。

（3）在 New Program 对话框的 Schedule in 栏，选择 Task1，单击"OK"按钮完成创建。

这时已经在 Task1 下创建了一个新程序，所有在此文件夹下创建和调用的例程都将每 10ms 执行一次。

同时，注意在 Controller Organizer 中 Program1 下有

图 2-3-5　New Program 对话框

一个名为 Program Tags 的标签项，所有程序范围内的标签 Tags 都保存在这一项里。保存在这里的所有标签只能用于 Program1 及其所有例程，不能用于控制器的其他程序。

5）创建新例程

（1）在 Controller Organizer 中，用鼠标右键单击 Program1，在弹出的选项框中选择 New Routine，出现 New Routine 对话框，如图 2-3-6 所示。

（2）在 New Routine 对话框的 Name 栏，输入 Routine1。

（3）在 New Routine 对话框的 Type 栏，选择 Ladder Diagram。

（4）在 New Routine 对话框的 In Program 栏，选择 Program1。

（5）在 New Routine 对话框的 Assignment 栏，选择 Main，单击"OK"按钮完成创建。

（6）在 Controller Organizer 中，用鼠标右键单击 Program1 图标，在弹出的选项框中选择 Properties，出现 Program Properties 对话框，如图 2-3-7 所示。

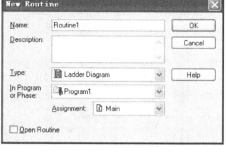

图 2-3-6　New Routine 对话框

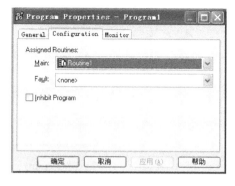

图 2-3-7　Program Properties 对话框

（7）单击 Configuration 选项卡，将显示 Program1 中指派的例程。

（8）从 Main 选项的下拉菜单中选择 Routine1，单击"应用"按钮，再单击"确定"按钮。这样将 Routine1 作为 Program1 的主例程。

（9）在 Controller Organizer 中单击 Routine1 图标，将显示如图 2-3-8 所示的编程界面。

图 2-3-8　编程界面

现在可以进行梯形图编程了。编程出错时，发生错误的语句左侧会显示一列小写的英文字母"e"，提示用户该语句的编程发生错误。注意，一条空语句本身就是一条错误语句，因此要将空语句在程序中删除。

## 2．RSLinx Classic Lite 添加通信驱动

1）添加 AB_DF1-1（RS-232）通信驱动

打开 RSLinx Classic Lite 软件，单击工具栏中的 图标，显示 Configure Drivers 界面，

如图 2-3-9 所示。

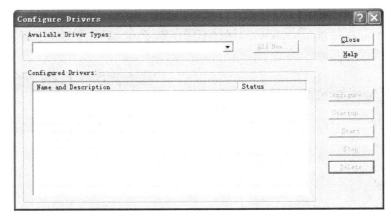

图 2-3-9　Configure Drivers 界面（1）

从 Available Driver Types 下拉菜单中选择 RS-232 DF1 Devices，然后单击"Add New"按钮，在显示的 Add New RSLinx Classic Driver 对话框中输入一个驱动器的名称，如图 2-3-10 所示。

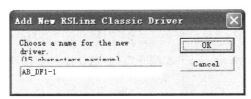

图 2-3-10　Add New RSLinx Classic Driver 对话框（1）

单击"OK"按钮，接受默认名字（AB_DF1-1）。将显示 Configure RS-232 DF1 Devices 对话框，此时单击 Auto-Configure 按钮，若串口电缆连接正确，则单击这个按钮时，RSLinx 会自动设置合适的 DF1 参数。参数显示如图 2-3-11 所示。

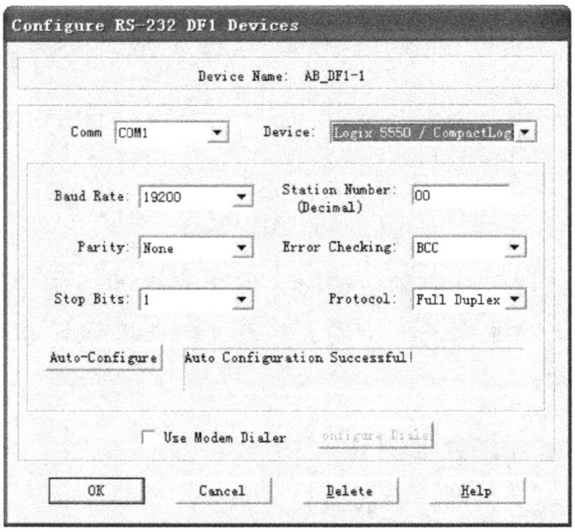

图 2-3-11　Configure RS-232 DF1 Devices 对话框

**注意：**设备栏包含"Logix 5550/CompactLogix"，如果屏幕上的参数与上面给出的对话框一致，则单击"OK"按钮。在图 2-3-12 所示界面中可查看确认通信处于运行状态，通过单击"Close"按钮，可退出 Configure Drivers 对话框。

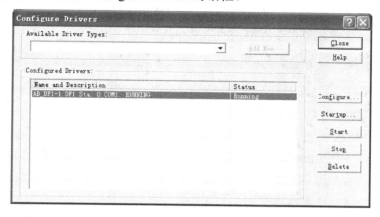

图 2-3-12　Configure Drivers 界面（2）

2）添加 AB_ETHIP-1（EtherNet/IP）通信驱动

单击工具栏中的 $\mathcal{S}$ 图标，将显示 Configure Drivers 界面，从 Available Driver Types 的下拉菜单中选择 EtherNet/IP Driver，并单击"Add New"按钮。

在显示的 Add New RSLinx Classic Driver 对话框中输入一个驱动器的名称，如图 2-3-13 所示。

图 2-3-13　Add New RSLinx Classic Driver 对话框（2）

单击"OK"按钮，接受默认名字（AB_ETHIP-1）将显示 Configure driver：AB_ETHIP-1 对话框，如图 2-3-14 所示。

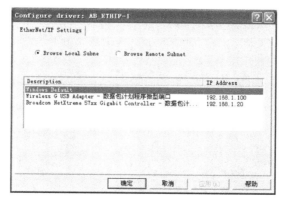

图 2-3-14　Configure driver：AB_ETHIP-1 对话框

选中 Browse Local Subnet（浏览本地子网）选项，单击"确定"按钮完成通信驱动的添加。

回到 RSLinx 的主界面，单击工具栏中的 品 图标，显示 RSWho 界面如图 2-3-15 所示。通过以太网模块，其所在机架上的所有模块及信息将被自动识别（包括型号、所处槽号等），用鼠标右键单击模块可以查看模块的信息和状态。

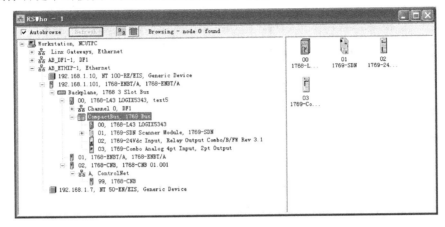

图 2-3-15　RSWho 界面

# 案例 4　本地 I/O 及通信主站硬件组态

**案例硬件设备**

- L43 CPU。
- 1768-ENBT EtherNet/IP 通信主站模块。
- 1768-CNB ControlNet 通信主站模块。
- 1769-SDN DeviceNet 扫描器通信主站模块。
- 1769-IQ6XOW4 DI/DO 模块。
- 1769-IF4XOF2 AI/AO 模块。

**案例学习目的**

- 能够在 RSLogix 软件中组态背板上的 I/O 模块。
- 能够在 RSLogix 软件中添加 1768-ENBT 模块并正确设置属性、添加 1768-CNB 模块并正确设置属性、添加 1769-SDN 模块并正确设置属性。
- 能够将组态配置下载到控制器中，并切换到运行状态。

## 1. 通信主站模块和 I/O 模块组态配置

1）EtherNet/IP 主站模块的组态配置

（1）用鼠标右键单击 `1768 Bus`，选择 New Module，显示带有供选模块列表的 Select Module 对话框，如图 2-4-1 所示。

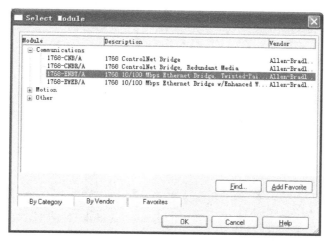

图 2-4-1　模块选择对话框（1）

（2）选择 Communications 下的 1768-ENBT/A 模块，然后单击"OK"按钮将显示 Select Major Revision 对话框，如图 2-4-2 所示。

（3）在 Major Revision 选项的下拉菜单中选择 4，然后单击"OK"按钮，将显示 New

Module 对话框，如图 2-4-3 所示。

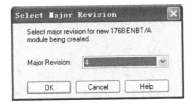

图 2-4-2　Select Major Revision 对话框（1）

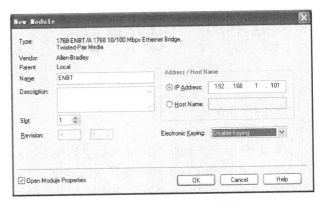

图 2-4-3　New Module 对话框（1）

（4）在 Name 栏输入一个名称，如 ENBT。在 IP Address 栏输入 EtherNet/IP 模块的 IP 地址。在 Electronic Keying 选项的下拉菜单中选择 Disable Keying。在 Slot 栏选择 1，这里所选的 Slot（槽号）与模块实际所处的物理槽号应一致，然后单击"OK"按钮，将显示 Module Properties 对话框，如图 2-4-4 所示。

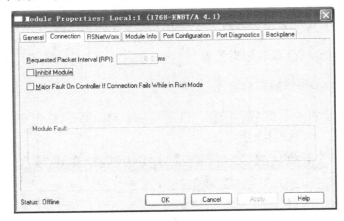

图 2-4-4　Module Properties 对话框

这里保持默认即可，单击"OK"按钮完成配置。确认组态结果如图 2-4-5 所示。

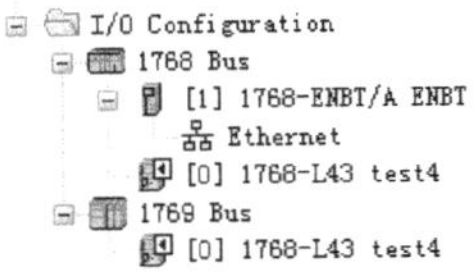

2）ControlNet 主站模块的组态配置

图 2-4-5　组态结果（1）

（1）用鼠标右键单击 ⊟ ▦ 1768 Bus ，选择 New Module，显示带有供选模块列表的 Select Module 对话框，如图 2-4-6 所示。

（2）选择 Communications 下的 1768-CNB/A 模块，然后单击"OK"按钮，将显示 Select Major Revision 对话框，如图 2-4-7 所示。

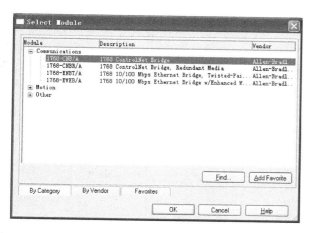

图 2-4-6　模块选择对话框（2）

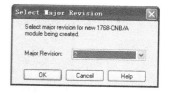

图 2-4-7　Select Major Revision 对话框（2）

（3）在 Major Revision 选项的下拉菜单中选择 2，然后单击"OK"按钮，显示 New Module 对话框，如图 2-4-8 所示。

（4）在 Name 栏输入一个名称，如 CNB。在 Electronic Keying 选项的下拉菜单中选择 Disable Keying。在 Node 栏输入 1，在 Slot 栏输入 2，这里所选的 Slot（槽号）与模块实际所处的物理槽号应一致，然后单击"OK"按钮。确认组态结果如图 2-4-9 所示。

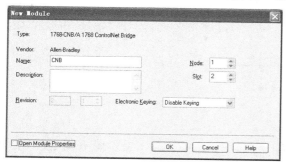

图 2-4-8　New Module 对话框（2）

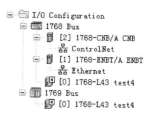

图 2-4-9　组态结果（2）

**3）DeviceNet 主站模块的组态配置**

（1）用鼠标右键单击 ，选择 New Module，显示带有供选模块列表的 Select Module 对话框，如图 2-4-10 所示。

（2）选择 Communications 下的 1769-SDN/A 模块，然后单击"OK"按钮，将显示 New Module 对话框，如图 2-4-11 所示。

（3）在 Name 栏输入一个名称，如 SDN。在 Electronic Keying 选项的下拉菜单中选择 Disable Keying。在 Slot 栏选择 1，这里所选的 Slot（槽号）与模块实际所处的物理槽号应一致，然后单击"OK"按钮。确认组态结果如图 2-4-12 所示。

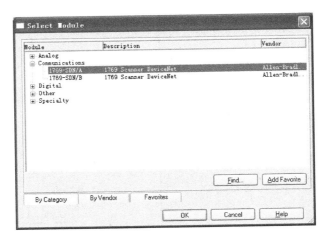

图 2-4-10　模块选择对话框（3）

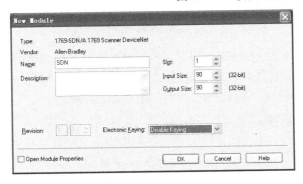

图 2-4-11　New Module 对话框（3）

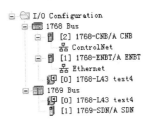

图 2-4-12　组态结果（3）

4）数字量 I/O 模块的组态配置

（1）用鼠标右键单击 □ ▦ 1769 Bus，选择 New Module，显示带有供选模块列表的 Select Module 对话框，如图 2-4-13 所示。

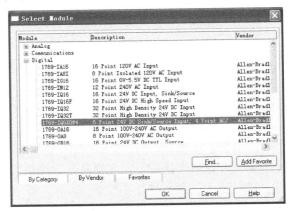

图 2-4-13　模块选择对话框（4）

（2）选择 Digital 下的 1769-IQ6XOW4 模块，然后单击"OK"按钮，显示 New Module 对话框，如图 2-4-14 所示。

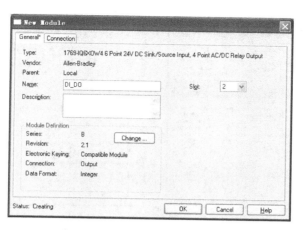

图 2-4-14　New Module 对话框（4）

（3）在 Name 栏输入一个名称，如 DI_DO。在 Slot 栏选择 2，这里所选的 Slot（槽号）与模块实际所处的物理槽号应一致。单击"Change…"按钮，将显示 Module Definition 对话框，如图 2-4-15 所示。

（4）在 Electronic Keying 选项的下拉菜单中选择 Disable Keying，其余保持默认，单击"OK"按钮返回 New Module 对话框，然后单击"OK"按钮，确认组态结果如图 2-4-16 所示。

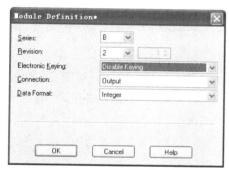

图 2-4-15　Module Definition 对话框（1）

图 2-4-16　组态结果（4）

5）模拟量 I/O 模块的组态配置

（1）用鼠标右键单击 1769 Bus，选择 New Module，显示带有供选模块列表的 Select Module 对话框，如图 2-4-17 所示。

（2）选择 Analog 下的 1769-IF4XOF2 模块，然后单击"OK"按钮，显示 New Module 对话框，如图 2-4-18 所示。

（3）在 Name 栏输入一个名称，如 AI_AO。在 Slot 栏选择 3，这里所选的 Slot（槽号）与模块实际所处的物理槽号应一致。单击"Change…"按钮，将显示 Module Definition 对话框，如图 2-4-19 所示。

（4）在 Electronic Keying 选项的下拉菜单中选择 Disable Keying，其余保持默认，单击"OK"按钮返回 New Module 对话框，然后单击"OK"按钮。

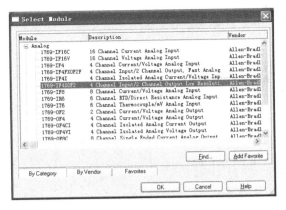

图 2-4-17　模块选择对话框（5）

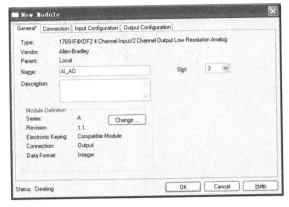

图 2-4-18　New Module 对话框（5）

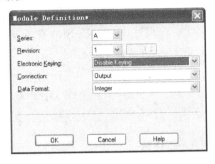

图 2-4-19　Module Definition 对话框（2）

（5）选择 Output Configuration 选项卡，Vout0+对应 Channel0，Vout1+对应 Channel1，使用哪个输出口勾选对应的输出口即可，然后单击"Apply"按钮，如图 2-4-20 所示，Input Configuration 选项卡同理。

（6）确认组态结果如图 2-4-21 所示。

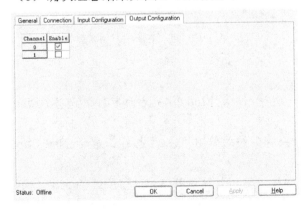

图 2-4-20　输出设置

图 2-4-21　组态结果（5）

## 2．下载配置并运行

（1）从 Communications 菜单中选择 Who Active，显示 Who Active 对话框，如图 2-4-22 所示。

（2）选择 1768-L43 控制器模块，然后单击"Download"按钮，显示 Download 对话框，如图 2-4-23 所示。

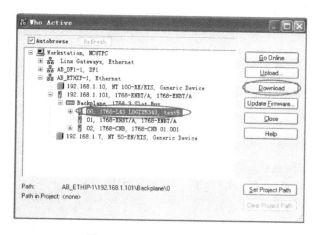

图 2-4-22　Who Active 对话框

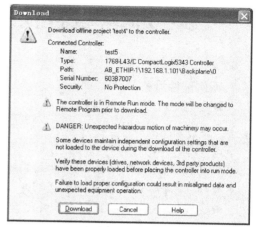

图 2-4-23　Download 对话框

（3）单击"Download"按钮即可将配置下载到控制器中。下载完成后，若弹出如图 2-4-24 所示的对话框，单击"是"按钮即可切换到 Run 模式。

（4）如果没有弹出上述对话框，也可通过选择 Communications 菜单中的 Run Mode 切换到 Run 模式。若配置没有错误，且控制器处于 Run 模式，则软件界面左上角区域的"Run Mode"、"Controller OK"与"I/O OK"都将显示绿色常亮，如图 2-4-25 所示。

图 2-4-24　切换 Run 模式对话框

图 2-4-25　状态显示

# 案例 5　程序结构及简单编程方法

---

**案例硬件设备**

● L43 CPU。

● 1769-IQ6XOW4 DI/DO 模块。

**案例学习目的**

● 能够认知系统任务的类型与作用（如何创建子模块调用）。

● 能够认知 PLC 标签的创建与操作（内存地址、I/O 地址、寻址方式等）。

● 能够认知常用的数据类型并创建（字节型、字型等）。

● 认知梯形图编程的特点并在主例程中实现按钮控制灯的输出。

---

## 1. 硬件接线

硬件接线区域为"1769-IQ6XOW4 区"、"外部电源及扩展区"及"按钮与灯区域"，具体接线如表 2-5-1 所示。

表 2-5-1　硬件接线

| 1769-IQ6XOW4 区 | 外部电源及扩展区 | 按钮与灯区域 |
| --- | --- | --- |
| VDC（红） | +24V（红） | 按钮 1 左（黄） |
| COM（黑） | COM（黑） | 灯 1 右（绿） |
| OUT0（绿） | | 灯 1 左（绿） |
| IN0（黄） | | 按钮 1 右（黄） |

## 2. 系统任务

系统任务可以分为三种执行类型：连续型、周期型、事件触发型。在 CompactLogix 系统中，每个项目的 8 个任务可以定义一个且只能定义一个连续型的任务，其余均为周期型或时间触发型任务。任务的类型决定了执行的顺序。每个任务执行完毕后，都会将执行结果送到输出数据区域。

（1）连续型任务是指周而复始执行的任务，在后台运行。

（2）周期型任务是指中断执行的逻辑程序，周期性地执行任务，必须定义周期时间。执行周期默认值是 10ms。

（3）事件触发型任务是指事件触发引起的任务调用，事件触发可以是由外部输入点变化引起的，如数字量输入触发或模拟量的新采样数据，也可以由 Consumed Tag 引起或直接由指令调用引起，还可以由运动控制状态引起。

周期型任务要指定执行的周期时间和中断优先级别，中断级别低的任务将被中断级别高的任务中断，中断级别共有 15 个（序号为 1～15），序号越低，中断级别越高。

连续型任务是连续不断执行的逻辑任务，也可以认为是中断级别最低的任务。当连续型任务完成全部扫描时，立即重新开始新一轮扫描。

事件触发型任务要定义触发事件，同样也要定义中断优先级别，其中断规则和周期型任务一样。事件触发型任务与周期型任务一起判断中断，可相互中断。

同等级优先权的任务同时触发时，各自轮流交互执行 1ms。所有的周期型任务和事件触发型任务都可以中断连续型任务。高优先级任务可以多次中断所有的低优先级任务。每个任务可自行设置看门狗时间，以监视本程序的执行，当程序运行事件超过看门狗时间时，即报告故障。

### 3. Tag 标签

1）标签地址

标签是控制器的一块内存区域，用来存储表示设备、计算、故障等信息的数据。在 CompactLogix 控制器中，数据的读取与存储是通过标签来实现的，故 CompactLogix 控制器的寻址也采用标签形式。与传统的可编程控制器不同，在控制器的内部直接采用基于标签的寻址方式，从而不需要额外的标签名与实际 I/O 物理地址对应的交叉参考列表。

标签可分为 Controller Tags（控制器域标签）和 Program Tags（程序域标签），它们的区别如下：控制器域标签，如创建 I/O 标签，工程中所有的任务和程序都可以使用；程序域标签，标签只有在与之关联的程序内才可以使用。两者的关系如同全局变量（控制器域标签）和局部变量（程序域标签）一样。

2）标签的创建

创建标签即为数据创建存储区。在 CompactLogix 中，数据分为 I/O 数据和中间变量数据。I/O 数据的标签在组态 I/O 模块完毕后会自动生成。这里主要讲述创建中间变量数据。

（1）Edit Tags 窗口创建标签。

新建工程后，根据需要单击 📝 `Controller Tags` 或 📝 `Program Tags` 标签区域，选择"Edit Tags"选项卡，如图 2-5-1 所示。

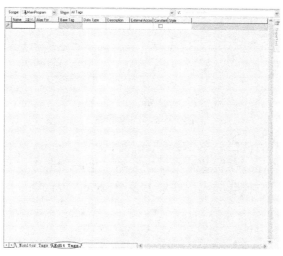

图 2-5-1　"Edit Tags"选项卡

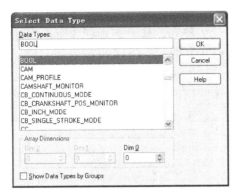

图 2-5-2　Select Data Type 对话框

在编辑标签区域，有"Name"（标签名称）、"Alias For"（映射地址）、"Data Type"（数据类型）、"Style"（显示类型）和"Descriptions"（注释信息）。在"Name"处输入标签名称，如 switch，自动出现默认的数据类型和显示类型等信息，然后单击"Data Type"，将显示 Select Data Type 对话框，如图 2-5-2 所示。

在输入框内输入"BOOL"，即可将这个标签创建为 BOOL（布尔型）标签。如果要建立数组，则在"Array Dimensions"中输入数组的个数，然后单击"OK"按钮。在"Descriptions"下面的空白处即可输入注释信息，这样就创建完毕了一个布尔型标签，如图 2-5-3 所示。

图 2-5-3　布尔型标签

标签在程序中直接使用即可，输入标签后，注释信息也被自动添加进来，如图 2-5-4 所示。

图 2-5-4　标签添加完毕后的信息

（2）在编写程序时直接创建标签。

在程序标签窗口，用鼠标右键单击 OTE 指令上方蓝色加亮区中的"？"，选择"New Tag"，如图 2-5-5 所示。

图 2-5-5　创建标签

弹出如图 2-5-6 所示的窗口。在 New Tag 对话框的 Name 栏内，输入"lab"，其余有"Description"（注释）、"Type"（有基本型、别名型、生产和消费型）、"Data Type"（数据类型）、"Scope"（作用域：控制器域或程序域）及"Style"（样式：十进制、二进制、八进制或十六进制）等。

图 2-5-6　New Tag 对话框

单击"OK"按钮后，标签如图 2-5-7 所示。

图 2-5-7　编辑完毕后的标签

3）标签的查找与监视

在进行工程调试和开发时，经常会查找在何处使用过该标签。可以通过搜索的方法实现。在待查找的标签处（如 start）单击右键，选择 Find All "start"，如图 2-5-8 所示。

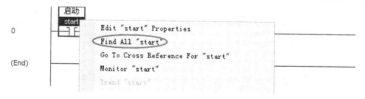

图 2-5-8　查找标签功能

在编辑窗口下方的 Search Results 窗口显示出搜索结果及标签所在的指令，如图 2-5-9 所示。

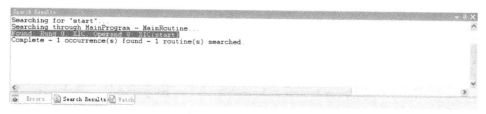

图 2-5-9　搜索结果窗口

此时，双击其中的任意行，程序开发窗口会自动跳转至标签所在的梯级。在线状态下，可以进行标签监视。具体操作：在待监视的标签上单击右键，选择 Monitor "start"，如图 2-5-10 所示。

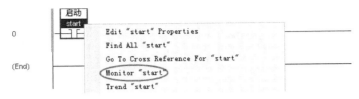

图 2-5-10　选择监视标签功能

单击该选项即可启动该功能，弹出如图 2-5-11 所示的窗口，也可以直接在标签作用域打开监视标签选项卡进行查看。

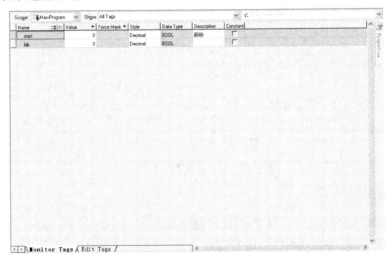

图 2-5-11　标签监视区域

4）标签别名

标签别名的作用在于将程序中的变量与实际的 I/O 口关联起来。

（1）在"Edit Tags"窗口中选择 Alias For 选项，如图 2-5-12 所示。

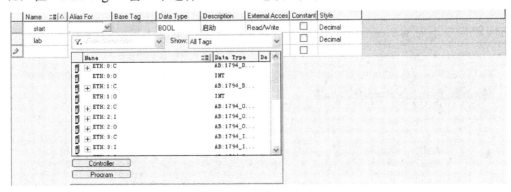

图 2-5-12　标签别名

（2）建立新标签时，在"Type"的下拉菜单中选择 Alias，如图 2-5-13 所示。然后在"Alias For"下拉菜单中选择实际的 I/O 点即可，如图 2-5-14 所示。

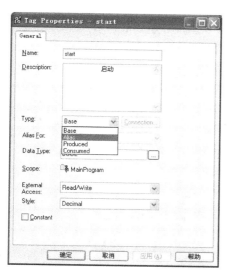

图 2-5-13　选择标签别名

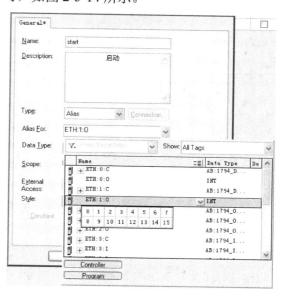

图 2-5-14　进行标签别名

5）数据结构

数据类型用于定义标签使用的数据位、字节或字的个数。数据类型的选择根据数据源而定。在 CompactLogix 控制系统中，主要有两种类型的数据。

预定义数据类型：使用内存空间或者软件中已定义的数据结构体的类型。

其中包括 I/O 模块组态时产生的 I/O 数据。当创建一个 I/O 模块时，都会在数据库中产生相应的 I/O 结构数据，其名称如下。

Location：Slot：Type.Member.Submember.Bit

各部分解释如下。

Location：如果是本地模块，则显示"Local"；如果是远程模块，则显示"模块名称"。

Slot：模块槽号。

Type：I 表示输入，O 表示输出，C 表示组态。

Member："Data"（I/O 数值）、"Fault"（故障）等。

Submember：成员组数据。

Bit：I/O 点。

常见的数据类型如表 2-5-2 所示。

表 2-5-2　常见的数据类型

| 数 据 类 型 | 定 义 |
| --- | --- |
| BOOL（布尔型） | 为单个数据位。1=接通；0=断开（可以用来表示离散量装置的状态，如按钮和传感器的状态） |
| SINT（单整型） | 单整型（8 位），范围是-128～+127 |
| INT（整型） | 一个整型数或字（16 位），范围是-32768～+32767 |

续表

| 数 据 类 型 | 定 义 |
|---|---|
| DINT（双整型） | 双整型（32 位），用来存储基本的整型数据 |
| REAL（实型） | 32 位浮点型（如用来表示模拟量数据） |
| STRING（字符串型） | 用来保存字符型数据的数据类型 |

数据类型之所以重要，是因为其涉及的数据在控制器中的内存分配问题。任何数据的最小内存分配的数据类型均为 DINT（双整型或 32 位）。DINT 型为 Logix5000 的主要数据类型，当使用者分配了数据后，控制器自动为任何数据类型分配下一个可用的 DINT 内存空间。

当给标签分配数据类型（如 BOOL、SINT 和 INT 型）时，控制器仍占用一个 DINT 型空间，但实际只占用部分空间。

图 2-5-15　控制器文件目录树

**4．编辑主例程**

展开控制器文件目录树中的 Tasks 文件夹，如图 2-5-15 所示。

双击 Tasks 文件夹中的 MainRoutine 图标，显示主例程编程窗口，如图 2-5-16 所示。

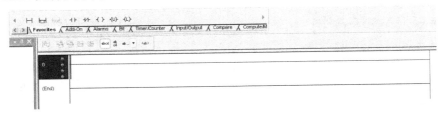

图 2-5-16　MainRoutine 编程窗口

1）添加编程语句

观察编程窗口上方的梯形图指令工具栏，梯形图指令很丰富，包括逻辑运算、算术运算、定时器、计数器等多种类型。单击工具栏上的 Bit 选项卡，将显示所有位指令，如图 2-5-17 所示。

图 2-5-17　位指令分页栏

单击 Bit 选项卡上的 XIC 指令，即 ┤├ 图标，XIC 指令将出现在梯形图编辑器的语句中，如图 2-5-18 所示。

图 2-5-18　梯形图编程窗口（1）

用鼠标右键单击 XIC 指令上方的蓝色加亮区中的"？"，选择 New Tag，将弹出新建标签对话框，如图 2-5-19 所示。

图 2-5-19　新建标签对话框（1）

在 New Tag 对话框中的 Name 栏内，输入"switch"，确认 Main Program 出现在 Scope 这一栏内，这表示 switch 作为程序范围的标签。标签的作用域有两种：程序范围和控制器范围。程序范围的标签只能用于一个指定程序的例程，而控制器范围的标签可用于控制器中所有程序的例程。从 Type 选项中选择 Base，从 Data_Type 菜单中选择 BOOL，单击"OK"按钮后，编程语句 0 如图 2-5-20 所示。

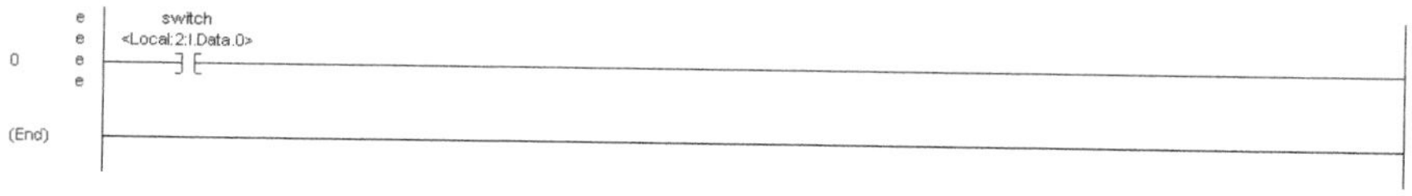

switch
<Local:2:I.Data.0>
0 ┤ ├

(End)

图 2-5-20　梯形图编程窗口（2）

用鼠标单击工具栏中的 OTE 图标，即 〈 〉图标，并将它拖到语句 0 的蓝色横线上方，直到刚才输入的 XIC 指令右边出现一个绿色小圆点，此时释放鼠标按键，OTE 指令就会放在语句 0 的末尾。这是在语句中输入指令的另一种方法。用鼠标右键单击 OTE 指令上方蓝色加亮区中的"？"，选择 New Tag，弹出新建标签对话框。按照图 2-5-21 所示输入参数后，单击"OK"按钮。

图 2-5-21　新建标签对话框（2）

此时编程语句 0 如图 2-5-22 所示。

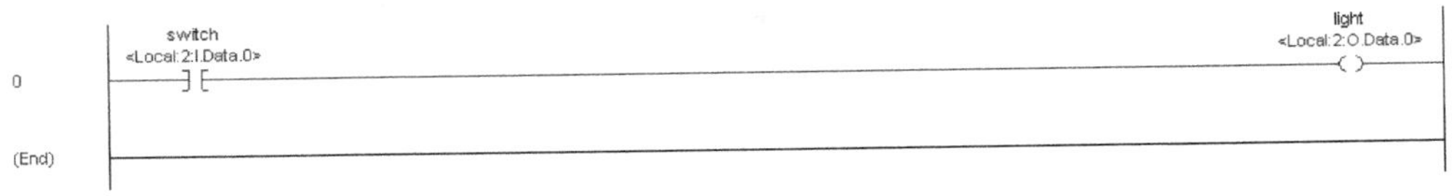

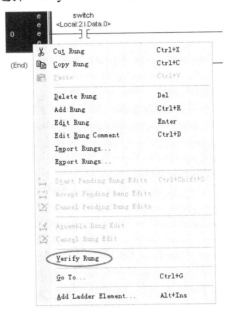

图 2-5-22　梯形图编程窗口（3）

用鼠标右键单击编程语句 0，选择 Verify Rung，如图 2-5-23 所示。RSLogix 5000 视窗底部会出现一条信息，指示语句校验命令的结果。如果有错误，必须在语句校验前改正，也可以从窗口上方 Logic 菜单中选择 Verify→Routine 来校验整个例程。

图 2-5-23　选择校验功能

2）组态标签

关闭编辑器，从 Controller Organizer 中 Main Program 的下方，双击 Program Tags 文件可以看到两个程序范围内的标签。双击打开 Monitor Tags，在标签名一栏内有两个输入变量，如图 2-5-24 所示。

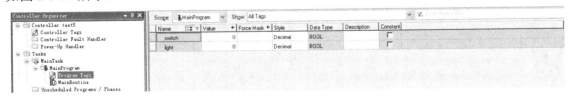

图 2-5-24　标签监视窗口

单击视窗下部的 Edit Tags 选项卡，进入标签编辑窗口，如图 2-5-25 所示。

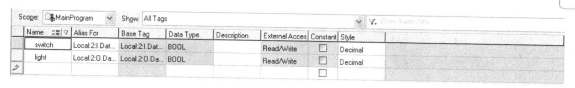

图 2-5-25　标签编辑窗口

编辑标签可以把标签和已组态的 I/O 模块数据位关联起来。

3）确认主任务和主程序的属性

需要确认控制器主任务和主程序的属性组态正确。用鼠标右键单击 Main Task 图标，并选择 Properties，将显示 Task Properties 对话框，如图 2-5-26 所示。

单击 Program/Phase Schedule 选项卡，确认 MainProgram 显示在 Scheduled 程序这一区域。如果没有显示在这一区域内，则单击"Add"按钮来规划主程序，如图 2-5-27 所示。如果一个程序的文件夹没有被规划到一个任务下，则这个程序将不会被执行，并且在控制器组织中其显示在未被规划的文件夹下。

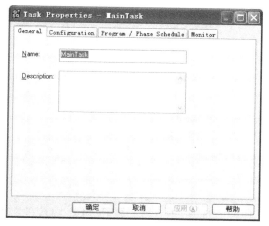

图 2-5-26　Task Properties 对话框

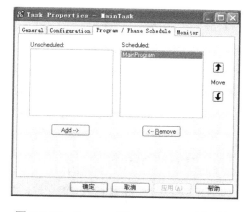

图 2-5-27　Program/Phase Schedule 选项卡

单击 Configuration 选项卡，确认 Watchdog 设置为 500ms，如图 2-5-28 所示。Watchdog 是一个任务扫描时间的看门狗，如果超时，处理器将出错。单击"确定"按钮，关闭 Task Properties 对话框。

用鼠标右键单击 MainProgram 图标并选择 Properties，将显示 Program Properties 对话框，如图 2-5-29 显示。

单击 Configuration 选项卡，确认 MainRoutine 显示在 Main 栏，如果没有，则从 Main 栏的下拉菜单中选取 MainRoutine，如图 2-5-30 所示。

每个程序的文件夹必须指定一个主例程，程序文件夹中所有其他例程只是被作为故障程序，或被同一个文件夹中另外例程用 JSR 指令调用时才会被执行。单击"OK"按钮，关闭 Program Properties 对话框。从 File 菜单中选择"Save"保存程序。

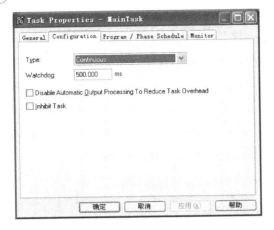

图 2-5-28　Configuration 选项卡　　　　　　　　图 2-5-29　Program Properties 对话框

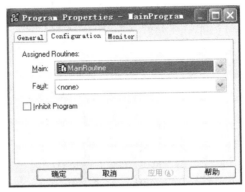

图 2-5-30　Configuration 选项卡

## 5．下载程序并运行

启动 RSLinx，并且运行 Ethernet 驱动。在工具栏上选择图标🔳，展开 PLC 对应的模块清单，从中选择对应的 CPU 控制器模块，单击"Download"按钮，完成下载程序操作，具体过程如图 2-5-31 所示。

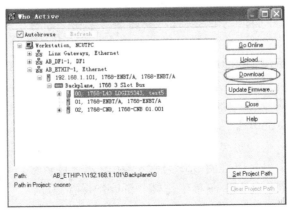

图 2-5-31　程序下载操作

从 Communications 下拉菜单中选择 Run Mode 切换到运行模式。

## 6. 结果

在按下按钮 1 之前，程序如图 2-5-32 所示，数字量输入 IN0 为 0，常开触点 switch 断开，线圈 light 置 0，数字量输出 OUT0 为 0，灯 1 不亮。

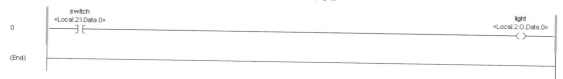

图 2-5-32  按下按钮 1 之前的主例程

当按下按钮 1 之后，程序如图 2-5-33 所示，数字量输入 IN0 为 1，常开触点 switch 闭合，线圈 light 置 1，数字量输出 OUT0 为 1，灯 1 亮。

图 2-5-33  按下按钮 1 之后的主例程

# 案例 6 复杂编程方法

**案例硬件设备**
- L43 CPU。
- 1769-IF4XOF2 AI/AO 模块。

**案例学习目的**
- 能够认知结构文本编程的语法形式和应用特点。
- 能够使用文本方式编写程序让模拟量模块生成三角波形。
- 能够认知功能块图编程的方法和应用特点。
- 能够使用功能块图编程方式让模拟量输出方波并在模拟量输入模块上被检测到。

## 1. 结构文本

结构文本（Structured Text，ST）是使用语句来定义操作过程的文本编程语言，类似于计算机高级语言，表达式结构由操作符和操作数组成。

结构文本的程序格式自由，可以在关键字和标识符之间的任何地方插入制表符、换行字符、注释，且结构文本的语言易于理解。结构文本不区分大小写。

1）赋值语句

使用赋值语句将值赋给标签，改变标签内的值。
赋值语句的语法如下：

```
Tag := Expression;
```

标签数据类型必须为 BOOL、SINT、INT、DINT、REAL 类型。

2）表达式

表达式是一个完整的赋值或结构语句的一部分。数值表达式可以计算出一个数值，BOOL 型表达式可以得出一个真假状态。

通常可以在 BOOL 型表达式内嵌套一个数值表达式。典型情况下，可以使用 BOOL 型表达式作为其他逻辑执行的条件。

表达式可以包括以下内容：
- 用于存储数值的标签名，即变量。
- 立即数，即常数。
- 函数。
- 运算符。

其中，函数执行时会产生一个函数值。

函数和指令是不同的，函数只能用在表达式中，而指令不能用在表达式中。

3）指令

指令是一个标准语句，使用圆括号包含其操作数。根据指令的不同类型，运行时，指令可以产生一个或多个数值。

指令在每次被扫描且结构条件为真时执行，如果结构条件为假，则不执行该结构内的语句。

结构文本指令与梯形图指令的区别是：梯形图指令通过输入梯级条件触发执行，而在结构文本程序中，指令会在被扫描时执行。

4）结构

结构可以单独编程，也可以嵌套在其他结构内。常用的结构形式如下。

● IF…THEN：当特定条件发生时，执行操作。
● CASE…OF：根据数值选择执行的操作。
● FOR…DO：根据指定的次数重复执行操作，然后再执行其他操作。
● WHILE…DO：当条件为真时，重复执行操作。
● REPEAT…UNTIL：直到条件为真，否则重复执行操作。

5）注释

注释可以使编写的结构文本程序有很好的可读性。结构文本的注释不仅可以下载到控制器的内存中，而且可以上传。

当添加注释内容时，使用的注释格式是（*注释内容*）或 /*注释内容*/；当添加的注释内容是单独一行时，使用的注释格式是//注释内容。

6）结构文本编程的主要侧重点

● 复杂的非常规算术运算。
● 专用数组或循环处理表格，其他编程方式不能处理的数组和表格。
● ASCII 字符串处理或协议处理，适用于文字表达模式。

## 2. 用结构文本编写程序

（1）在 Controller Organizer 中用鼠标右键单击 Task 文件夹，在弹出的下拉列表中选择 New Task，将出现"New Task"对话框。

（2）如图 2-6-1 所示在 New Task 对话框中填入相关信息。

（3）单击"OK"按钮完成创建。在 Controller Organizer 中用鼠标右键单击 Triangular_wave_task 任务，选择 New Program，将出现"New Program"对话框，如图 2-6-2 所示。

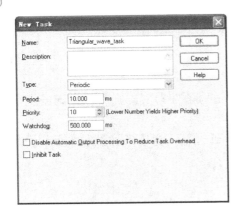

图 2-6-1 "New Task"对话框（1）

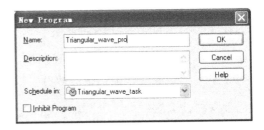

图 2-6-2 "New Program"对话框（1）

（4）单击"OK"按钮完成创建。在项目树中用鼠标右键单击 Triangular_wave_pro，选择 New Routine，将显示"New Routine"对话框，如图 2-6-3 所示。

**注意：** Type 是一个 Structured Text。

（5）单击"OK"按钮完成创建。在 Triangular_wave_pro 下的 Program Tags 中创建两个定时器，名称为 t1 和 t2，数据类型为 FBD_TIMER；一个上升沿触发器 OSR1，数据类型为 FBD_ONESHOT；两个 BOOL 型变量 Q1 和 Q2；6 个 DINT 型变量 ADD_IN、ADD_OUT、MAX、MIN、UP 和 DOWN，并为常量 MAX、MIN、UP、DOWN 赋值，如图 2-6-4 所示。

图 2-6-3 "New Routine"对话框（1）

| Name | =8 ▽ | Value | ← | Force Mask | ← | Style | Data Type | Description | Constant |
|------|------|-------|---|-----------|---|-------|-----------|-------------|----------|
| + UP | | 100 | | | | Decimal | DINT | | □ |
| + t2 | | (...) | | (...) | | | FBD_TIMER | | □ |
| + t1 | | (...) | | (...) | | | FBD_TIMER | | □ |
| Q2 | | 0 | | | | Decimal | BOOL | | □ |
| Q1 | | 0 | | | | Decimal | BOOL | | □ |
| + OSR1 | | (...) | | (...) | | | FBD_ONESH... | | □ |
| + MIN | | 0 | | | | Decimal | DINT | | □ |
| + MAX | | 20000 | | | | Decimal | DINT | | □ |
| + DOWN | | -100 | | | | Decimal | DINT | | □ |
| + ADD_OUT | | 0 | | | | Decimal | INT | | □ |
| + ADD_IN | | 100 | | | | Decimal | DINT | | □ |

图 2-6-4 创建标签

（6）将变量 ADD_OUT 与 Local:3:O:Ch0Data 关联起来，如图 2-6-5 所示。

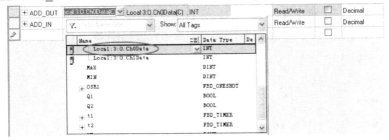

图 2-6-5 ADD_OUT 标签别名

（7）在项目树中双击 Triangular_wave 例程，打开结构文本编辑器，输入程序如图 2-6-6 所示。

```
if Q1 then
    Q2:=0;
else
    Q2:=1;
end_if;

t1.PRE:=5;
t1.TimerEnable:=Q2;
TONR(t1);                      (*t1计时器设置*)
if t1.TT then
    Q1:=0;                     (*如果t1计时器在计时，则t2计时器被禁止*)
end_if;
if t1.dn then
    Q1:=1;                     (*当t1计时器计时完成，则使能计时器t2*)
end_if;

t2.PRE:=5;
t2.TimerEnable:=Q1;
TONR(t2);
if t2.TT then
    Q2:=0;
end_if;
if t2.dn then
    Q1:=0;
end_if;

OSR1.inputbit:=Q2;
OSRI(OSR1);//设置正跳变沿
if OSR1.outputbit then
    ADD_OUT:=ADD_IN+ADD_OUT;   (*每当Q2从0状态变为置1状态，加法运算就执行一次*)
end_if;

if ADD_OUT=MAX then           (*当ADD_OUT到达最大值时，加数ADD_IN变为负数DOWN*)
    ADD_IN:=DOWN;
end_if;

if ADD_OUT=MIN then           (*当ADD_OUT到达最小值时，加数ADD_IN变为正数UP*)
    ADD_IN:=UP;
end_if;
```

图 2-6-6　结构文本编辑器的文本显示

单击 Verify Routine 图标后单击"Save"按钮保存程序，如图 2-6-7 所示。

图 2-6-7　单击 Verify Routine 图标

### 3．功能块图

功能块图（Function Block Diagram，FBD）是可视化程序，每个功能块都包括定义了控制行为的指令。使用功能块开发程序，将包含各项功能的指令块放在一个图表中，再连接输入端和输出端。功能块编程一般用于过程控制领域。

功能块编程主要用于过程控制，侧重于以下应用范围。

● 连续过程：功能块组态连接信息流向，使控制具有连续性。

● 驱动控制：专用于驱动控制要求。

● 闭环控制：专用于较复杂的闭环控制要求。

● 流量计算：专用于累加器功能块满足控制要求。

### 4．功能块图编程

（1）在 Controller Organizer 中用鼠标右键单击 Task 文件夹，在弹出的下拉列表中选择

New Task，将出现"New Task"对话框。

（2）如图 2-6-8 所示在"New Task"对话框中输入相关信息。

（3）单击"OK"按钮完成创建。在 Controller Organizer 中，用鼠标右键单击 Square_wave_task 任务，选择 New Program，将出现"New Program"对话框，如图 2-6-9 所示。

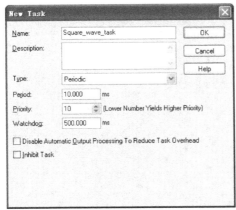

图 2-6-8 "New Task"对话框（2）　　　　　　图 2-6-9 New Program 对话框（2）

（4）单击"OK"按钮完成创建。在项目树中用鼠标右键单击 Square_wave_pro，选择 New Routine，将显示"New Routine"对话框，如图 2-6-10 所示。

注意：Type 是 Function Block Diagram。

（5）单击"OK"按钮完成创建。右击 Square_wave_pro，选择 Properties 来规划例程。显示"Program Properties"对话框如图 2-6-11 所示。

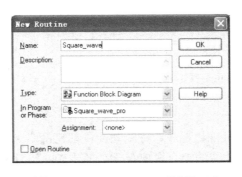

图 2-6-10 New Routine 对话框（2）　　　图 2-6-11 "Program Properties"对话框

单击 Configuration 选项卡，从 Main 下拉菜单中选择 Square_wave，单击"应用"按钮，再单击"确定"按钮即可。

（6）在 Controller Organizer 中双击 Square_wave 例程，如图 2-6-12 所示。在工作页里打开一张空白页（sheet1）。

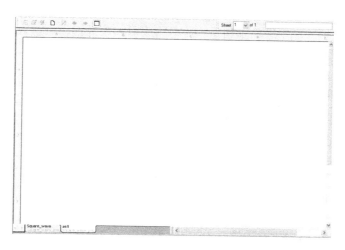

图 2-6-12　空白工作页

（7）在名称编辑框内将这一页命名为 Square_wave_routine，如图 2-6-13 所示。

图 2-6-13　命名工作页

（8）在工具条中的 Timer/Counter 选项卡中单击 TONR 功能，如图 2-6-14 所示。此时工作页上将显示 TONR 块。

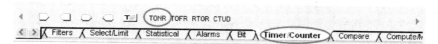

图 2-6-14　单击 TONR 功能

单击 TONR 块的属性按钮 ... ，过一会儿就可以看到所有的可选参数。如图 2-6-15 所示。

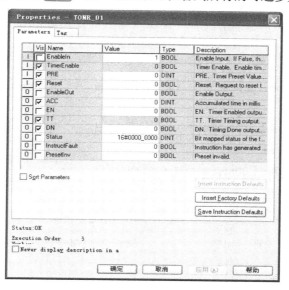

图 2-6-15　Properties 对话框

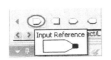

图 2-6-16 选择 Input Reference

单击"确定"按钮关闭属性对话框。

（9）从工具条中选择 Input Reference，如图 2-6-16 所示。

在工具条上的 Move/Logical 选项卡中选择 BNOT 块，如图 2-6-17 所示。

图 2-6-17 单击 BNOT 功能

将 Input Reference 移到 BNOT 块的输入侧，用线将它连到 In 点（通过单击一次输入标记的输出针，再单击一次 BNOT 的 In 输入针）。注意：如果处在一个激活的连接点上，对应的针应变绿。将 BNOT 的 Out 点连接 TONR 的 TimerEnable 点，如图 2-6-18 所示。

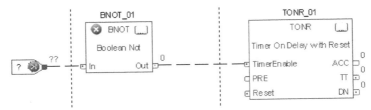

图 2-6-18 连接 TONR 模块

（10）用鼠标右键单击 Input Reference，选择 New Tag，将弹出新建标签对话框。在 Name 栏内输入"Q"，其余保持默认，然后单击"确定"按钮，如图 2-6-19 所示。

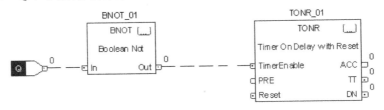

图 2-6-19 创建 Q 标签

（11）从工具条中选择 Output Wire Connector，如图 2-6-20 所示。

将 Output Wire Connector 移到 TONR 块的输出侧，用线将它连到 TT 点。

（12）双击 Output Wire Connector，输入"DN_1"，如图 2-6-21 所示。

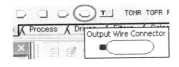

图 2-6-20 选择 Output Wire Connector

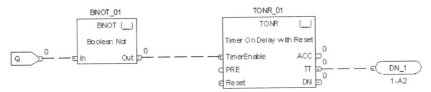

图 2-6-21 输入 DN_1

（13）在工具条上的 BIT 选项卡中选择 OSRI 块和 OSFI 块，如图 2-6-22 所示。

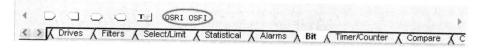

图 2-6-22  BIT 选项卡

（14）在工具条上的 Compute/Math 选项卡中选择 MUL 块和 ADD 块，如图 2-6-23 所示。

图 2-6-23  Compute/Math 选项卡

（15）按照图 2-6-24 所示连接各功能块。

两个计时器 TONR_01 和 TONR_02 实现变量 Q 以 6s 为周期输出 0 和 1。程序最终产生周期为 12s 的方波。改变计时器的预置值 PRE 即可改变方波的周期。

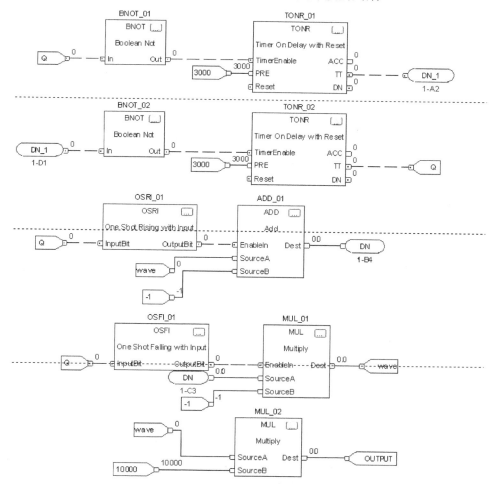

图 2-6-24  完成的程序图

（16）其标签如图 2-6-25 所示。

| Name | Value | Force Mask | Style | Data Type | Description | Constant |
|---|---|---|---|---|---|---|
| + wave | 0 | | Decimal | DINT | | |
| + TONR_02 | {...} | {...} | | FBD_TIMER | | |
| + TONR_01 | {...} | {...} | | FBD_TIMER | | |
| Q | 0 | | Decimal | BOOL | | |
| + OUTPUT | 0 | | Decimal | DINT | | |
| + OSRI_01 | {...} | {...} | | FBD_ONESH... | | |
| + OSFI_01 | {...} | {...} | | FBD_ONESH... | | |
| + MUL_02 | {...} | {...} | | FBD_MATH | | |
| + MUL_01 | {...} | {...} | | FBD_MATH | | |
| + len | 0 | | Decimal | DINT | | |
| + BNOT_02 | {...} | {...} | | FBD_BOOLE... | | |
| + BNOT_01 | {...} | {...} | | FBD_BOOLE... | | |
| + ADD_01 | {...} | {...} | | FBD_MATH | | |

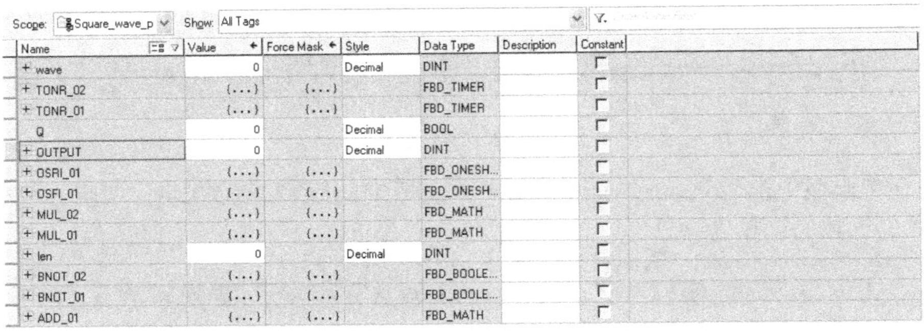

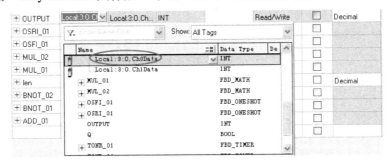

图 2-6-25　标签

（17）将变量 OUTPUT 与 Local:3:O:Ch0Data 关联起来，如图 2-6-26 所示。

（18）单击 Verify Routine 图标后，单击“Save”按钮保存程序。

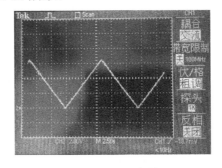

图 2-6-26　OUTPUT 标签别名

## 5．结果

1）三角波

将程序及配置下载到控制器中，然后将控制器切换到 Run 模式。用示波器连接 1769-IF4XOF2 区域的 Vout0+口和 AN Com 口，就可在示波器上观察到连续的三角波。当 ADD_OUT 为 0 时，Vout0+输出 0V 电压，当 ADD_OUT 为 20 000 时，Vout0+输出 6.4V 电压，由于 ADD_OUT 周期变化，故输出电压也周期变化，最后可以通过示波器检测到按三角波周期变化的电压，如图 2-6-27 所示。

图 2-6-27　三角波

2）方波

对于 1769-IF4XOF2 模块的设置及后续操作过程与上述相同，在此不再赘述。最后能够在示波器上观察到连续的方波，如图 2-6-28 所示。

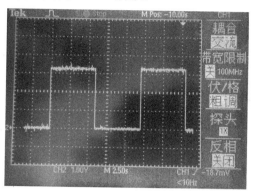

图 2-6-28　方波

# 案例7　基本指令编程——数字量输入/输出

---

**案例硬件设备**

● L43 CPU。

● 1769-IQ6XOW4 DI/DO 模块。

**案例学习目的**

● 熟悉使用数字量输入/输出模块 1769-IQ6XOW4。

● 熟悉 PLC 指令系统。

● 熟悉用梯形图语言编写程序。

---

### 1．硬件接线

硬件接线区域为"1769-IQ6XOW4 区"、"外部电源及扩展区"与"按钮与灯区域"，具体接线如表 2-7-1 所示。

表 2-7-1　硬件接线

| 1769-IQ6XOW4 区 | 外部电源及扩展区 | 按钮与灯区域 |
| --- | --- | --- |
| VDC（红） | +24V（红） | |
| COM（黑） | COM（黑） | 灯 1 右（绿） |
| OUT0（绿） | IN0（黄） | 灯 1 左（绿） |

### 2．数字量输入/输出

（1）打开 RSLogix 软件，创建一个新的控制文件，按前文所述的步骤配置控制器，如图 2-7-1 所示。

（2）按前文所述的步骤配置各模块组态，完成后的项目树如图 2-7-2 所示。

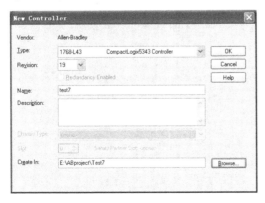

图 2-7-1　配置控制器　　　　　　　　　　图 2-7-2　项目树

（3）双击 MainProgram 下的 Program Tags 图标，然后单击窗口左下角的 Edit Tags 分页

栏，创建标签，如图 2-7-3 所示。

Scope: MainProgram　Show: All Tags

| Name | Value | Force Mask | Style | Data Type | Description | Constant |
|---|---|---|---|---|---|---|
| + TIME_1 | 0 | | Decimal | DINT | | |
| + TIME | 0 | | Decimal | DINT | | |
| + T2 | {...} | {...} | | TIMER | | |
| + T1 | {...} | {...} | | TIMER | | |
| + t_1 | 0 | | Decimal | DINT | | |
| + t | 0 | | Decimal | DINT | | |
| ONE_SHOT_1 | 0 | | Decimal | BOOL | | |
| ONE_SHOT | 0 | | Decimal | BOOL | | |
| DO2 | 0 | | Decimal | BOOL | | |
| DO1 | 0 | | Decimal | BOOL | | |
| DI1 | 0 | | Decimal | BOOL | | |

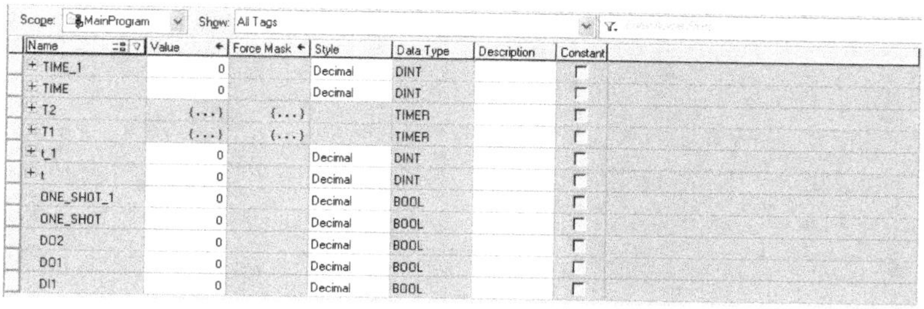

图 2-7-3　创建标签

（4）将 DO1 关联到 1769-IQ6XOW4 模块的 OUT0，将 DI1 关联到 1769-IQ6XOW4 模块的 IN0，如图 2-7-4 所示。

| | | | | | | |
|---|---|---|---|---|---|---|
| DO1 | Local:2:O.Data.0(C) | Local:2:O.Da... | BOOL | Read/Write | | Decimal |
| DI1 | Local:2:I.Data.0(C) | Local:2:I.Dat... | BOOL | Read/Write | | Decimal |

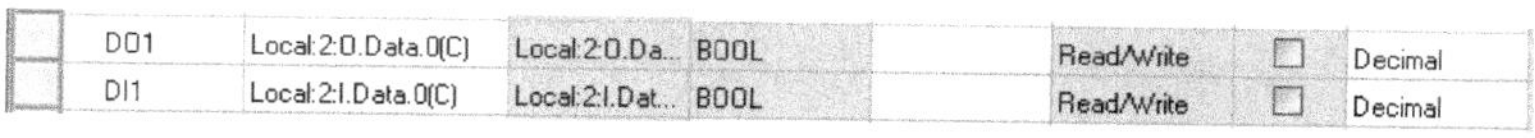

图 2-7-4　标签别名

（5）展开控制器文件目录树中的 Tasks 文件夹，双击 MainProgram 文件夹中的 MainRoutine 图标，编辑主例程，如图 2-7-5 所示。

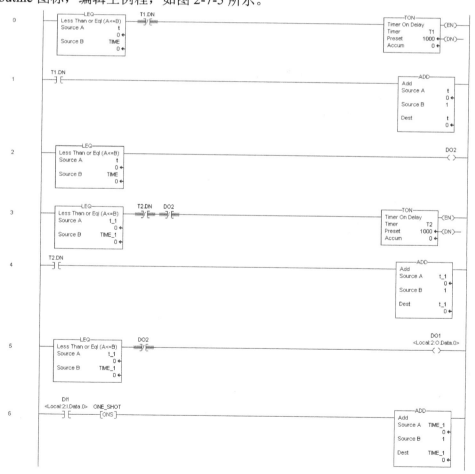

图 2-7-5　主例程

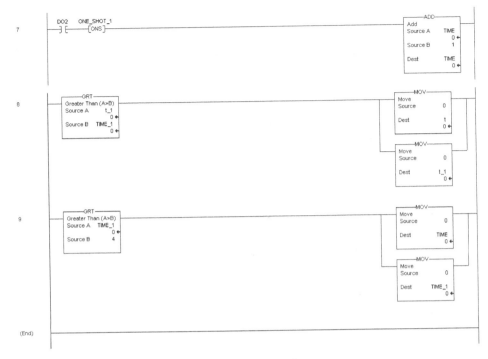

图 2-7-5　主例程（续）

① XIC（] [）属于输入指令，若相应位地址中的数据是"1"（ON），则表示该指令的逻辑为真（true），否则该指令的逻辑为假（false）。

② XIO（]/[）指令是一条输入指令，该指令检查数据位，看它是否是清 0 状态。

③ OTE（（ ））指令是一条输出指令，该指令置位或清 0 数据位。

④ TON 指令是一条输出指令，主要用于延时或定时，其助记符和说明如表 2-7-2 所示。

表 2-7-2　计时器指令助记符和说明

| 助 记 符 | 数 据 结 构 | 说　　明 |
| --- | --- | --- |
| .EN | BOOL | 使能位——标识 TON 指令被使能 |
| .TT | BOOL | 计时位——标识计时操作正在进行中 |
| .DN | BOOL | 完成位——标识累加值（.ACC）>预置值（.PRE） |
| .PRE | DINT | 预置值——指定在指令置位完成位（.DN）时累加器所达到的值（以 1ms 为单位） |
| .ACC | DINT | 累加值——表示从 TON 指令被使能开始已经经过的毫秒数 |

当指令被使能时 TON 计时器指令累计时间，直到发生下列事件：

● TON 指令被禁止。

● 累加值（.ACC）预置值（.PRE）。

当 TON 指令被禁止时清 0 累加值（.ACC）。

⑤ LEQ 指令是一条输入指令，该指令测试源 A 的值是否小于或等于源 B 的值。

⑥ GRT 指令是一条输入指令，该指令检测源 A 的值是否大于源 B 的值。

⑦ ADD 指令是一条输出指令，该指令使源 A 的操作数与源 B 的操作数相加并存放计

算结果于目的单元内。

⑧ ONS 是一条输入指令，一般在 ONS 指令前面用一条输入指令，因为扫描 ONS 指令的正常操作是它一使能之后就被禁止。一旦 ONS 指令被使能，则只有梯级输入条件为假或存储位清 0 时，ONS 指令才能被再次使能。

本程序能够实现数字量输出通道 DO1 输出变周期方波。T1 与 T2 为两个 1s 计时器。TIME 与 t 的初始值都为 0，故开始时 DO1 维持 1s 低电平（DO2 维持 1s 高电平）。当 T1 计时器计时完成时，T1.DN 置位，t 数值加 1。此时 t>TIME，比较指令 LEQ 输出低电平，DO2 输出低电平，使能计时器 T2，并且 DO1 输出高电平。由于数字量输入通道 DI1 与数字量输出通道 DO1 连接在一起，故 DI1 与 DO1 的电平一致。当 DI1 由低电平转变为高电平时，TIME_1 数值加 1。由于 t_1 为 0，故 DO1 维持 2s 高电平，于是 DO1 再维持 2s 低电平，3s 高电平…最后当 TIME_1 大于 4 时，清空 TIME 与 TIME_1，使得 DO1 周期又变为 2s。最终，数字量通道 DO1 会以 2s、4s、8s、10s 的周期循环输出。

（6）单击工具栏 Verify Controller 上的  图标，检查程序是否有误。如果存在错误应根据错误提示及时更正。

（7）将该程序下载到控制器中运行。下载前确认所使用的控制器钥匙处于"REM"位置，且程序处于离线状态。

### 3．结果

控制器处于 Run 模式时，可以看到灯变周期地处于亮灭状态。数字量输出口 OUT0 输出高电平使灯亮，并且将高电平输入到数字量输入口 IN0，从而改变下次输出高电平的周期，进而达到变周期控制灯亮的目的。

# 案例 8　基本指令编程——模拟量输出

**案例硬件设备**
- L43 CPU。
- 1769-IF4XOF2 AI/AO 模块。

**案例学习目的**
- 熟悉使用模拟量输入/输出模块 1769-IF4XOF2。
- 熟悉 PLC 指令系统。
- 熟悉用梯形图语言编写程序。

## 1. 模拟量输出

（1）打开 **RSLogix** 软件，创建一个新的控制文件，按前文所述的步骤配置控制器，如图 2-8-1 所示。

（2）按前文所述的步骤配置各模块组态，完成后的项目树如图 2-8-2 所示。

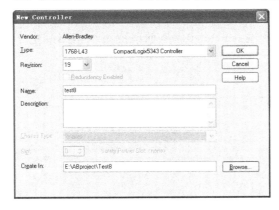

图 2-8-1　配置控制器　　　　　　　　　　　　图 2-8-2　项目树

（3）双击 MainProgram 下的 Program Tags 图标，然后单击窗口左下角的 Edit Tags 分页栏，创建标签，如图 2-8-3 所示。

| Name | ⚏∇ | Value | Force Mask | Style | Data Type | Description | Constant |
|---|---|---|---|---|---|---|---|
| + T2 | | {...} | {...} | | TIMER | | ☐ |
| + T1 | | {...} | {...} | | TIMER | | ☐ |
| SIN_OUT | | 0.0 | | Float | REAL | | ☐ |
| Q1 | | 0 | | Decimal | BOOL | | ☐ |
| Q0 | | 0 | | Decimal | BOOL | | ☐ |
| ONE_SHOT | | 0 | | Decimal | BOOL | | ☐ |
| + AO0 | | 0 | | Decimal | DINT | | ☐ |
| ADD_OUT | | 0.0 | | Float | REAL | | ☐ |
| ADD_EN | | 0 | | Decimal | BOOL | | ☐ |

图 2-8-3　创建标签

（4）将 AO0 关联到 1769-IF4XOF2 模块的 Vout0+，如图 2-8-4 所示。

| | ⊞ AO0 | Local:3:O.Ch0Data(C) | Local:3:O.Ch... | INT | | | Read/Write | ☐ | Decimal |
|---|---|---|---|---|---|---|---|---|---|

图 2-8-4　标签别名

（5）展开控制器文件目录树中的 Tasks 文件夹，双击 MainProgram 文件夹中的 MainRoutine 图标，编辑主例程，如图 2-8-5 所示。

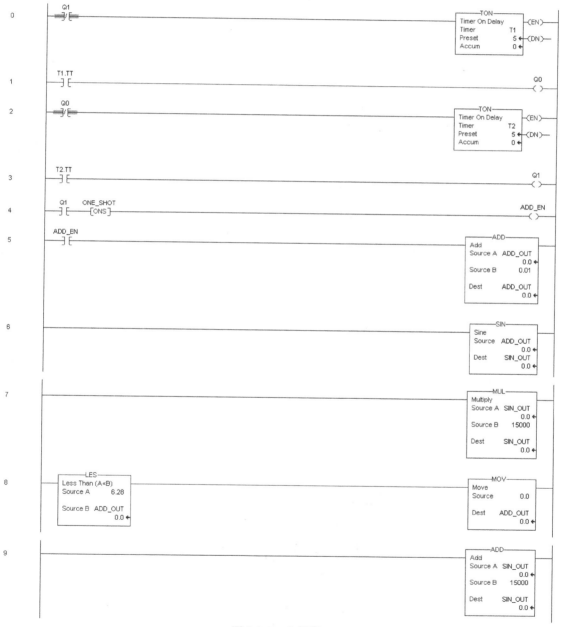

图 2-8-5　主例程

图 2-8-5　主例程（续）

① MUL 指令是一条输出指令，该指令使源 A 操作数与源 B 操作数相乘并存放计算结果于目的单元内。

② SIN 指令是一条输出指令，该指令对源操作数求正弦值并存放计算结果于目的单元内。

本程序能够实现模拟量输出通道 AO0 输出正弦波。通过两个计时器 T1、T2 实现 Q0、Q1 每 5ms 反向一次，从而得到两个周期为 10ms 的反向方波 Q0、Q1。将方波 Q1 通过一次响应指令（ONS）可得到周期为 10ms 的脉冲序列 ADD_EN。将脉冲序列 ADD_EN 作为加法指令（ADD）的使能端可实现在方波信号 Q1 的上升沿对变量 ADD_OUT 加 0.01。然后再通过正弦函数指令计算出变量 ADD_OUT 的正弦值 SIN_OUT，用乘法指令（MUL）将 SIN_ADD 放大 15 000 倍得到 SIN_OUT。用小于指令（LES）比较 6.28（$2\pi$）与 ADD_OUT 的大小，当 ADD_OUT 大于 6.28 时，将 ADD_OUT 清 0。由于模拟量输出模块 1769-IF4XOF2 只能输出 0～10V 电压，故用加法指令（ADD）将 SIN_OUT 加上 15 000 使 SIN_OUT 大于 0，最后将 SIN_OUT 的值赋给模拟量输出通道 AO0。

（6）单击工具栏 Verify Controller 上的 🗐 图标，检查程序是否有误。如果存在错误应根据错误提示及时更正。

（7）将该程序下载到控制器中运行。下载前确认所使用的控制器钥匙处于"REM"位置，且程序处于离线状态。

### 2. 结果

将控制器切换到 Run 模式。用示波器连接 1769-IF4XOF2 区域的 Vout0+口和 AN Com 口，就可在示波器上观察到连续的正弦波。当 AO0 为 15 000 时，Vout0+输出 4.8V 电压；当 AO0 为 30 000 时，Vout0+输出 9.6V 电压。由于 AO0 按正弦周期变化，故输出电压也按正弦周期变化，最后可以通过示波器检测到按正弦周期变化的电压，如图 2-8-6 所示。

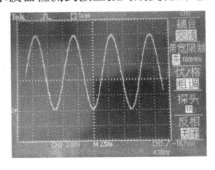

图 2-8-6　正弦波

# 案例 9　基本指令编程——流水灯控制

**案例硬件设备**

- L43 CPU。
- 1769-IQ6XOW4 DI/DO 模块。

**案例学习目的**

- 熟悉使用数字量输入/输出模块 1769-IQ6XOW4。
- 熟悉 PLC 指令系统。
- 熟悉用梯形图语言编写程序。

## 1. 硬件接线

硬件接线区域为"1769-IQ6XOW4 区"、"外部电源及扩展区"与"按钮与灯区域"，具体接线如表 2-9-1 所示。

表 2-9-1　硬件接线

| 1769-IQ6XOW4 区 | 外部电源及扩展区 | 按钮与灯区域 |
| --- | --- | --- |
| VDC（红） | +24V（红） | 按钮 1 左（黄） |
| COM（黑） | COM（黑） | 灯 1 右（绿） |
| | | 灯 2 右（绿） |
| | | 灯 3 右（绿） |
| | | 灯 4 右（绿） |
| | IN0（黄） | 按钮 1 右（黄） |
| OUT0（绿） | | 灯 1 左（绿） |
| OUT1（绿） | | 灯 2 左（绿） |
| OUT2（绿） | | 灯 3 左（绿） |
| OUT3（绿） | | 灯 4 左（绿） |

## 2. 流水灯

（1）打开 RSLogix 软件，创建一个新的控制文件，按前文所述的步骤配置控制器，如图 2-9-1 所示。

（2）配置 1769-IQ6XOW4 模块组态，完成后的项目树如图 2-9-2 所示。

图 2-9-1 配置控制器

图 2-9-2 项目树

（3）双击 MainProgram 下的 Program Tags 图标，然后单击窗口左下角的 Edit Tags 分页栏，创建标签，如图 2-9-3 所示。

| Name三≡ ▽ | Alias For | Base Tag | Data Type | Description | External Acces | Constant | Style |
|---|---|---|---|---|---|---|---|
| + T2 | | | TIMER | | Read/Write | ☐ | |
| + T1 | | | TIMER | | Read/Write | ☐ | |
| switch | Local:2:I.Data.0(C) | Local:2:I.Dat... | BOOL | | Read/Write | ☐ | Decimal |
| light_4 | Local:2:O.Data.3(C) | Local:2:O.Da... | BOOL | | Read/Write | ☐ | Decimal |
| light_3 | Local:2:O.Data.2(C) | Local:2:O.Da... | BOOL | | Read/Write | ☐ | Decimal |
| light_2 | Local:2:O.Data.1(C) | Local:2:O.Da... | BOOL | | Read/Write | ☐ | Decimal |
| light_1 | Local:2:O.Data.0(C) | Local:2:O.Da... | BOOL | | Read/Write | ☐ | Decimal |
| + Count_1 | | | DINT | | Read/Write | ☐ | Decimal |
| + Count | | | DINT | | Read/Write | ☐ | Decimal |
| | | | | | | ☐ | |

图 2-9-3 创建标签

（4）展开控制器文件目录树中的 Tasks 文件夹，用鼠标右键单击 MainProgram，选择 New Routine 创建一个梯形图子例程，如图 2-9-4 所示。

（5）用同样的方式再创建一个名为 Light_right 的子例程，完成后的项目树如图 2-9-5 所示。

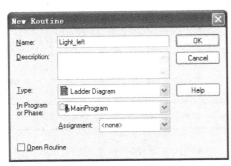

图 2-9-4 创建子例程

图 2-9-5 例程项目树

（6）双击 MainRoutine 图标，编辑主例程，如图 2-9-6 所示。

主例程中，JSR 为跳转到子程序指令。当指令被使能时，JSR 指令使逻辑执行到指定的子程序。

（7）双击 Light_left 图标，编辑子例程，如图 2-9-7 所示。

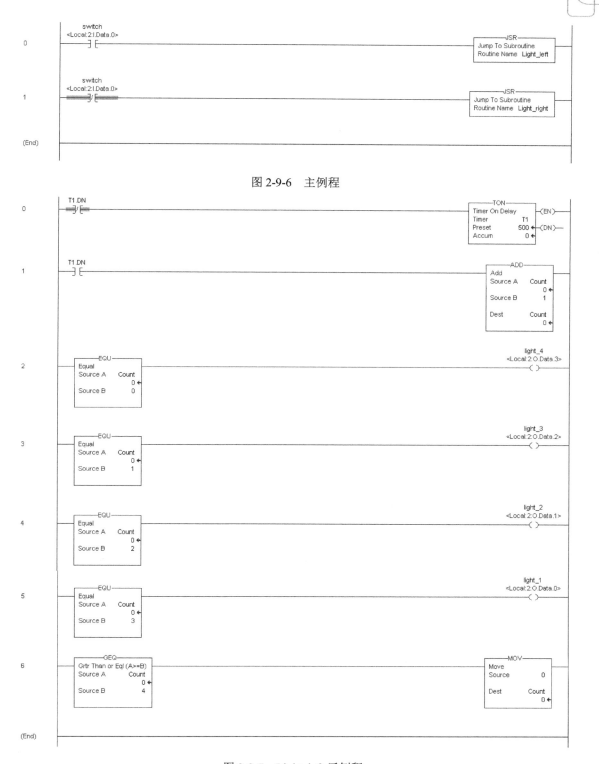

图 2-9-6　主例程

图 2-9-7　Light_left 子例程

加法指令 ADD 在计时器 TON 的作用下实现每 0.5s 为变量 Count 进行加 1 操作，在 Count 为 0 时，灯 4 亮；Count 为 1 时，灯 3 亮；Count 为 2 时，灯 2 亮；Count 为 1 时，灯

1 亮；当 Count≥4 时，对 Count 进行清 0 操作。

（8）双击 Light_right 图标，编辑子例程，如图 2-9-8 所示。

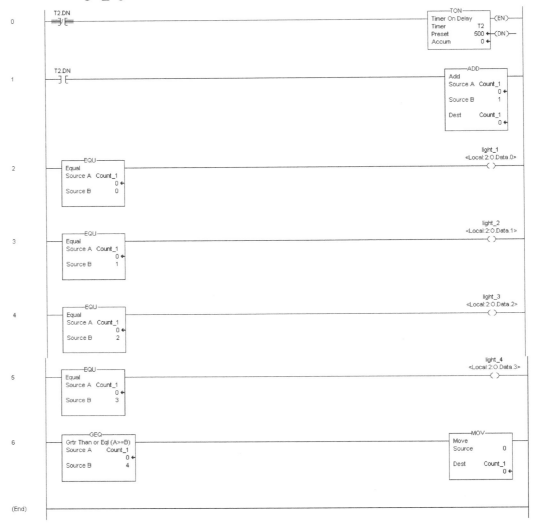

图 2-9-8 Light_right 子例程

（9）单击工具栏 Verify Controller 上的 <img> 图标，检查程序是否有误。如果存在错误应根据错误提示及时更正。

（10）将该程序下载到控制器中运行。下载前确认所使用的控制器钥匙处于"REM"位置，且程序处于离线状态。

### 3. 结果

在按下按钮 1 之前，数字量输入通道 IN0 为 0，常开触点 switch 断开，常闭触点 switch 闭合，程序跳转到子例程 Light_right 中，灯 1 至灯 4 按照从左到右的顺序亮。

在按下按钮 1 之后，数字量输入通道 IN0 为 1，常开触点 switch 闭合，常闭触点 switch 断开，程序跳转到子例程 Light_left 中，灯 1 至灯 4 按照从右到左的顺序亮。

# 案例 10  工业以太网 EtherNet/IP 组网——电动机启停及转速控制

案例硬件设备
- L43 CPU。
- 1768-ENBT EtherNet/IP 通信主站模块。
- 1794-AENT 及 EtherNet/IP Flex I/O 模块。
- 无刷直流电动机。

案例学习目的
- 能够在 RSLinx 软件中添加远程以太网适配器模块及 I/O 模块。
- 能够编写简单的梯形图程序，通过远程 I/O 模块控制电动机的启停及转速。

## 1．硬件接线

硬件接线区域为"1769-IQ6XOW4 区"、"1794-IB10XOB6 区"、"外部电源及扩展区"、"按钮与灯区域"与"电动机区域"，具体接线如表 2-10-1 所示。

表 2-10-1  硬件接线

| 1769-IQ6XOW4 区 | 1794-IB10XOB6 区 | 外部电源及扩展区 | 按钮与灯区域 | 电动机区域 |
|---|---|---|---|---|
| VDC（红） | VDC（红） | +24V（红） | 按钮 1 右（黄）<br>按钮 2 右（黄）<br>按钮 3 右（黄）<br>按钮 4 右（黄）<br>按钮 5 右（黄） | |
| COM（黑） | COM（黑） | COM（黑） | 灯 1 右（绿）<br>灯 2 右（绿）<br>灯 3 右（绿）<br>灯 4 右（绿）<br>灯 5 右（绿） | COM（黑） |
| | OUT0（绿） | | 灯 1 左（绿） | R/S |
| | OUT1（绿） | | 灯 2 左（绿） | CH1 |
| | OUT2（绿） | | 灯 3 左（绿） | CH2 |
| | OUT3（绿） | | 灯 4 左（绿） | CH3 |
| IN0（黄） | | | 按钮 1 左（黄） | |
| IN1（黄） | | | 按钮 2 左（黄） | |
| IN2（黄） | | | 按钮 3 左（黄） | |

续表

| 1769-IQ6XOW4 区 | 1794-IB10XOB6 区 | 外部电源及扩展区 | 按钮与灯区域 | 电动机区域 |
|---|---|---|---|---|
| IN3（黄） | | | 按钮 4 左（黄） | |
| | IN0（黄） | | 按钮 5 左（黄） | |
| OUT0（绿） | | | 灯 5 左（绿） | |

R/S：电动机运行/停止控制。当给其高电平时电动机运行；当给其低电平时电动机停止。

CH1-3：电动机多段速度选择。

### 2．添加远程 1794 FLEX I/O 以太网适配器及 I/O 模块

（1）按照案例 4 所示完成对 1768-ENBT/A 模块的组态。用鼠标右键单击 I/O Configuration 中的[1]1768-ENBT/A，在弹出的菜单中选择 New Module，然后在弹出的菜单中选择 1794-AENT 以太网适配器模块，如图 2-10-1 所示。

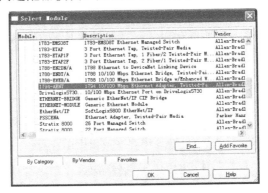

图 2-10-1　组态 1794-AENT 模块

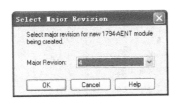

图 2-10-2　"Select Major Revision"对话框

（2）然后单击"OK"按钮，将显示"Select Major Revision"对话框，如图 2-10-2 所示。

（3）在 Major Revision 选项的下拉菜单中选择 4，然后单击"OK"按钮，将显示"New Module"对话框，如图 2-10-3 所示。

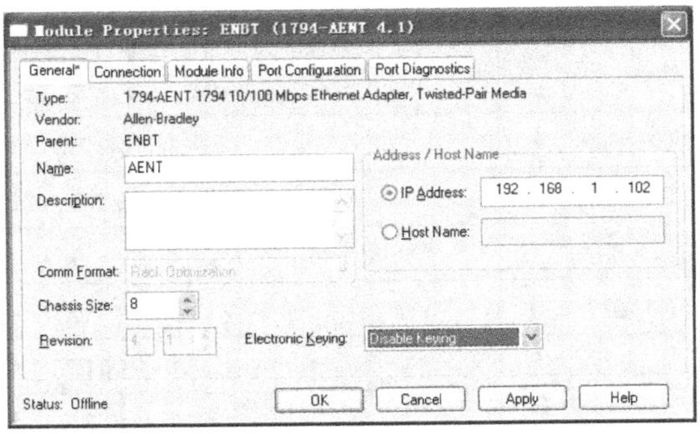

图 2-10-3　"New Module"对话框（1）

（4）在 Name 栏输入一个名称，如 AENT。在 IP Address 栏输入 1794-AENT 模块的 IP 地址。在 Electronic Keying 选项的下拉菜单中选择 Disable Keying，然后单击"OK"按钮，确认组态结果如图 2-10-4 所示。

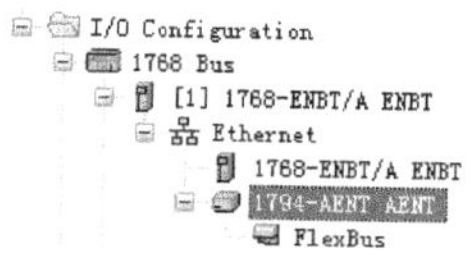

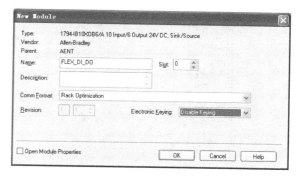

图 2-10-4　组态结果

（5）组态 1794-FLEX I/O 模块，用鼠标右键单击步骤 4 中组态好的 1794-AENT 模块，在弹出的菜单中选择 New Module，然后在弹出的菜单中选择 1794-FLEX I/O 的输入/输出模块 1794-IB10XOB6/A，如图 2-10-5 所示。

（6）单击"OK"按钮，显示"New Module"对话框，如图 2-10-6 所示。

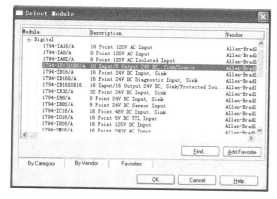

图 2-10-5　选择 1794-IB10XOB6/A

图 2-10-6　"New Module"对话框（2）

图 2-10-7　项目树

（7）在弹出的菜单中设置 1794-IB10XOB6/A 的属性，注意在 FLEX I/O 框架中，1794-FLEX I/O EtherNet/IP 适配器不占槽号，因此输入/输出模块的槽号从 0 开始计数，Electronic Keying 选择 Disable Keying，单击"OK"按钮完成上述模块组态后，再添加一个 1769-IQ6XOW4 模块，项目树如图 2-10-7 所示。

### 3．添加逻辑程序，下载项目并测试

（1）双击 MainProgram 下的 Program Tags 图标，然后单击窗口左下角 Edit Tags 的分页栏，创建标签，如图 2-10-8 所示。

| Name | Alias For | Base Tag | Data Type | Description | External Acces | Constant | Style |
|------|-----------|----------|-----------|-------------|----------------|----------|-------|
| switch | AENT:0:I.0(C) | AENT:I.Data[ | BOOL | | Read/Write | ☐ | Decimal |
| stop | | | BOOL | 停止 | Read/Write | ☐ | Decimal |
| start | Local:2:I.Data.0(C) | Local:2:I.Dat... | BOOL | 启动 | Read/Write | ☐ | Decimal |
| light_5 | Local:2:O.Data.0(C) | Local:2:O.Da... | BOOL | | Read/Write | ☐ | Decimal |
| light_4 | AENT:0:O.3(C) | AENT:O.Dat... | BOOL | | Read/Write | ☐ | Decimal |
| light_3 | AENT:0:O.2(C) | AENT:O.Dat... | BOOL | | Read/Write | ☐ | Decimal |
| light_2 | AENT:0:O.1(C) | AENT:O.Dat... | BOOL | | Read/Write | ☐ | Decimal |
| light_1 | AENT:0:O.0(C) | AENT:O.Dat... | BOOL | 运行灯 | Read/Write | ☐ | Decimal |
| CH3 | Local:2:I.Data.3(C) | Local:2:I.Dat... | BOOL | 调速3 | Read/Write | ☐ | Decimal |
| CH2 | Local:2:I.Data.2(C) | Local:2:I.Dat... | BOOL | 调速2 | Read/Write | ☐ | Decimal |
| CH1 | Local:2:I.Data.1(C) | Local:2:I.Dat... | BOOL | 调速1 | Read/Write | ☐ | Decimal |
| | | | | | | ☐ | |

图 2-10-8　创建标签

（2）用鼠标双击 Tasks 文件夹下的 MainRoutine，启动梯形图编辑器，如图 2-10-9 所示。

图 2-10-9　用鼠标双击 MainRoutine

（3）添加如图 2-10-10 所示的梯形逻辑。

图 2-10-10　梯形逻辑

（4）单击工具栏 Verify Controller 上的 图标，检查程序是否有误。如果存在错误应根据错误提示及时更正。

（5）将该程序下载到控制器中运行。下载前确认所使用的控制器钥匙处于"REM"位置，且程序处于离线状态。

**4．结果**

当按下按钮 1（启动）之前，1769-IQ6XOW4 模块数字量输入 IN0 为 0，常开触点 start 断开，线圈 light_1 置 0，1794-IB10XOB6 模块数字量输出 OUT0 为 0，灯 1（运行灯）不亮，R/S 端为 0，电动机停止。

当按下按钮 1（启动）之后，1769-IQ6XOW4 模块数字量输入 IN0 得到高电平，常开触点 start 闭合，线圈 light_1 置 1，1794-IB10XOB6 模块数字量输出 OUT0 为 1，灯 1（运行灯）亮，R/S 端为 1，电动机启动。按钮 2、3、4 能够调节转速，具体数值如表 2-10-2 所示。

表 2-10-2　转速选择

| CH3 CH2 CH1 | 转速（RPM） | CH3 CH2 CH1 | 转速（RPM） |
|:---:|:---:|:---:|:---:|
| 1　1　1 | 3500 | 0　1　1 | 1500 |
| 1　1　0 | 3000 | 0　1　0 | 1000 |

续表

| CH3 CH2 CH1 | 转速（RPM） | CH3 CH2 CH1 | 转速（RPM） |
|---|---|---|---|
| 1　0　1 | 2500 | 0　0　1 | 500 |
| 1　0　0 | 2000 | 0　0　0 | 0 |

当按下按钮 5 时，1794-IB10XOB6 模块数字量输入端 IN0 得到高电平，常开触点 switch 闭合，线圈 light_5 得电，从而 1769-IQ6XOW4 模块数字量输出端 OUT0 输出高电平，灯 5 亮。

# 案例 11　工业以太网 EtherNet/IP 组网——电动机开环控制

案例硬件设备

- L43 CPU。
- 1768-ENBT EtherNet/IP 通信主站模块。
- 1794-AENT 及 EtherNet/IP Flex I/O 模块。
- 无刷直流电动机。

案例学习目的

- 能够在 RSLinx 软件中添加远程以太网适配器模块及 I/O 模块。
- 能够编写梯形图程序通过远程 I/O 模块实现对电动机的开环控制。

## 1. 硬件接线

硬件接线区域为"1769-IQ6XOW4 区"、"1794-IB10XOB6 区"、"外部电源及扩展区"、"按钮与灯区域"与"电动机区域"，具体接线如表 2-11-1 所示。

表 2-11-1　硬件接线

| 1769-IQ6XOW4 区 | 1794-IB10XOB6 区 | 1794-IE4XOE2 区 | 外部电源及扩展区 | 按钮与灯区域 | 电动机区域 |
|---|---|---|---|---|---|
| VDC（红） | VDC（红） | PWR（红） | +24V（红） | 按钮 1 右（黄）<br>按钮 2 右（黄） | |
| COM（黑） | COM（黑） | COM（黑）<br>RET（黑） | COM（黑） | 灯 1 右（绿）<br>灯 2 右（绿）<br>灯 3 右（绿） | COM（黑） |
| OUT0（绿） | | | | 灯 1 左（绿） | |
| OUT1（绿） | | | | 灯 2 左（绿） | |
| OUT2（绿） | | | | 灯 3 左（绿） | |
| | IN0（黄） | | | 按钮 1 左（黄） | |
| | IN1（黄） | | | 按钮 2 左（黄） | |
| | | Vin0（蓝） | | | SPEED（蓝） |
| | | Vout0（蓝） | | | AVI（蓝） |
| | OUT0（绿） | | | | R/S（绿） |
| | OUT1（绿） | | | | DIR（绿） |

SPEED：电动机转速信号输出。

R/S：电动机运行/停止控制。当给其高电平时电动机运行，当给其低电平时电动机停止。

AVI：外部调速输入。接收范围为 DC0～10V，对应电动机转速为 0～3000 转/分。

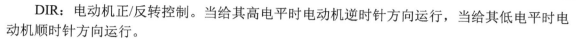

DIR：电动机正/反转控制。当给其高电平时电动机逆时针方向运行，当给其低电平时电动机顺时针方向运行。

电动机输入电压 0～10V（对应输入数组值为 0～31206）对应 0～3000 转/分，电动机输出电压 0～7.5V 对应 0～3000 转/分。

## 2．电动机开环控制

（1）对通信主站模块进行组态配置，并添加 1794-AENT 及 EtherNet/IP Flex I/O 模块，如图 2-11-1 所示。

图 2-11-1　项目树

（2）双击[1]1794-IE4XOE2 设备，弹出模块属性对话框，选择 Input Configuration 选项卡，在 Input Channel 0 下拉菜单中选择（0～10V）/（0～20mA），如图 2-11-2 所示。

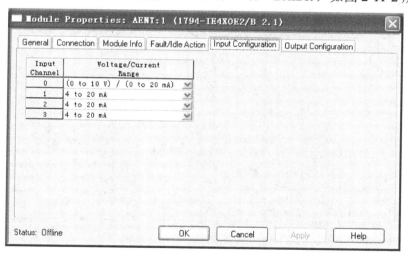

图 2-11-2　Input Configuration 选项卡

（3）在模块属性对话框中选择 Output Configuration 选项卡，在 Output Channel 0 下拉菜单中选择（0～10V）/（0～20mA），如图 2-11-3 所示。单击"Apply"按钮，然后单击"OK"按钮回到主界面。

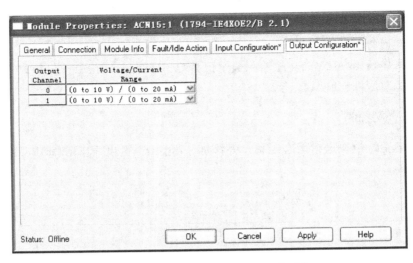

图 2-11-3　Output Configuration 选项卡

（4）双击 Controller Tags 图标，然后单击窗口左下角的 Edit Tags 分页栏，创建标签，如图 2-11-4 所示。

| Name | Alias For | Base Tag | Data Type | Description | External Acces | Constant | Style |
|---|---|---|---|---|---|---|---|
| + vol_1 | AENT:1:I.Ch0InputData(C) | AENT:1:I.Ch... | INT | | Read/Write | ☐ | Decimal |
| vol | | | REAL | 电压值输入 | Read/Write | ☐ | Float |
| start_1 | | | BOOL | | Read/Write | ☐ | Decimal |
| start | AENT:0:I.0(C) | AENT:I.Data[... | BOOL | 启动 | Read/Write | ☐ | Decimal |
| + speed | | | DINT | 速度检测 | Read/Write | ☐ | Decimal |
| RS | AENT:0:0.0(C) | AENT:O.Dat... | BOOL | | Read/Write | ☐ | Decimal |
| ONS_4 | | | BOOL | | Read/Write | ☐ | Decimal |
| ONS_3 | | | BOOL | | Read/Write | ☐ | Decimal |
| ONS_2 | | | BOOL | | Read/Write | ☐ | Decimal |
| ONS_1 | | | BOOL | | Read/Write | ☐ | Decimal |
| num_3 | | | REAL | | Read/Write | ☐ | Float |
| num_2 | | | REAL | | Read/Write | ☐ | Float |
| num_1 | | | REAL | | Read/Write | ☐ | Float |
| light_3 | Local:2:O.Data.2(C) | Local:2:O.Da... | BOOL | 反转灯 | Read/Write | ☐ | Decimal |
| light_2 | Local:2:O.Data.1(C) | Local:2:O.Da... | BOOL | 正转灯 | Read/Write | ☐ | Decimal |
| light_1 | Local:2:O.Data.0(C) | Local:2:O.Da... | BOOL | 运行灯 | Read/Write | ☐ | Decimal |
| EN_2 | | | BOOL | | Read/Write | ☐ | Decimal |
| EN_1 | | | BOOL | | Read/Write | ☐ | Decimal |
| DIR_1 | AENT:0:I.1(C) | AENT:I.Data[... | BOOL | 转向 | Read/Write | ☐ | Decimal |
| DIR | AENT:0:0.1(C) | AENT:O.Dat... | BOOL | | Read/Write | ☐ | Decimal |
| + AVI | AENT:1:O.Ch0OutputData(C) | AENT:1:O.Ch... | INT | | Read/Write | ☐ | Decimal |
| | | | | | | ☐ | |

图 2-11-4　创建标签

（5）用鼠标双击 Tasks 文件夹下的 MainRoutine，启动梯形图编辑器，添加如图 2-11-5 所示的梯形逻辑。

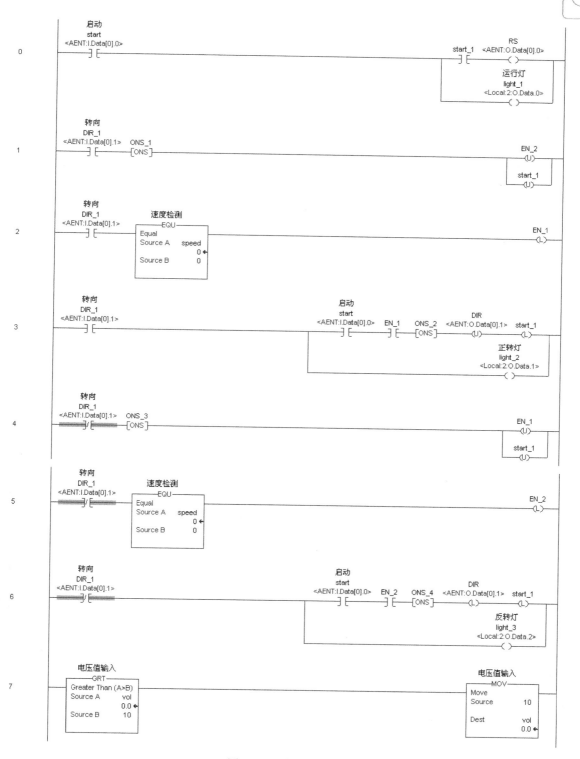

图 2-11-5　梯形逻辑

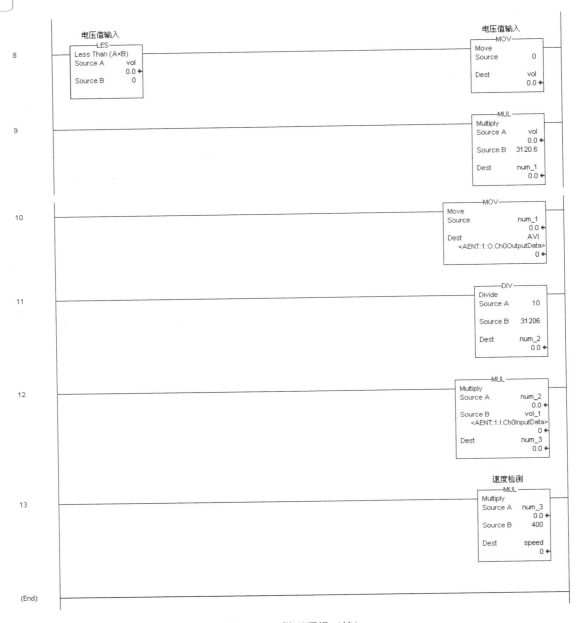

图 2-11-5　梯形逻辑（续）

① OTL（（L））指令是一条输出指令，该指令置位（锁存）数据位，使数据位保持置位直到被清 0。

② OUT（（U））指令是一条输出指令，该指令清 0（解锁存）数据位。

③ EQU 指令是一条输入指令，该指令测试源 A 的值与源 B 的值是否相等。

④ DIV 指令是一条输出指令，该指令使源 A 操作数被源 B 操作数除并存放结果于目的单元。

第 0 梯级实现电动机的启动控制。

第 1、2、3 梯级实现电动机的正转控制。当前一次状态是反转时，电动机先将转速降到

0，然后再实现正转，这样可以避免电动机驱动器的损坏。

第 4、5、6 梯级实现电动机的反转控制。

第 7、8、9、10 梯级实现电动机的电压值输入。为避免输入过大值而损坏电动机，电压最大值为 10V；为避免输入值为负，电压最小值为 0V。

第 11、12、13 梯级实现转速的实时检测（其中 0～3000 转/分对应 0～7.5V）。

（6）单击工具栏 Verify Controller 上的  图标，检查程序是否有误。如果存在错误应根据错误提示及时更正。

（7）将该程序下载到控制器中运行。下载前确认所使用的控制器钥匙处于"REM"位置，且程序处于离线状态。

### 3. 结果

当控制器处于 RUN 状态时，灯 1 与灯 2 不亮，灯 3（反转灯）亮，电动机转速为 0。

当按下按钮 1（启动）以后，1794-IB10XOB6 模块数字量输入 IN0 得到高电平，常开触点 start 闭合，线圈 light_1 置 1，1769-IQ6XOW4 模块数字量输出 OUT0 输出高电平，灯 1（运行灯）亮。线圈 RS 置 1，1794-IB10XOB6 模块数字量输出 OUT0 输出高电平，电动机 R/S 端获得高电平，电动机进入运行模式，但由于没有获得转速，故转速为 0。

按下按钮 2 以前，常闭触点 DIR_1 闭合，线圈 light_3 获得高电平，1769-IQ6XOW4 模块数字量输出 OUT2 输出高电平，灯 3（反转灯）亮；当按钮 1 被按下时，常开触点 start 置 1，由于当前转速为 0，故常开触点 EN_2 置 1，从而使得线圈 DIR 置 1，1794-IB10XOB6 模块数字量输出 OUT1 输出高电平，电动机 DIR 端获得高电平，电动机为逆时针转动模式。给变量 vol 赋任意 1～10 之间的值（对应 0～3000 转/分），可以看到电动机逆时针转动。

当按下按钮 2 时，常闭触点 DIR_1 断开，常开触点 DIR_1 闭合，1769-IQ6XOW4 模块数字量输出 OUT1 输出高电平，灯 2（正转灯）亮，线圈 start_1 置 0，从而线圈 RS 置 0，电动机进入停止模式。当转速变为 0 时，线圈 EN_1 置 1，从而线圈 DIR 置 0，电动机进入正转模式，线圈 start_1 置 1，电动机开始顺时针转动。

电动机的实时转速可以通过观察变量 speed 得到。

# 案例 12　现场总线 ControlNet 组网 ——电动机的启停及转速控制

案例硬件设备
- L43 CPU。
- 1768-CNB ControlNet 通信主站模块。
- 1794-ACN15 及 ControlNet Flex I/O 模块。
- RSNetWorx for ControlNet 软件。
- 无刷直流电动机。

案例学习目的
- 能够在 RSLinx 软件中添加远程 ControlNet 模块及 I/O 模块。
- 能够编写简单的梯形图程序通过远程 I/O 模块控制电动机的启停及转速。

## 1．硬件接线

硬件接线区域为"1769-IQ6XOW4 区"、"1794-IB10XOB6 区"、"外部电源及扩展区"、"按钮与灯区域"与"电动机区域"，具体接线如表 2-12-1 所示。

表 2-12-1　硬件接线

| 1769-IQ6XOW4 区 | 1794-IB10XOB6 区 | 外部电源及扩展区 | 按钮与灯区域 | 电动机区域 |
| --- | --- | --- | --- | --- |
| VDC（红） | VDC（红） | +24V（红） | 按钮 1 右（黄）按钮 2 右（黄）<br>按钮 3 右（黄）<br>按钮 4 右（黄）<br>按钮 5 右（黄） | |
| COM（黑） | COM（黑） | COM（黑） | 灯 1 右（绿）<br>灯 2 右（绿）<br>灯 3 右（绿）<br>灯 4 右（绿）<br>灯 5 右（绿） | COM（黑） |
| | OUT0（绿） | | 灯 1 左（绿） | R/S |
| | OUT1（绿） | | 灯 2 左（绿） | CH1 |
| | OUT2（绿） | | 灯 3 左（绿） | CH2 |
| | OUT3（绿） | | 灯 4 左（绿） | CH3 |
| IN0（黄） | | | 按钮 1 左（黄） | |
| IN1（黄） | | | 按钮 2 左（黄） | |

续表

| 1769-IQ6XOW4 区 | 1794-IB10XOB6 区 | 外部电源及扩展区 | 按钮与灯区域 | 电动机区域 |
|---|---|---|---|---|
| IN2（黄） | | | 按钮 3 左（黄） | |
| IN3（黄） | | | 按钮 4 左（黄） | |
| | IN0（黄） | | 按钮 5 左（黄） | |
| OUT0（绿） | | | 灯 5 左（绿） | |

R/S：电动机运行/停止控制。当给其高电平时电动机运行，当给其低电平时电动机停止。

CH1～3：电动机多段速度选择。

### 2．添加远程 1794 FLEX I/O ControlNet 模块及 I/O 模块

（1）按照案例 4 所示完成对 1768-CNB/A 模块的组态。用鼠标右键单击 I/O Configuration 中的[2]1768-CNB/A，在弹出的菜单中选择 New Module，然后在弹出的菜单中选择 1794-ACN15/D 模块，如图 2-12-1 所示。

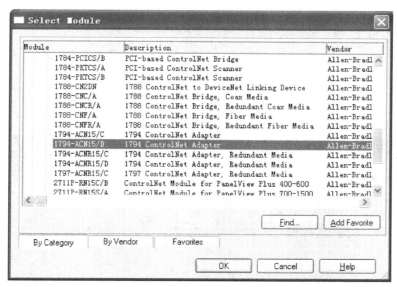

图 2-12-1　组态 1794-ACN15/D 模块

（2）单击"OK"按钮，将显示"New module"对话框，如图 2-12-2 所示。

（3）在 Name 栏输入一个名称，如 ACN15，Node 地址为 77，在 Electronic Keying 选项的下拉菜单中选择 Disable Keying，然后单击"OK"按钮，确认组态结果如图 2-12-3 所示。

（4）组态 1794-FLEX I/O 模块，用鼠标右键单击步骤 3 中组态好的 1794-ACN15，在弹出的菜单中选择 New Module，然后在弹出的菜单中选择 1794-FLEX I/O 的输入/输出模块 1794-IB10XOB6/A，如图 2-12-4 所示。

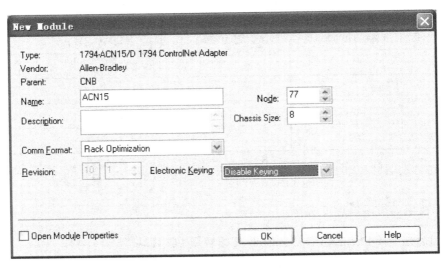

图 2-12-2 "New Module"对话框

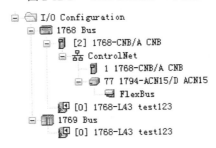

图 2-12-3 组态结果

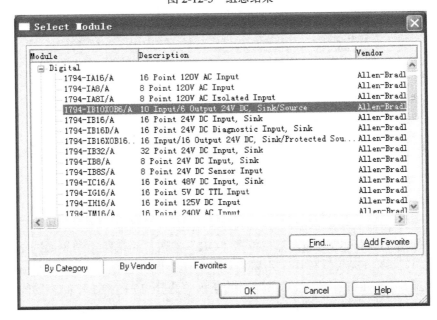

图 2-12-4 选择 1794-IB10XOB6/A

（5）单击"OK"按钮，将显示"New Module"对话框，如图 2-12-5 所示。

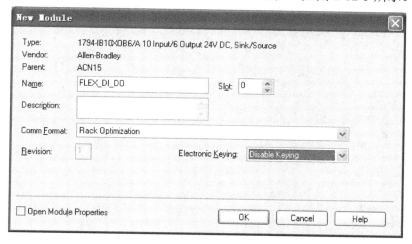

图 2-12-5　"New Module"对话框

（6）在弹出的菜单中设置 1794-IB10XOB6/A 的属性，注意在 FLEX I/O 框架中，1794-FLEX I/O ControlNet 模块不占槽号，因此输入/输出模块的槽号从 0 开始计数，Electronic Keying 选择 Disable Keying，单击"OK"按钮完成上述模块组态后，再添加一个 1769-IQ6XOW4 模块，项目树如图 2-12-6 所示。

图 2-12-6　项目树

（7）将配置下载到 PLC 中并切换到运行状态，此时 I/O 灯会闪烁，并且 1794-ACN15 模块和 1794-IB10XOB6 模块处会出现感叹号，如图 2-12-7 所示。将控制器切换到 Program Mode。

图 2-12-7　模块异常显示

（8）打开 RSNetWorx for ControlNet 软件，弹出界面如图 2-12-8 所示。

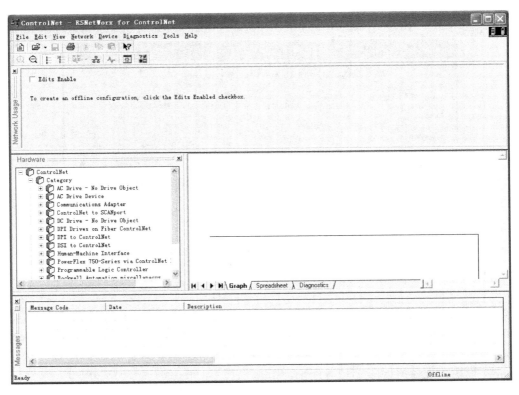

图 2-12-8　RSNetWorx for ControlNet 界面

（9）单击工具栏上的 品 图标，在弹出的菜单中选择"A，ControlNet"，然后单击"OK"按钮，以读取网络上的设备信息，如图 2-12-9 所示。

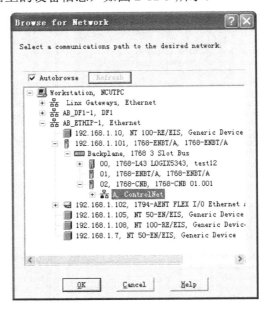

图 2-12-9　Browse for Network 对话框

（10）扫描完成后网络上的设备都会显示在总线上，如图 2-12-10 所示。

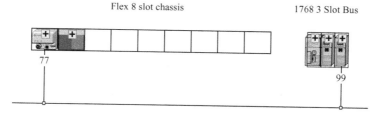

图 2-12-10　扫描结果

（11）在 Edit Enable 前的方框内打勾（若出现提示窗口，则按默认操作），开始进行网络参数设置，如图 2-12-11 所示。

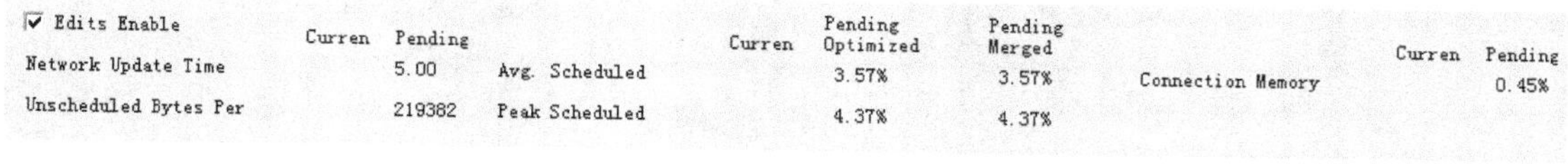

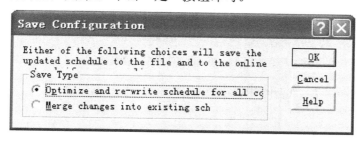

图 2-12-11　使能网络参数设置

（12）单击 按钮将出现如图 2-12-12 所示的对话框，选择第一项，然后单击"OK"按钮，期间会弹出警告的对话框，单击"是"按钮即可。

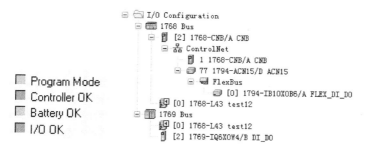

图 2-12-12　"Save Configuration"对话框

（13）回到 RSLogix 5000 软件，此时可以看到 I/O 正常亮，并且模块旁也不会出现感叹号，如图 2-12-13 所示。

```
□ 🗀 I/O Configuration
  □ 📷 1768 Bus
    □ 📱 [2] 1768-CNB/A CNB
      □ 📶 ControlNet
        □ 📱 1 1768-CNB/A CNB
          □ 📑 77 1794-ACN15/D ACN15
            □ 🖳 FlexBus
              🖳 [0] 1794-IB10XOB6/A FLEX_DI_DO
    📱 [0] 1768-L43 test12
  □ 📷 1769 Bus
    📱 [0] 1768-L43 test12
    📱 [2] 1769-IQ6XOW4/B DI_DO
```

■ Program Mode
■ Controller OK
■ Battery OK
■ I/O OK

图 2-12-13　正常状态显示

（14）选择菜单栏的 Communication→Go Offline 切换到线下模式。

### 3．添加逻辑程序与下载项目

（1）双击 MainProgram 下的 Program Tags 图标，然后单击窗口左下角的 Edit Tags 分页栏，创建标签，如图 2-12-14 所示。

| Name | Alias For | Base Tag | Data Type | Description | External Acces | Constant | Style |
|------|-----------|----------|-----------|-------------|----------------|----------|-------|
| switch | ACN15:0:I.0(C) | ACN15:I.Dat... | BOOL | | Read/Write | ☐ | Decimal |
| start | Local:2:I.Data.0(C) | Local:2:I.Dat... | BOOL | 启动 | Read/Write | ☐ | Decimal |
| light_5 | Local:2:O.Data.0(C) | Local:2:O.Da... | BOOL | | Read/Write | ☐ | Decimal |
| light_4 | ACN15:0:0.3(C) | ACN15:O.Dat... | BOOL | | Read/Write | ☐ | Decimal |
| light_3 | ACN15:0:0.2(C) | ACN15:O.Dat... | BOOL | | Read/Write | ☐ | Decimal |
| light_2 | ACN15:0:0.1(C) | ACN15:O.Dat... | BOOL | | Read/Write | ☐ | Decimal |
| light_1 | ACN15:0:0.0(C) | ACN15:O.Dat... | BOOL | 运行灯 | Read/Write | ☐ | Decimal |
| CH2 | Local:2:I.Data.2(C) | Local:2:I.Dat... | BOOL | 调速2 | Read/Write | ☐ | Decimal |
| CH1 | Local:2:I.Data.1(C) | Local:2:I.Dat... | BOOL | 调速1 | Read/Write | ☐ | Decimal |
| CH_3 | Local:2:I.Data.3(C) | Local:2:I.Dat... | BOOL | 调速3 | Read/Write | ☐ | Decimal |
| | | | | | | ☐ | |

图 2-12-14　创建标签

（2）用鼠标双击 Tasks 文件夹下的 MainRoutine，启动梯形图编辑器，如图 2-12-15 所示。

```
☐ 📁 Tasks
  ☐ 🔧 MainTask
    ☐ 🔧 MainProgram
        📄 Program Tags
        📖 MainRoutine
```

图 2-12-15　用鼠标双击 MainRoutine

（3）添加如图 2-12-16 所示的梯形逻辑。

图 2-12-16　梯形逻辑

（4）单击工具栏 Verify Controller 上的 图标，检查程序是否有误。如果存在错误应根据错误提示及时更正。

（5）将该程序下载到控制器中运行。下载前确认所使用的控制器钥匙处于"REM"位置，且程序处于离线状态。

### 4．结果

当按下按钮 1（启动）之前，1769-IQ6XOW4 模块数字量输入 IN0 为 0，常开触点 start 断开，线圈 light_1 置 0，1794-IB10XOB6 模块数字量输出 OUT0 为 0，灯 1（运行灯）不亮，R/S 端为 0，电动机停止。

当按下按钮 1（启动）之后，1769-IQ6XOW4 模块数字量输入 IN0 得到高电平，常开触点 start 闭合，线圈 light_1 置 1，1794-IB10XOB6 模块数字量输出 OUT0 为 1，灯 1（运行灯）亮，R/S 端为 1，电动机启动。按钮 2、3、4 能够调节转速，具体数值如表 2-12-2 所示。

表 2-12-2　转速选择

| CH3 CH2 CH1 | 转速（RPM） | CH3 CH2 CH1 | 转速（RPM） |
|:---:|:---:|:---:|:---:|
| 1　1　1 | 3500 | 0　1　1 | 1500 |
| 1　1　0 | 3000 | 0　1　0 | 1000 |
| 1　0　1 | 2500 | 0　0　1 | 500 |
| 1　0　0 | 2000 | 0　0　0 | 0 |

当按下按钮 5 时，1794-IB10XOB6 模块数字量输入端 IN0 得到高电平，常开触点 switch 闭合，线圈 light_5 得电，从而 1769-IQ6XOW4 模块数字量输出端 OUT0 输出高电平，灯 5 亮。

# 案例 13 现场总线 ControlNet 组网
## ——电动机开环控制

**案例硬件设备**

- L43 CPU。
- 1768-CNB ControlNet 通信主站模块。
- 1794-ACN15 及 ControlNet Flex I/O 模块。
- RSNetWorx for ControlNet 软件。
- 无刷直流电动机。

**案例学习目的**

- 能够在 RSLinx 软件中添加远程 ControlNet 模块及 I/O 模块。
- 能够编写梯形图程序通过远程 I/O 模块实现对电动机的开环控制。

### 1. 硬件接线

硬件接线区域为"1769-IQ6XOW4 区"、"1794-IB10XOB6 区"、"1794-IE4XOE2 区"、"外部电源及扩展区"、"按钮与灯区域"与"电动机区域",具体接线如表 2-13-1 所示。

表 2-13-1 硬件接线

| 1769-IQ6XOW4 区 | 1794-IB10XOB6 区 | 1794-IE4XOE2 区 | 外部电源及扩展区 | 按钮与灯区域 | 电动机区域 |
|---|---|---|---|---|---|
| VDC（红） | VDC（红） | PWR（红） | +24V（红） | 按钮 1 右（黄）<br>按钮 2 右（黄） | |
| COM（黑） | COM（黑） | COM（黑）<br>RET（黑） | COM（黑） | 灯 1 右（绿）<br>灯 2 右（绿）<br>灯 3 右（绿） | COM（黑） |
| OUT0（绿） | | | | 灯 1 左（绿） | |
| OUT1（绿） | | | | 灯 2 左（绿） | |
| OUT2（绿） | | | | 灯 3 左（绿） | |
| | IN0（黄） | | | 按钮 1 左（黄） | |
| | IN1（黄） | | | 按钮 2 左（黄） | |
| | | Vin0（蓝） | | | SPEED（蓝） |
| | | Vout0（蓝） | | | AVI（蓝） |
| | OUT0（绿） | | | | R/S（绿） |
| | OUT1（绿） | | | | DIR（绿） |

SPEED：电动机转速信号输出。

R/S：电动机运行/停止控制。当给其高电平时电动机运行，当给其低电平时电动机停止。

AVI：外部调速输入。接收范围为 DC0～10V，对应电动机转速为 0～3000 转/分。

DIR：电动机正/反转控制。当给其高电平时电动机逆时针方向运行，当给其低电平时电动机顺时针方向运行。

电动机输入电压 0～10V（对应输入数组值为 0～31206）对应 0～3000 转/分，电动机输出电压 0～7.5V 对应 0～3000 转/分。

### 2．电动机开环控制

（1）对通信主站模块进行组态配置，并添加远程 1794-ACN15 及 ControlNet Flex I/O 模块，如图 2-13-1 所示。

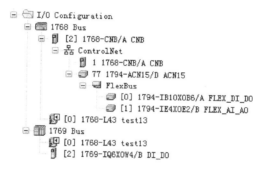

图 2-13-1　项目树

（2）双击[1]1794-IE4XOE2 设备，弹出模块属性对话框，选择 Input Configuration 选项卡，在 Input Channel 0 下拉菜单中选择（0 to 10V）/（0 to 20mA），如图 2-13-2 所示。

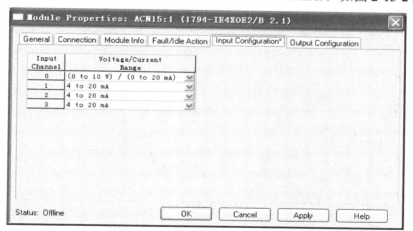

图 2-13-2　Input Configuration 选项卡

（3）在模块属性对话框选择 Output Configuration 选项卡，在 Output Channel 0 下拉菜单中选择（0 to 10V）/（0 to 20mA），如图 2-13-3 所示，单击"Apply"按钮，然后单击"OK"按钮回到主界面。

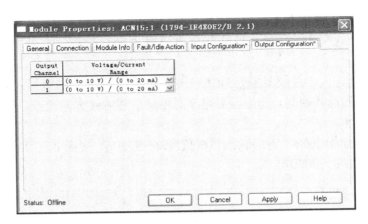

图 2-13-3　Output Configuration 选项卡

（4）将配置下载到 PLC 中并切换到运行状态，此时 I/O 灯会闪烁，并且 1794-ACN15 模块、1794-IB10XOB6 模块和 1794-IE4XOE2 处会出现感叹号，如图 2-13-4 所示。将控制器切换到 Program Mode。

图 2-13-4　模块异常显示

（5）打开 RSNetWorx for ControlNet 软件，弹出界面如图 2-13-5 所示。

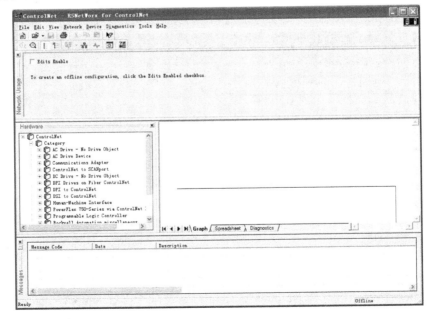

图 2-13-5　RSNetWorx for ControlNet 界面

（6）单击工具栏上的 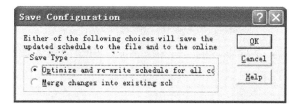 图标，在弹出的菜单中选择"A，ControlNet"，然后单击
"OK"按钮，以读取网络上的设备信息，如图 2-13-6 所示。

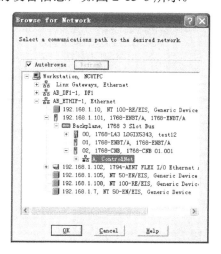

图 2-13-6    "Browse for Network"对话框

（7）扫描完成后网络上的设备都会显示在总线上，如图 2-13-7 所示。

Flex 8 slot chassis                                                    1768 3 Slot Bus

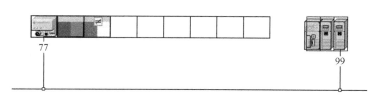

图 2-13-7    扫描结果

（8）在 Edit Enable 前的方框内打钩（若出现提示窗口，则按默认操作），开始进行网络
参数设置，如图 2-13-8 所示。

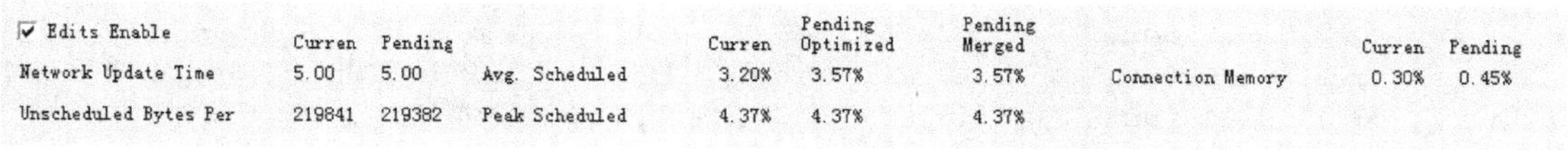

| ☑ Edits Enable | Curren | Pending | | Curren | Pending Optimized | Pending Merged | | Curren | Pending |
|---|---|---|---|---|---|---|---|---|---|
| Network Update Time | 5.00 | 5.00 | Avg. Scheduled | 3.20% | 3.57% | 3.57% | Connection Memory | 0.30% | 0.45% |
| Unscheduled Bytes Per | 219841 | 219382 | Peak Scheduled | 4.37% | 4.37% | 4.37% | | | |

图 2-13-8    使能网络参数设置

（9）单击 🖫 按钮将出现如图 2-13-9 所示的对话框，选择第一项，然后单击"OK"按
钮，期间会弹出警告对话框，单击"是"按钮即可。

图 2-13-9    "Save Configuration"对话框

（10）回到 RSLogix 5000 软件，此时可以看到 I/O 正常亮，并且模块旁也不会出现感叹号，如图 2-13-10 所示。

图 2-13-10　正常状态显示

（11）选择菜单栏的 Communication→Go Offline 切换到线下模式。

### 3．添加逻辑程序与下载项目

（1）双击 MainProgram 下的 Program Tags 图标，然后单击窗口左下角的 Edit Tags 分页栏，创建标签，如图 2-13-11 所示。

| Name | Alias For | Base Tag | Data Type | Description | External Acces | Constant | Style |
|---|---|---|---|---|---|---|---|
| + vol_1 | ACN15:1:I.Ch0InputData(C) | ACN15:1:I.Ch... | INT | | Read/Write | ☐ | Decimal |
| vol | | | REAL | 电压值输入 | Read/Write | ☐ | Float |
| start_1 | | | BOOL | | Read/Write | ☐ | Decimal |
| start | ACN15:0:I.0(C) | ACN15:I.Dat... | BOOL | 启动 | Read/Write | ☐ | Decimal |
| + speed | | | DINT | 速度检测 | Read/Write | ☐ | Decimal |
| RS | ACN15:0:0.0(C) | ACN15:0.Dat... | BOOL | | Read/Write | ☐ | Decimal |
| ONS_4 | | | BOOL | | Read/Write | ☐ | Decimal |
| ONS_3 | | | BOOL | | Read/Write | ☐ | Decimal |
| ONS_2 | | | BOOL | | Read/Write | ☐ | Decimal |
| ONS_1 | | | BOOL | | Read/Write | ☐ | Decimal |
| num_3 | | | REAL | | Read/Write | ☐ | Float |
| num_2 | | | REAL | | Read/Write | ☐ | Float |
| num_1 | | | REAL | | Read/Write | ☐ | Float |
| light_3 | Local:2:0.Data.2(C) | Local:2:0.Da... | BOOL | 反转灯 | Read/Write | ☐ | Decimal |
| light_2 | Local:2:0.Data.1(C) | Local:2:0.Da... | BOOL | 正转灯 | Read/Write | ☐ | Decimal |
| light_1 | Local:2:0.Data.0(C) | Local:2:0.Da... | BOOL | 运行灯 | Read/Write | ☐ | Decimal |
| EN_2 | | | BOOL | | Read/Write | ☐ | Decimal |
| EN_1 | | | BOOL | | Read/Write | ☐ | Decimal |
| DIR_1 | ACN15:0:I.1(C) | ACN15:I.Dat... | BOOL | 转向 | Read/Write | ☐ | Decimal |
| DIR | ACN15:0:0.1(C) | ACN15:0.Dat... | BOOL | | Read/Write | ☐ | Decimal |
| + AVI | ACN15:1:0.Ch0OutputDat... | ACN15:1:0.C... | INT | | Read/Write | ☐ | Decimal |
| | | | | | | ☐ | |

图 2-13-11　创建标签

（2）用鼠标双击 Tasks 文件夹下的 MainRoutine，启动梯形图编辑器，添加如图 2-13-12 所示的梯形逻辑。

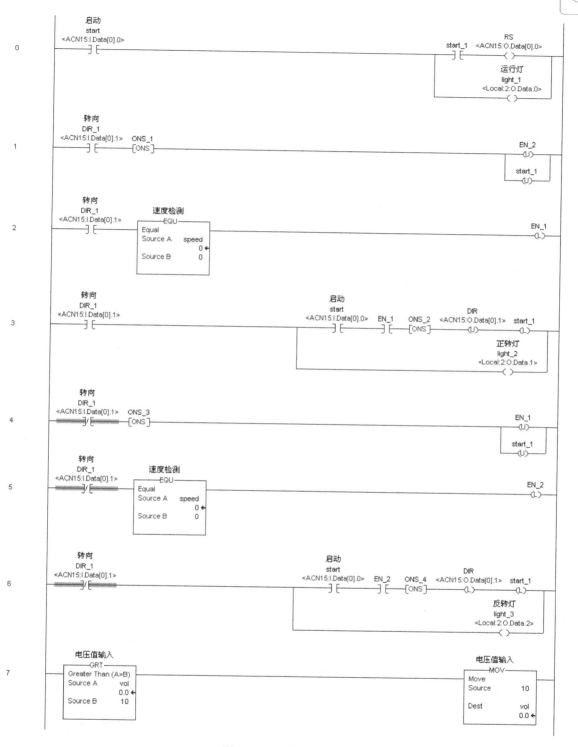

图 2-13-12 梯形逻辑

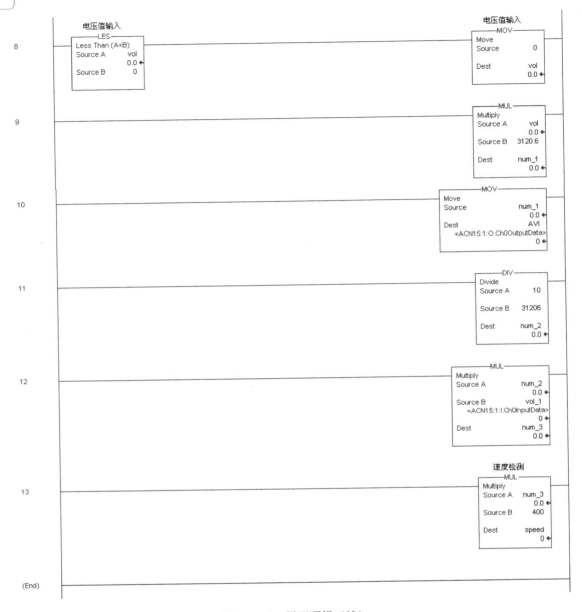

图 2-13-12　梯形逻辑（续）

① EQU 指令是一条输入指令，该指令测试源 A 的值与源 B 的值是否相等。

② DIV 指令是一条输出指令，该指令使源 A 操作数被源 B 操作数除并存放结果于目的单元。

第 0 梯级实现电动机的启动控制。

第 1、2、3 梯级实现电动机的正转控制。当前一次状态是反转时，电动机先将转速降到 0，然后再实现正转，这样可以避免电动机驱动器的损坏。

第 4、5、6 梯级实现电动机的反转控制。

第 7、8、9、10 梯级实现电动机的电压值输入。为避免输入过大值而损坏电动机，电压最大值为 10V；为避免输入值为负，电压最小值为 0V。

第 11、12、13 梯级实现转速的实时检测（其中 0～3000 转对应 0～7.5V）。

（3）单击工具栏 Verify Controller 上的 图标，检查程序是否有误。如果存在错误应根据错误提示及时更正。

（4）将该程序下载到控制器中运行。下载前确认所使用的控制器钥匙处于"REM"位置，且程序处于离线状态。

### 4．结果

当控制器处于 RUN 状态时，灯 1 与灯 2 不亮，灯 3（反转灯）亮，电动机转速为 0。

按下按钮 1（启动）以后，1794-IB10XOB6 模块数字量输入 IN0 得到高电平，常开触点 start 闭合，线圈 light_1 置 1，1769-IQ6XOW4 模块数字量输出 OUT0 输出高电平，灯 1（运行灯）亮。线圈 RS 置 1，1794-IB10XOB6 模块数字量输出 OUT0 输出高电平，电动机 R/S 端获得高电平，电动机进入运行模式，但由于没有获得转速，故转速为 0。

按下按钮 2 以前，常闭触点 DIR_1 闭合，线圈 light_3 获得高电平，1769-IQ6XOW4 模块数字量输出 OUT2 输出高电平，灯 3（反转灯）亮，当按钮 1 被按下时，常开触点 start 置 1。由于当前转速为 0，故常开触点 EN_2 置 1，从而使得线圈 DIR 置 1，1794-IB10XOB6 模块数字量输出 OUT1 输出高电平，电动机 DIR 端获得高电平，电动机为逆时针转动模式。给变量 vol 赋任一 1～10 之间的值（对应 0～3000 转/分），可以看到电动机逆时针转动。

当按下按钮 2 时，常闭触点 DIR_1 断开，常开触点 DIR_1 闭合，1769-IQ6XOW4 模块数字量输出 OUT1 输出高电平，灯 2（正转灯）亮，线圈 start_1 置 0，从而线圈 RS 置 0，电动机进入停止模式。当转速变为 0 时，线圈 EN_1 置 1，从而线圈 DIR 置 0，电动机进入正转模式，线圈 start_1 置 1，电动机开始顺时针转动。

电动机的实时转速可以通过观察变量 speed 得到。

# 案例 14　现场总线 DeviceNet 组网
## ——电动机启停及转速控制

**案例硬件设备**

- L43 CPU。
- 1769-SDN DeviceNet 扫描器通信主站模块。
- 1794-ADN 及 DeviceNet Flex I/O 模块。
- RSNetWorx for DeviceNet 软件。
- 无刷直流电动机。

**案例学习目的**

- 能够在 RSLinx 软件中添加远程 DeviceNet 模块及 I/O 模块。
- 能够编写简单的梯形图程序通过远程 I/O 模块控制电动机的启停及转速。

### 1. 硬件接线

硬件接线区域为"1769-IQ6XOW4 区"、"1794-IB10XOB6 区"、"外部电源及扩展区"、"按钮与灯区域"与"电动机区域",具体接线如表 2-14-1 所示。

表 2-14-1　硬件接线

| 1769-IQ6XOW4 区 | 1794-IB10XOB6 区 | 外部电源及扩展区 | 按钮与灯区域 | 电动机区域 |
|---|---|---|---|---|
| VDC(红) | VDC(红) | +24V(红) | 按钮 1 右(黄)<br>按钮 2 右(黄)<br>按钮 3 右(黄)<br>按钮 4 右(黄)<br>按钮 5 右(黄) | |
| COM(黑) | COM(黑) | COM(黑) | 灯 1 右(绿)<br>灯 2 右(绿)<br>灯 3 右(绿)<br>灯 4 右(绿)<br>灯 5 右(绿) | COM(黑) |
| | OUT0(绿) | | 灯 1 左(绿) | R/S |
| | OUT1(绿) | | 灯 2 左(绿) | CH1 |
| | OUT2(绿) | | 灯 3 左(绿) | CH2 |
| | OUT3(绿) | | 灯 4 左(绿) | CH3 |
| IN0(黄) | | | 按钮 1 左(黄) | |

续表

| 1769-IQ6XOW4 区 | 1794-IB10XOB6 区 | 外部电源及扩展区 | 按钮与灯区域 | 电动机区域 |
|---|---|---|---|---|
| IN1（黄） | | | 按钮 2 左（黄） | |
| IN2（黄） | | | 按钮 3 左（黄） | |
| IN3（黄） | | | 按钮 4 左（黄） | |
| | IN0（黄） | | 按钮 5 左（黄） | |
| OUT0（绿） | | | 灯 5 左（绿） | |

DeviceNet 4 H 接 DeviceNet 3 H；DeviceNet 4 L 接 DeviceNet 3 L。

R/S：电动机运行/停止控制。当给其高电平时电动机运行，当给其低电平时电动机停止。

CH1-3：电动机多段速度选择。

## 2. 添加远程 1794 FLEX I/O DeviceNet 模块及 I/O 模块

（1）按照案例 4 所示完成对 1769-SDN/A 模块和 1769-IQ6XOW4 模块的组态，确认组态配置如图 2-14-1 所示。

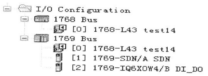

图 2-14-1　组态配置

（2）打开 RSNetWorx for DeviceNet 软件，弹出界面如图 2-14-2 所示。

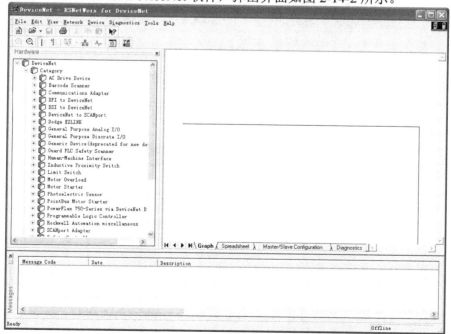

图 2-14-2　RSNetWorx for DeviceNet 界面

（3）单击工具栏上的 品 图标，在弹出的菜单中选择"Port2，DeviceNet"，以读取网络上的设备信息，如图 2-14-3 所示。

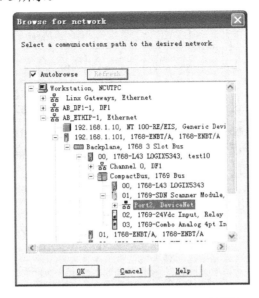

图 2-14-3 "Browse for network"对话框

（4）单击"OK"按钮，系统弹出如图 2-14-4 所示对话框，单击"确定"按钮即可。

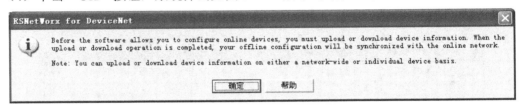

图 2-14-4 "RSNetWorx for DeviceNet"对话框

（5）扫描对话框如图 2-14-5 所示，当扫描到所有设备时，可以单击"Cancel"按钮结束扫描。

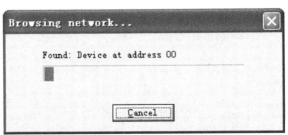

图 2-14-5 扫描对话框

（6）扫描完成后网络上的设备都会显示在总线上，如图 2-14-6 所示。

（7）用右键单击 1769-SDN 模块，选择 Properties，弹出 1769-SDN 属性对话框，如图 2-14-7 所示。

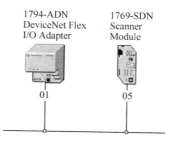

图 2-14-6　扫描结果

（8）选择 Scanlist 选项卡，在弹出的对话框中单击 Upload 按钮将上载设备配置信息。上载后的扫描器列表对话框如图 2-14-8 所示。

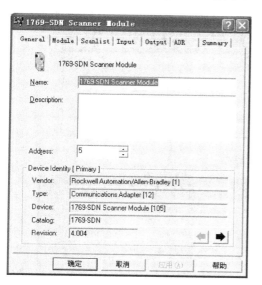 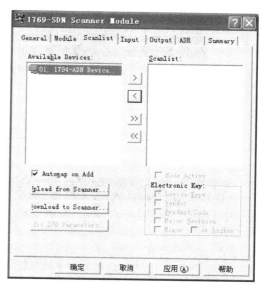

图 2-14-7　1769-SDN 设备网络扫描器属性设置界面　　图 2-14-8　1769-SDN 扫描器 I/O 列表对话框

（9）单击 >> 按钮将 1794-ADN 的 I/O 数据配置到右侧扫描器的 I/O 数据表中，若 1794-ADN 已经在右侧列表中，则无须此操作。双击"01，1794-ADN"模块，将弹出 I/O 参数设置界面，如图 2-14-9 所示。

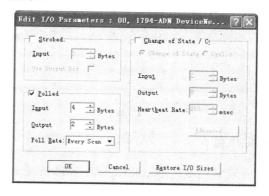

图 2-14-9　I/O 参数设置界面

（10）将输入设置为 6 字节，输出设置为 4 字节，单击"OK"按钮返回 1769-SDN 扫描器 I/O 列表对话框，然后单击"确定"按钮。如果改变了原来的参数，则依次弹出图 2-14-10～图 2-14-12 所示的提示框，依次单击"是"按钮即可完成该节点的参数配置。

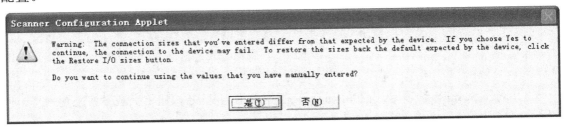

图 2-14-10　提示对话框（1）

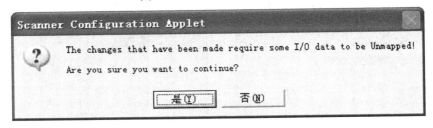

图 2-14-11　提示对话框（2）

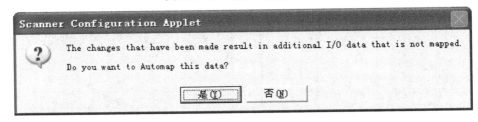

图 2-14-12　提示对话框（3）

（11）单击"确定"按钮，将弹出提示是否将更改下载到 PLC 的对话框，如图 2-14-13 所示，单击"是"按钮即可。

图 2-14-13　"Scanner Configuration Applet"对话框

### 3．添加逻辑程序与下载项目

（1）回到 RSLogix 5000 软件，双击 MainProgram 下的 Program Tags 图标，然后单击窗口左下角的 Edit Tags 分页栏，创建标签，如图 2-14-14 所示。

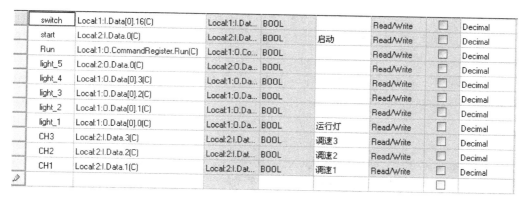

图 2-14-14　创建标签

（2）用鼠标双击 Tasks 文件夹下的 MainRoutine，启动梯形图编辑器，如图 2-14-15 所示。

图 2-14-15　用鼠标双击 MainRoutine

（3）添加如图 2-14-16 所示的梯形逻辑。

图 2-14-16　梯形逻辑

在使用 DeviceNet Flex I/O 模块输入/输出时，必须先将 CommandRegister.Run 的值赋 1。

由于 1794-ADN Flex I/O Adapter 需要两字节的输入空间传输状态信息，则数字量输入地址从第 16 位开始。

（4）单击工具栏 Verify Controller 上的   图标，检查程序是否有误。如果存在错误应根据错误提示及时更正。

（5）将该程序下载到控制器中运行。下载前确认所使用的控制器钥匙处于"REM"位置，且程序处于离线状态。

### 4. 结果

按下按钮 1（启动）之前，1769-IQ6XOW4 模块数字量输入 IN0 为 0，常开触点 start 断开，线圈 light_1 置 0，1794-IB10XOB6 模块数字量输出 OUT0 为 0，灯 1（运行灯）不亮，R/S 端为 0，电动机停止。

按下按钮 1（启动）之后，1769-IQ6XOW4 模块数字量输入 IN0 得到高电平，常开触点 start 闭合，线圈 light_1 置 1，1794-IB10XOB6 模块数字量输出 OUT0 为 1，灯 1（运行灯）亮，R/S 端为 1，电动机启动。按钮 2、3、4 能够调节转速，具体数值如表 2-14-2 所示。

表 2-14-2　转速选择

| CH3 CH2 CH1 | 转速（RPM） | CH3 CH2 CH1 | 转速（RPM） |
|:---:|:---:|:---:|:---:|
| 1　1　1 | 3500 | 0　1　1 | 1500 |
| 1　1　0 | 3000 | 0　1　0 | 1000 |
| 1　0　1 | 2500 | 0　0　1 | 500 |
| 1　0　0 | 2000 | 0　0　0 | 0 |

当按下按钮 5 时，1794-IB10XOB6 模块数字量输入端 IN0 得到高电平，常开触点 switch 闭合，线圈 light_5 得电，从而 1769-IQ6XOW4 模块数字量输出端 OUT0 输出高电平，灯 5 亮。

# 案例 15  现场总线 DeviceNet 组网
## ——电动机开环控制

案例硬件设备
- L43 CPU。
- 1769-SDN DeviceNet 扫描器通信主站模块。
- 1794-ADN 及 DeviceNet Flex I/O 模块。
- RSNetWorx for DeviceNet 软件。
- 无刷直流电动机。

案例学习目的
- 能够在 RSLinx 软件中添加远程 DeviceNet 模块及 I/O 模块。
- 能够编写梯形图程序通过远程 I/O 模块实现对电动机的开环控制。

## 1. 硬件接线

硬件接线区域为"1769-IQ6XOW4 区"、"1794-IB10XOB6 区"、"1794-IE4XOE2 区"、"外部电源及扩展区"、"按钮与灯区域"与"电动机区域",具体接线如表 2-15-1 所示。

表 2-15-1  硬件接线

| 1769-IQ6XOW4 区 | 1794-IB10XOB6 区 | 1794-IE4XOE2 区 | 外部电源及扩展区 | 按钮与灯区域 | 电动机区域 |
|---|---|---|---|---|---|
| VDC(红) | VDC(红) | PWR(红) | +24V(红) | 按钮1右(黄)<br>按钮2右(黄) | |
| COM(黑) | COM(黑) | COM(黑)<br>RET(黑) | COM(黑) | 灯1右(绿)<br>灯2右(绿)<br>灯3右(绿) | COM(黑) |
| OUT0(绿) | | | | 灯1左(绿) | |
| OUT1(绿) | | | | 灯2左(绿) | |
| OUT2(绿) | | | | 灯3左(绿) | |
| | IN0(黄) | | | 按钮1左(黄) | |
| | IN1(黄) | | | 按钮2左(黄) | |
| | | Vin0(蓝) | | | SPEED<br>(蓝) |
| | | Vout0(蓝) | | | AVI(蓝) |
| | OUT0(绿) | | | | R/S(绿) |
| | OUT1(绿) | | | | DIR(绿) |

SPEED：电动机转速信号输出。

R/S：电动机运行/停止控制。当给其高电平时电动机运行，当给其低电平时电动机停止。

AVI：外部调速输入。接收范围为 DC0～10V，对应电动机转速为 0～3000 转/分。

DIR：电动机正/反转控制。当给其高电平时电动机逆时针方向运行，当给其低电平时电动机顺时针方向运行。

电动机输入电压 0～10V（对应输入数组值为 0～31206）对应 0～3000 转/分，电动机输出电压 0～7.5V 对应 0～3000 转/分。

### 2．电动机开环控制

（1）对通信主站模块进行组态配置，如图 2-15-1 所示。

（2）打开 RSNetWorx for DeviceNet 软件，单击工具栏上的 器 图标，在弹出的菜单中选择 "Port2，DeviceNet"，以读取网络上的设备信息，扫描完成后网络上的设备都会显示在总线上，如图 2-15-2 所示。

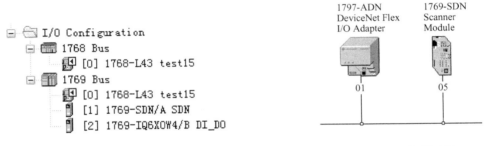

图 2-15-1　项目树　　　　　　　　　　　　图 2-15-2　扫描结果

（3）用右键单击 1794-AND 模块，选择 Properties，将弹出 "1769-ADN" 属性对话框，如图 2-15-3 所示。

图 2-15-3　"1794-AND" 属性对话框

（4）选择 Module Configuration 选项卡，在弹出的对话框中单击"Upload"按钮，上载完后如图 2-15-4 所示。

（5）双击 1794-IE4XOE2/B 模块，在弹出的对话框中选择 Flex Configuration Settings 选项卡，如图 2-15-5 所示。

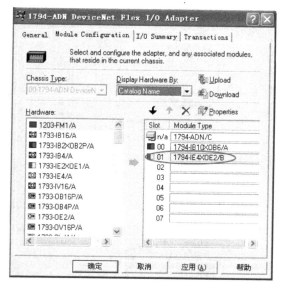

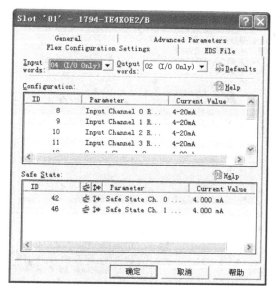

图 2-15-4　Module Configuration 界面　　　图 2-15-5　1794-IE4XOE2/B 设置界面

（6）在 Input Channel 0 的下拉菜单中选择 0～20mA/0～10Vdc，如图 2-15-6 所示。

（7）在 Output Channel 0 和 Output Channel 1 的下拉菜单中选择 0～20mA/0～10Vdc，如图 2-15-7 所示。

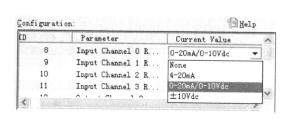

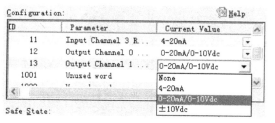

图 2-15-6　输入通道 0 的设置　　　图 2-15-7　输出通道 0 和 1 的设置

（8）单击"确定"按钮返回 1769-ADN 属性对话框，选择"I/O Summary"选项卡，可以看到输入/输出信息，如图 2-15-8 所示。

（9）单击"确定"按钮将弹出一系列提示对话框，单击"是"按钮即可。

（10）用右键单击 1769-SDN 模块，选择 Properties，将弹出 1769-SDN 属性对话框，如图 2-15-9 所示。

（11）选择 Scanlist 选项卡，在弹出的对话框中单击"Upload"按钮将上载设备配置信息。上载后的扫描器列表对话框如图 2-15-10 所示。

图 2-15-8  I/O Summary 界面

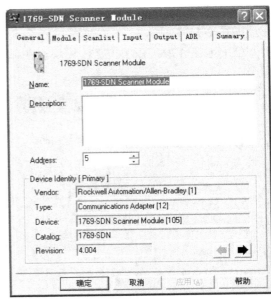

图 2-15-9  1769-SDN 设备网络扫描器属性设置界面

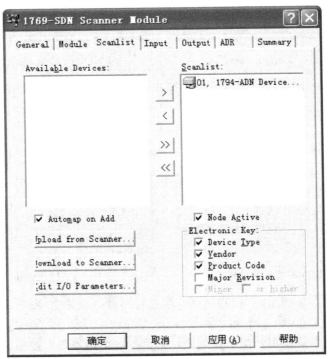

图 2-15-10  1769-SDN 扫描器列表对话框

（12）双击"01，1794-ADN"模块，弹出 I/O 参数设置界面，如图 2-15-11 所示。

（13）将输入设置为 12 字节，输出设置为 6 字节（如 1769-ADN 属性对话框 I/O Summary 界面所示），单击"OK"按钮返回 1769-SDN 扫描器 I/O 列表对话框，期间会弹出一系列提示对话框，单击"是"按钮即可。

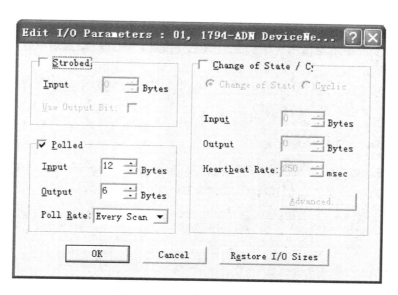

图 2-15-11　I/O 参数设置界面

（14）回到 1769-SDN 属性设置界面，单击 Output 选项卡可以查看输出口的分配情况，如图 2-15-12 所示。

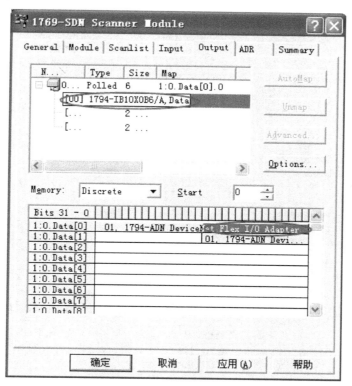

图 2-15-12　Output 选项卡

其中，1794-IB10XOB6 的输出口被分配在 Local 1:O.Data[0]的低 16 位，1794-IE4XOE2 的输出通道 0 被分配在 Local 1:O.Data[0]的高 16 位，1794-IE4XOE2 的输出通道 1 被分配在

Local 1:O.Data[1]的低 16 位。同样，在 Input 选项卡中也可以查看输入口的分配情况。

由于存在两个传输通道占用一个 32 位数组的情况，因此在给通道赋值时，注意不要影响另一个通道的值。

（15）在 1769-SDN 属性对话框中单击"确定"按钮，将弹出提示"是否将更改下载到 PLC"的对话框，单击"是"按钮即可。

### 3. 添加逻辑程序与下载项目

（1）回到 RSLogix 5000 软件，双击 MainProgram 下的 Program Tags 图标，然后单击窗口左下角的 Edit Tags 分页栏，创建标签，如图 2-15-13 所示。

| Name | Alias For | Base Tag | Data Type | Description | External Acces | Constant | Style |
|---|---|---|---|---|---|---|---|
| + vol_1 | Local:1:I.Data[1](C) | Local:1:I.Dat... | DINT | | Read/Write | ☐ | Decimal |
| vol | | | REAL | 电压值输入 | Read/Write | ☐ | Float |
| start_1 | | | BOOL | | Read/Write | ☐ | Decimal |
| start | Local:1:I.Data[0].16(C) | Local:1:I.Dat... | BOOL | 启动 | Read/Write | ☐ | Decimal |
| + speed | | | DINT | 速度检测 | Read/Write | ☐ | Decimal |
| Run | Local:1:O.CommandRegister.Run(C) | Local:1:O.Co... | BOOL | | Read/Write | ☐ | Decimal |
| RS | Local:1:O.Data[0].0(C) | Local:1:O.Da... | BOOL | | Read/Write | ☐ | Decimal |
| ONS_4 | | | BOOL | | Read/Write | ☐ | Decimal |
| ONS_3 | | | BOOL | | Read/Write | ☐ | Decimal |
| ONS_2 | | | BOOL | | Read/Write | ☐ | Decimal |
| ONS_1 | | | BOOL | | Read/Write | ☐ | Decimal |
| num_9 | | | REAL | | Read/Write | ☐ | Float |
| + num_8 | | | DINT | | Read/Write | ☐ | Decimal |
| num_7 | | | REAL | | Read/Write | ☐ | Float |
| + num_6 | | | DINT | | Read/Write | ☐ | Decimal |
| + num_5 | | | DINT | | Read/Write | ☐ | Decimal |
| + num_4 | | | DINT | | Read/Write | ☐ | Decimal |
| + num_3 | | | DINT | | Read/Write | ☐ | Decimal |
| + num_2 | | | DINT | | Read/Write | ☐ | Decimal |
| num_1 | | | REAL | | Read/Write | ☐ | Float |
| light_3 | Local:2:O.Data.2(C) | Local:2:O.Da... | BOOL | 反转灯 | Read/Write | ☐ | Decimal |
| light_2 | Local:2:O.Data.1(C) | Local:2:O.Da... | BOOL | 正转灯 | Read/Write | ☐ | Decimal |
| light_1 | Local:2:O.Data.0(C) | Local:2:O.Da... | BOOL | 运行灯 | Read/Write | ☐ | Decimal |
| EN_2 | | | BOOL | | Read/Write | ☐ | Decimal |
| EN_1 | | | BOOL | | Read/Write | ☐ | Decimal |
| DIR_1 | Local:1:I.Data[0].17(C) | Local:1:I.Dat... | BOOL | 转向 | Read/Write | ☐ | Decimal |
| DIR | Local:1:O.Data[0].1(C) | Local:1:O.Da... | BOOL | | Read/Write | ☐ | Decimal |
| + AVI | Local:1:O.Data[0](C) | Local:1:O.Da... | DINT | | Read/Write | ☐ | Decimal |
| | | | | | | ☐ | |

图 2-15-13　创建标签

（2）用鼠标双击 Tasks 文件夹下的 MainRoutine，启动梯形图编辑器，如图 2-15-14 所示。

图 2-15-14　用鼠标双击 MainRoutine

（3）添加如图 2-15-15 所示的梯形逻辑。

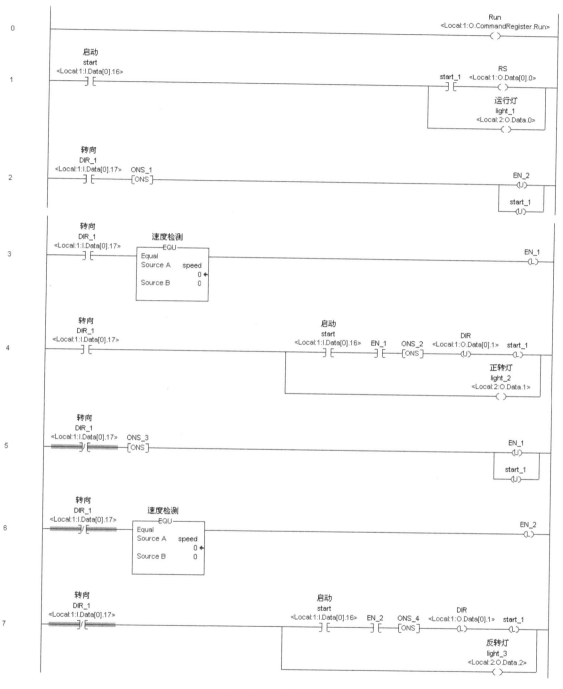

图 2-15-15　梯形逻辑

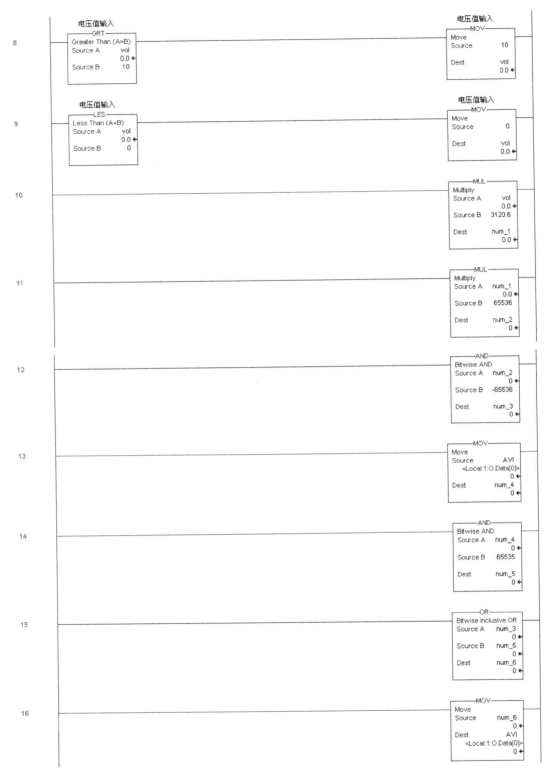

图 2-15-15 梯形逻辑（续）

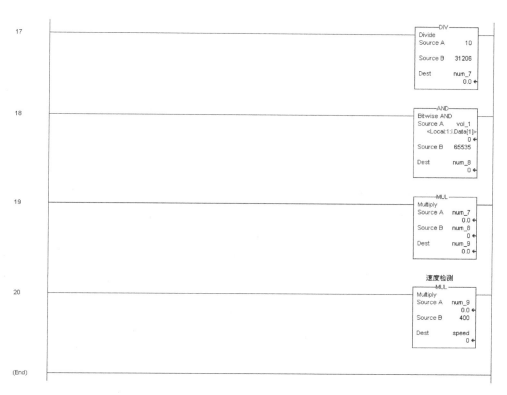

图 2-15-15   梯形逻辑（续）

① AND 指令是一条输出指令，该指令执行源 A 与源 B 操作数的按位与运算并将结果存放于目的单元。

② OR 指令是一条输出指令，该指令执行源 A 与源 B 操作数的按位或运算并将结果存放于目的单元。

第 1 梯级实现电动机的启动控制。

第 2、3、4 梯级实现电动机的正转控制。当前一次状态是反转时，电动机先将转速降到 0，然后再实现正转，这样可以避免电动机驱动器的损坏。

第 5、6、7 梯级实现电动机的反转控制。

第 8～16 梯级实现电动机的电压值输入。为避免输入过大值而损坏电动机，电压最大值为 10V；为避免输入值为负，电压最小值为 0。其中，第 11 梯级实现将电压值数据左移 16 位（移至高 16 位），第 12 梯级实现屏蔽数组的低 16 位（去除对源数据低 16 位的影响），第 13 与 14 梯级实现取当前数组的低 16 位各状态量，第 15 与 16 梯级实现将新的电压值数据与各开关量数据放进一个数组并赋给输出口。

第 17～20 梯级实现转速的实时检测，其中，第 18 梯级实现屏蔽数组的高 16 位，第 19 梯级实现将所采集的电动机输出值转换为电压值，第 20 梯级实现将电压值转换为转速值（其中 0～3000 转/分对应 0～7.5V）。

（4）单击工具栏 Verify Controller 上的 图标，检查程序是否有误。如果存在错误应根据错误提示及时更正。

（5）将该程序下载到控制器中运行。下载前确认所使用的控制器钥匙处于"REM"位置，且程序处于离线状态。

### 4．结果

当控制器处于 RUN 状态时，灯 1 与灯 2 不亮，灯 3（反转灯）亮，电动机转速为 0。

按下按钮 1（启动）以后，1794-IB10XOB6 模块数字量输入 IN0 得到高电平，常开触点 start 闭合，线圈 light_1 置 1，1769-IQ6XOW4 模块数字量输出 OUT0 输出高电平，灯 1（运行灯）亮。线圈 RS 置 1，1794-IB10XOB6 模块数字量输出 OUT0 输出高电平，电动机 R/S 端获得高电平，电动机进入运行模式，但由于没有获得转速，故转速为 0。

按下按钮 2 以前，常闭触点 DIR_1 闭合，线圈 light_3 获得高电平，1769-IQ6XOW4 模块数字量输出 OUT2 输出高电平，灯 3（反转灯）亮，当按钮 1 被按下时，常开触点 start 置 1，由于当前转速为 0，故常开触点 EN_2 置 1，从而使得线圈 DIR 置 1，1794-IB10XOB6 模块数字量输出 OUT1 输出高电平，电动机 DIR 端获得高电平，电动机为逆时针转动模式。给变量 vol 赋任一 1～10 之间的值（对应 0～3000 转/分），可以看到电动机逆时针转动。

当按下按钮 2 时，常闭触点 DIR_1 断开，常开触点 DIR_1 闭合，1769-IQ6XOW4 模块数字量输出 OUT1 输出高电平，灯 2（正转灯）亮，线圈 start_1 置 0，从而线圈 RS 置 0，电动机进入停止模式。当转速变为 0 时，线圈 EN_1 置 1，从而线圈 DIR 置 0，电动机进入正转模式，线圈 start_1 置 1，电动机开始顺时针转动。

电动机的实时转速可以通过观察变量 speed 得到。

# 案例 16 FactoryTalk View 基本使用

**案例硬件设备**
- 学习 RSLinx 通信软件组态网络及建立 OPC 服务器。
- 掌握 RSLogix5000 的 I/O 组态方法及如何编写程序。
- 掌握如何创建一个 FactoryTalk View 项目。

**案例学习目的**
- RSLogix5000 工程的建立。
- 建立 OPC 服务器。
- FactoryTalk View 上位机设计。

## 1. 在 RSLinx 建立 OPC 服务器

单击 Start→Program→Rockwell Software→RSLinx→RSLinx 打开 RSLinx 软件，如图 2-16-1 所示。

图 2-16-1　RSLinx 软件界面

单击菜单栏 DDE/OPC→Topic Configuration，建立一个名为 IO_plc 的 OPC 服务器，单击 IO_opc，选择 plc，单击 "Apply" 按钮，然后单击 "确定" 按钮即可，如图 2-16-2 所示。

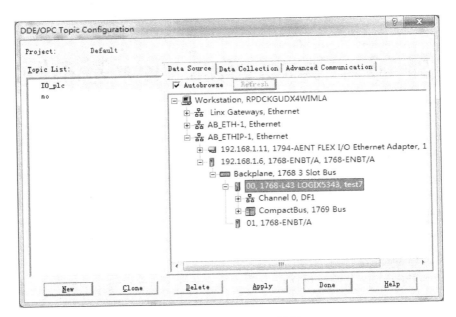

图 2-16-2    DDE/OPC 设置

## 2．工程的建立

（1）单击 start→Rockwell Software→RSLogix 5000，打开 RSLogix 5000 编程软件，新建如图 2-16-3 所示的工程。

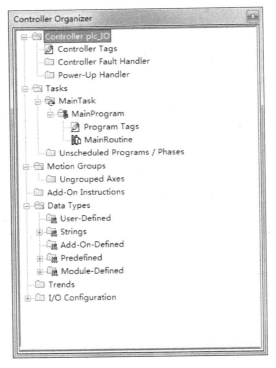

图 2-16-3    Controller Organizer 界面

建立如图 2-16-4 所示的梯形图程序。

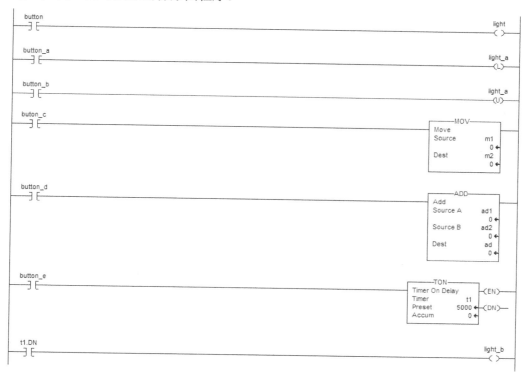

图 2-16-4　梯形图

程序功能介绍如下。

① 0、1、2 行是关于数字量输入/输出的梯形图，涉及的都是位指令。XIC（检查是否闭合）是输入指令，OTE（输出激励）、OTL（输出锁存）和 OTU（输出解锁）是输出指令。位指令要求操作数的数据类型都必须是 BOOL。

● 当 button=1 时，light 灯亮；当 button=0 时，light 灯灭。

● 当 button_a=1 时，light_a 灯亮。此后不管 button_a 为何值，light_a 灯都保持亮，只有当 button_b=1 时，light_a 灯才灭。

② 第 3、4、5、6 行是关于模拟量输入/输出的梯形图。

当 button_c=1 时，MOV 指令将 m1 的值移动到 m2。

当 button_d=1 时，ADD 指令将 ad1+ad2 的值放入到 ad 中。

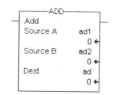

当 button_e=1 时，TON 指令开始计时，5000ms 后定时时间到，t1.TT 导通，light_b 灯亮。

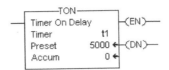

程序编写好之后使用编译工具  查找程序中的问题，一一修正直到没有问题为止。

项目创建后会自动生成一个连续性任务 Main Task，用户可以在该任务文件夹上用右键单击它，然后选择"属性"，改变任务的默认属性设置，选择适合自己工程的任务类型。如图 2-16-5 和图 2-16-6 所示。

图 2-16-5　"Task Properties-Main Task" 对话框中的 "General" 选项卡

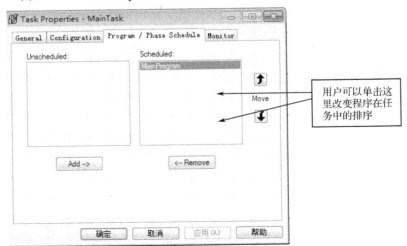

图 2-16-6　"Task Properties-Main Task" 对话框中的 "Program/Phase Schedule" 选项卡

右击 New Program，选择 Properties，单击 Configuration，在 Main 下拉按钮中选择 Main Routine。如图 2-16-7 所示。

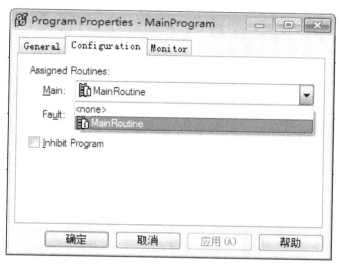

图 2-16-7　Program Properties 对话框

（2）工程的下载。

下载工程之前首先保证控制器已经连接正确，并且已经在 RSLinx 中组态了相应的通信驱动（方法见 RSLinx 通信组态部分）。

单击菜单栏 Communications→Who Active，指定从开发工程的设备到控制器的通信路径。

在下载工程时，控制器必须处于编程或远程编程的状态，处理器上的钥匙要处于 Rem。如果处于 Run 或 Test 是不能下载工程的。

下载完成后，控制器状态栏处于在线状态，显示控制器的状态信息，如图 2-16-8 所示。

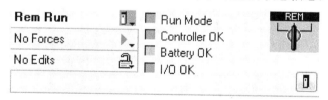

图 2-16-8　控制器的状态信息

### 3.FactoryTalk View 项目的建立

（1）工程的导入。

打开 FactoryTalk View Studio，选择本地应用程序，在新建/打开（本地）应用程序对话框中选择新建选项卡，输入要导入工程的名字，如图 2-16-9 所示。

出现如图 2-16-10 所示的提示框，单击"确定"按钮即可。

在选择导入类型中选择 FactoryTalk ViEw Site Edition 工程（*sed），如图 2-16-11 所示。

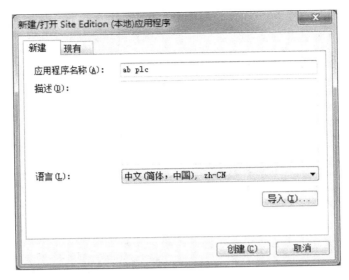

图 2-16-9　新建应用程序对话框

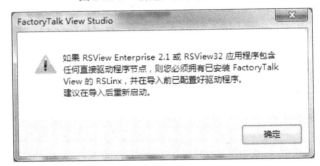

图 2-16-10　提示信息

图 2-16-11　导入向导

单击工程文件选择按钮，如图 2-16-12 所示，找到需要导入工程的位置，如 ab plc，打开后选择后缀为.sed 的文件，如图 2-16-13 和图 2-16-14 所示。

图 2-16-12　导入工程对话框

图 2-16-13　选择文件

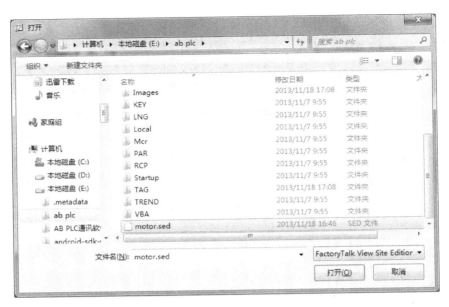

图 2-16-14　导入工程文件

导入工程完成。

本实验只是简单介绍 FactoryTalk View Studio 的一般使用方法，详细介绍将在后续实验中进行。

（2）项目的建立。

① 单击 start→Rockwell Software→FactoryTalk View Studio，打开 FactoryTalk View Studio 软件。

② 选择 Site Edition（本地）。

③ 新建一个应用程序，取名 IO，如图 2-16-15 所示。

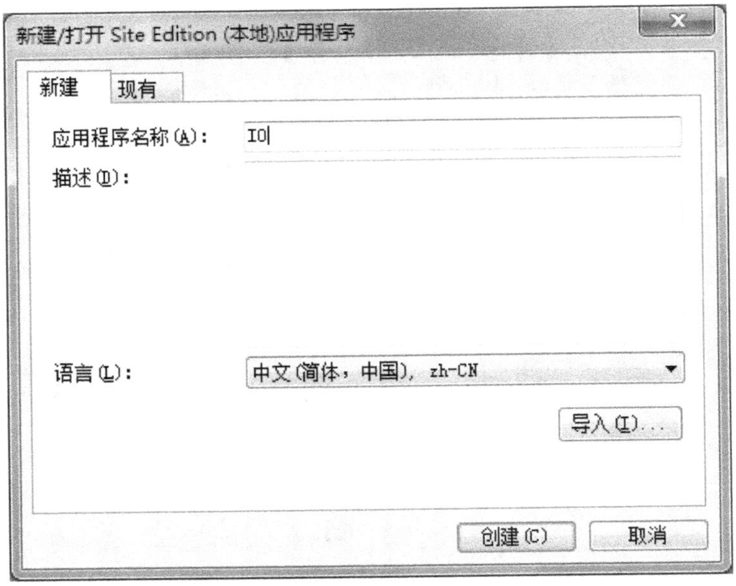

图 2-16-15　新建应用程序对话框

程序的界面如图 2-16-16 所示。

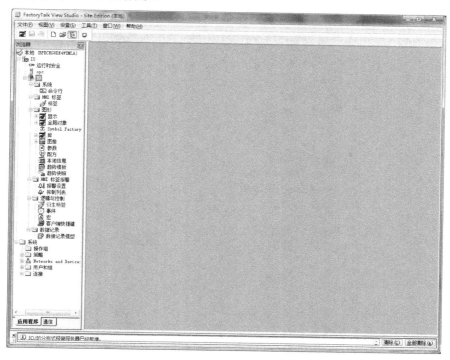

图 2-16-16　程序界面

④ 右击 IO，选择添加服务器中的 OPC 数据服务器，如图 2-16-17 所示。

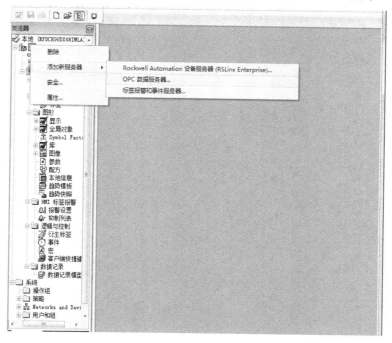

图 2-16-17　添加 OPC 数据服务器

　　取名为opc，单击"浏览"按钮，选择 RSLinx OPC Server 作为 OPC 服务器的名称，单击"确定"按钮即可，如图 2-16-18 所示。

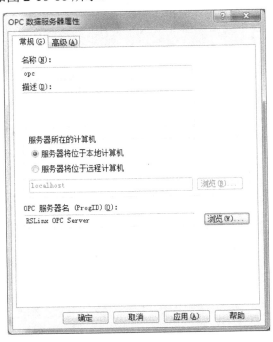

图 2-16-18　OPC 数据服务器属性对话框

　　⑤ 右键单击"显示"选项，选择"新建"生成一个显示，如图 2-16-19 所示。

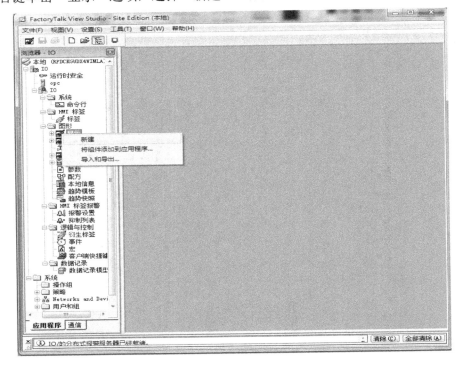

图 2-16-19　新建显示

⑥ 绘制如图 2-16-20 所示的上位机界面。

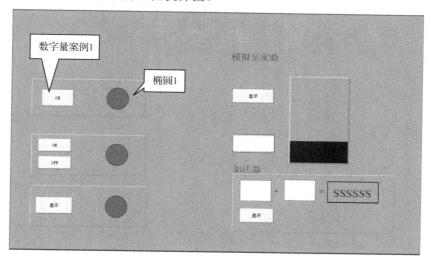

图 2-16-20　上位机界面

以数字量实验 1 为例，简单介绍如何绘制图形及动画。

分别单击工具栏上的"面板"、"椭圆"及"按钮"图标，绘制如图 2-16-20 所示的界面。

双击按钮属性，进入按钮属性界面。在操作设置中选择"切换标签值"，单击标签右侧的按钮，如图 2-16-21 所示。

图 2-16-21　按钮属性对话框

在标签浏览器中，单击 IO→IO_plc→Online，选择下拉菜单中的 Program：MainProgram，此时可以在右侧窗口看到 RSLogix5000 软件中已经定义好的标签，如图 2-16-22 和图 2-16-23 所示。

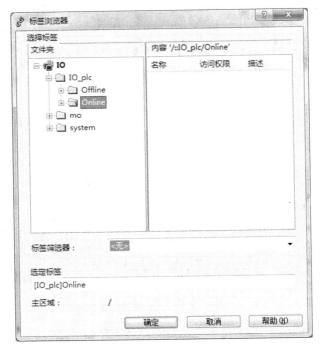

图 2-16-22　选择标签界面

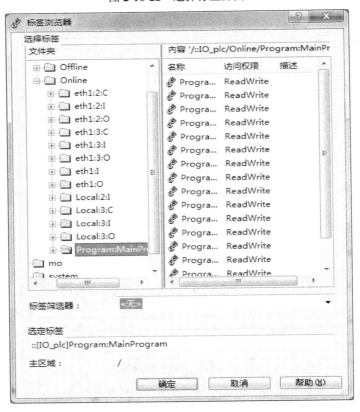

图 2-16-23　选择标签文件夹界面（1）

　　因为本按钮对应梯形图中的"button"，因此选择 MainProgram.button，单击"确定"按钮即可，如图 2-16-24 所示。

　　在"向上外观"设置标题中输入"ON"，如图 2-16-25 所示。

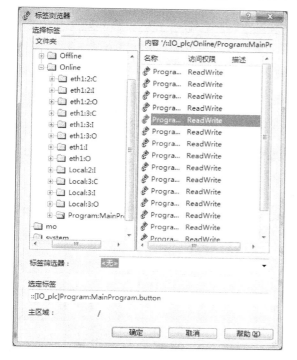

图 2-16-24　选择标签文件夹界面（2）

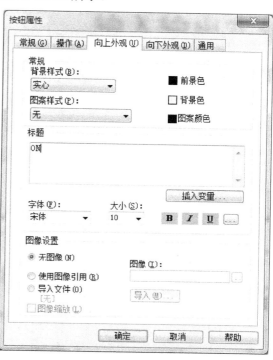

图 2-16-25　向上外观设置

　　在"向下外观"设置标题中输入"OFF"，如图 2-16-26 所示。

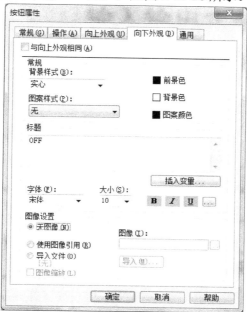

图 2-16-26　向下外观设置

单击"确定"按钮即可。

用右键单击椭圆 1，选择"动画→颜色"，如图 2-16-27 所示。

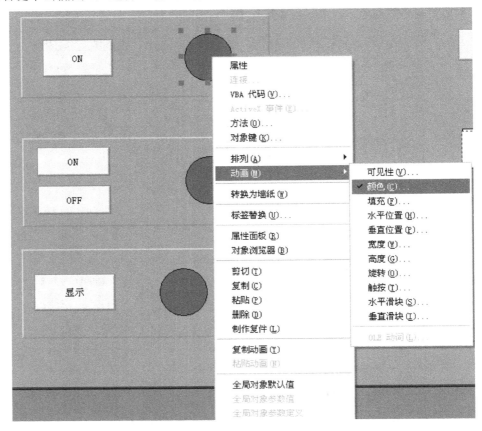

图 2-16-27　动画演示设置

进入"动画→颜色"设置界面，单击"标签"按钮，如图 2-16-28 所示。

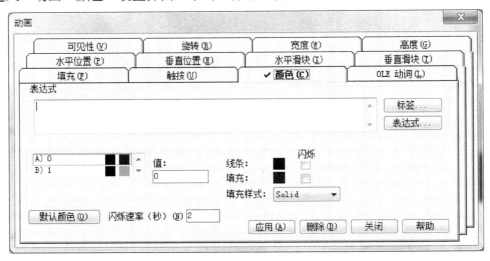

图 2-16-28　"动画"对话框

因为其对应梯形图中的 light，所以选择 Main'Program.light，如图 2-16-29 所示。

图 2-16-29　选择标签文件

设置 light=1 时，椭圆颜色为黑色；light=0 时，椭圆颜色为绿色。如图 2-16-30 所示。

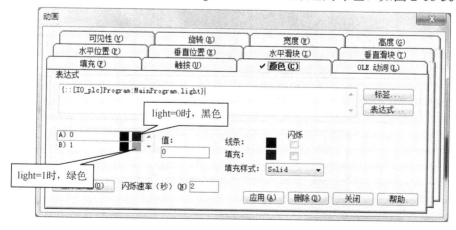

图 2-16-30　动画颜色设置

单击"应用"按钮，然后单击"关闭"按钮即可。

依上述方法绘出上位机界面，单击工具栏右上角的"测试显示"，如图 2-16-31 所示，进入运行画面。

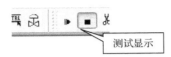

图 2-16-31　单击"测试显示"

上位机运行画面如图 2-16-32 所示。

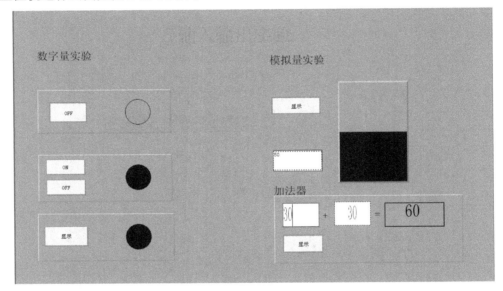

图 2-16-32　上位机运行画面

# 案例 17　FactoryTalk View 与 PLC 进行 EtherNet/IP 网络通信

案例硬件设备
- L43CPU。
- 1768-ENBT EtherNet/IP 通信主站模块。
- 1794-AENT 及 EtherNet/IP Flex I/O 模块。
- 无刷直流电动机。

案例学习目的
- 学习 FactoryTalk View 画面制作与变量连接及 VBA 编程。

## 1. 硬件接线

硬件接线区域为 "1769-IQ6XOW4 区"、"1794-IB10XOB6 区"、"1794-IE4XOE2 区"、"外部电源及扩展区"、"按钮与灯区域" 与 "电动机区域"，具体接线如表 2-17-1 所示。

表 2-17-1　硬件接线

| 1769-IQ6XOW4 区 | 1794-IB10XOB6 区 | 1794-IE4XOE2 区 | 外部电源及扩展区 | 按钮与灯区域 | 电动机区域 |
|---|---|---|---|---|---|
| VDC（红） | VDC（红） | PWR（红） | +24V（红） | | |
| COM（黑） | COM（黑） | COM（黑）<br>RET（黑） | COM（黑） | 灯1右（绿）<br>灯2右（绿）<br>灯3右（绿） | COM（黑） |
| OUT0（绿） | | | | 灯1左（绿） | |
| OUT1（绿） | | | | 灯2左（绿） | |
| OUT2（绿） | | | | 灯3左（绿） | |
| | | Vin0（蓝） | | | SPEED（蓝） |
| | | Vout0（蓝） | | | AVI（蓝） |
| | OUT0（绿） | | | | R/S（绿） |
| | OUT1（绿） | | | | DIR（绿） |
| | OUT2（绿） | | | | CH1 |
| | OUT3（绿） | | | | CH2 |
| | OUT4（绿） | | | | CH3 |

## 2. 主站项目

（1）双击 MainProgram 下的 Program Tags 图标，然后单击窗口左下角的 Edit Tags 分页栏，创建标签，如图 2-17-1 所示。

| Name | Alias For | Base Tag | Data Type | Description | External Acces | Constant | Style |
|------|-----------|----------|-----------|-------------|----------------|----------|-------|
| ⊞ AVI | AENT:1:O.Ch0OutputData(C) | AENT:1:O.Ch... | INT | | Read/Write | ☐ | Decimal |
| CH_1 | AENT:0:0.2(C) | AENT:O.Dat... | BOOL | | Read/Write | ☐ | Decimal |
| CH_2 | AENT:0:0.3(C) | AENT:O.Dat... | BOOL | | Read/Write | ☐ | Decimal |
| CH_3 | AENT:0:0.4(C) | AENT:O.Dat... | BOOL | | Read/Write | ☐ | Decimal |
| CH1_ETH | | | BOOL | | Read/Write | ☐ | Decimal |
| CH2_ETH | | | BOOL | | Read/Write | ☐ | Decimal |
| CH3_ETH | | | BOOL | | Read/Write | ☐ | Decimal |
| DIR | AENT:0:0.1(C) | AENT:O.Dat... | BOOL | | Read/Write | ☐ | Decimal |
| DIR_1_ETH | | | BOOL | 转向 | Read/Write | | Decimal |
| EN_1 | | | BOOL | | Read/Write | | Decimal |
| EN_2 | | | BOOL | | Read/Write | | Decimal |
| light_1 | Local:2:O.Data.0(C) | Local:2:O.Da... | BOOL | 运行灯 | Read/Write | ☐ | Decimal |
| light_2 | Local:2:O.Data.1(C) | Local:2:O.Da... | BOOL | 正运行灯 | Read/Write | ☐ | Decimal |
| light_3 | Local:2:O.Data.2(C) | Local:2:O.Da... | BOOL | 反转灯 | Read/Write | ☐ | Decimal |
| mode_eth | | | BOOL | | Read/Write | | Decimal |
| num_1 | | | REAL | | Read/Write | ☐ | Float |
| num_2 | | | REAL | | Read/Write | ☐ | Float |
| num_3 | | | REAL | | Read/Write | ☐ | Float |
| ONS_1 | | | BOOL | | Read/Write | ☐ | Decimal |
| ONS_2 | | | BOOL | | Read/Write | ☐ | Decimal |
| ONS_3 | | | BOOL | | Read/Write | ☐ | Decimal |
| ONS_4 | | | BOOL | | Read/Write | ☐ | Decimal |
| RS | AENT:0:0.0(C) | AENT:O.Dat... | BOOL | | Read/Write | ☐ | Decimal |
| ⊞ speed_eth | | | DINT | 速度检测 | Read/Write | ☐ | Decimal |
| start_1 | | | BOOL | | Read/Write | ☐ | Decimal |
| start_eth | | | BOOL | 启动 | Read/Write | ☐ | Decimal |
| ⊞ vol_1 | AENT:1:I.Ch0InputData(C) | AENT:1:I.Ch... | INT | | Read/Write | ☐ | Decimal |
| vol_eth | | | REAL | 电压值输入 | Read/Write | ☐ | Float |
| | | | | | | ☐ | |

图 2-17-1　创建标签

（2）添加如图 2-17-2 所示的梯形逻辑。

图 2-17-2　梯形逻辑

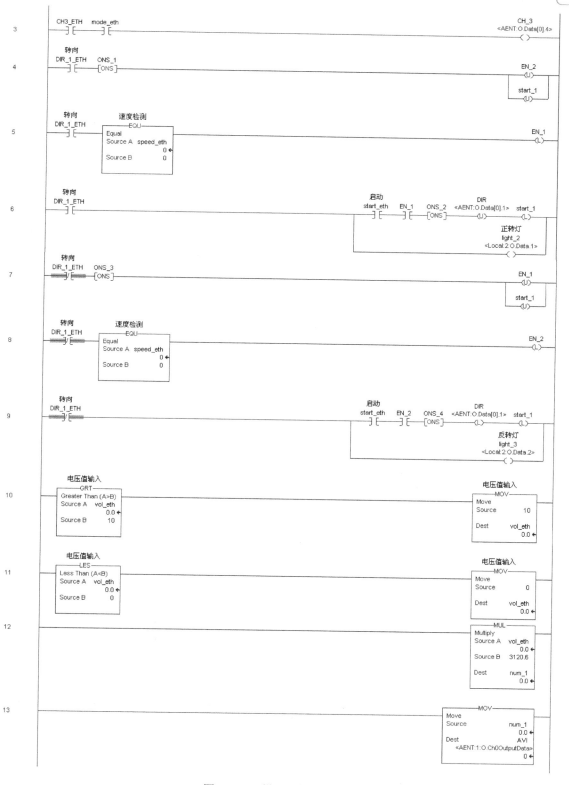

图 2-17-2　梯形逻辑（续）

图 2-17-2　梯形逻辑（续）

（3）单击工具栏 Verify Controller 上的 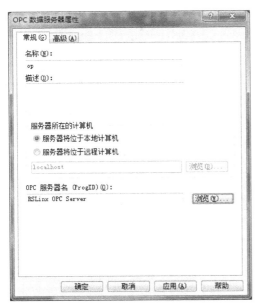 图标，检查程序是否有误。如果存在错误应根据错误提示及时更正。

（4）将该程序下载到控制器中运行。下载前确认所使用的控制器钥匙处于"REM"位置，且程序处于离线状态。

### 3. 上位机界面设计

绘制 FactoryTalk View 画面，建立各组件与变量的连接。进行 VBA 程序设计实现高级的画面效果。

本实验是案例 11 的后续实验，在进行本实验之前请先完成案例 11。

打开 RSLinx 建立一个名为 ethernetip OPC 的服务器。

打开 FactoryTalk View Studio，新建一个名为 ETHIP 的工程。

建立 OPC 服务器，名为 op，OPC Server name 是 RSLinx OPC Server，如图 2-17-3 所示。

新建一个画面，如图 2-17-4 所示。

如图 2-17-4 所示，上位机界面可以分为三大块：图形 1、图形 2 和图形 3。下面分别介绍其绘制过程。

此案例中用到的变量如表 2-17-2 和表 2-17-3 所示。

图 2-17-3　"OPC 服务器属性"对话框

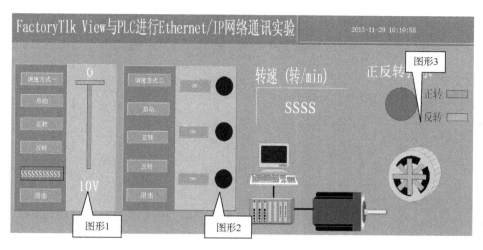

图 2-17-4 新建画面

表 2-17-2 变量表（BOOL）

| 变 量 | 0 | 1 |
|---|---|---|
| mode_eth | 调速方式一 | 调速方式二 |
| start_eth | 电动机的启动 | 电动机的停止 |
| DIR1_1_ETH | 反转 | 正转 |
| CH1_ETH | CH1 模式的启动 | CH1 模式的停止 |
| CH2_ETH | CH2 模式的启动 | CH2 模式的停止 |
| CH3_ETH | CH3 模式的启动 | CH3 模式的停止 |

表 2-17-3 变量表（INT）

| 变 量 | |
|---|---|
| vol_eth | 输入的转速 |
| speed_eth | 实际的转速 |

1）图形 1 的建立步骤

首先绘制如图 2-17-5 所示的图形。

① 调速方式一。建立一个按钮，选择操作为"设置标签为 0"，选择标签为 "mode_eth"，如图 2-17-6 所示。标签选择对话框如图 2-17-7 所示。

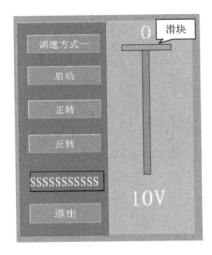

图 2-17-5　图形 1 的绘制

图 2-17-6　选择标签为 mode_eth

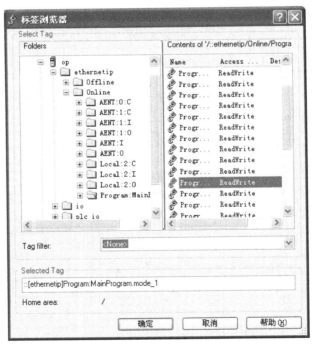

图 2-17-7　标签选择对话框

② 启动。

建立一个按钮，选择操作为"切换标签值"，选择标签为"start_eth"，如图 2-17-8 所示。

③ 正转。

建立一个按钮，选择操作为"设置标签为 1"，选择标签为"DIR_1"，如图 2-17-9 所示。

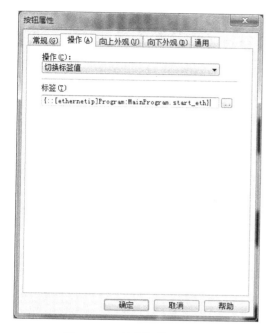

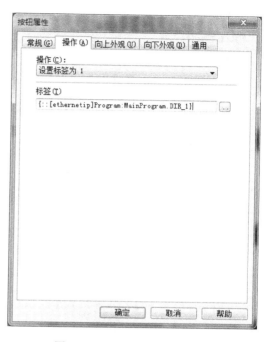

图 2-17-8　选择标签 start_eth

图 2-17-9　选择标签 DIR_ETH

④ 反转。

建立一个按钮，选择操作为"设置标签为 1"，选择标签为 DIR_1_ETH，如图 2-17-10 所示。

图 2-17-10　选择标签 DIR_1（1）

⑤ 退出。

当按下退出按钮时进行如下操作:

```
mode_eth=0
start_eth=0
DIR_ETH=0
vol_eth=0
```

建立一个按钮,选择操作为"运行命令",选择标签为 DIR_1,如图 2-17-11 所示。

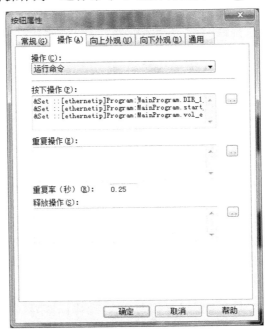

图 2-17-11　选择标签 DIR_1（2）

单击"按下操作"标签,选择"标签和数据库→写值到标签",如图 2-17-12 所示。

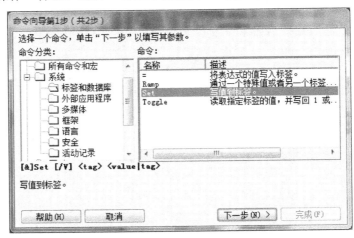

图 2-17-12　写值到标签

选择标签为 DIR1_1_ETH，值为 0，如图 2-17-13 所示。

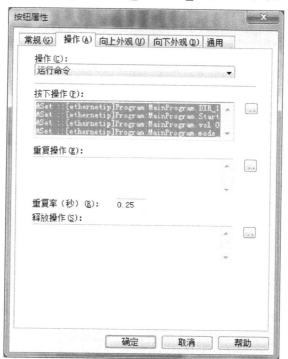

图 2-17-13　标签 DIR1_ETH 设置

依据上述操作分别设置 mode_eth，start_eth，vol_eth 为 0，如图 2-17-14 所示。

图 2-17-14　标签设置总图

⑥ 滑块。

新建一个矩形，用右键单击选择"动画→垂直滑块"，如图 2-17-15 所示。

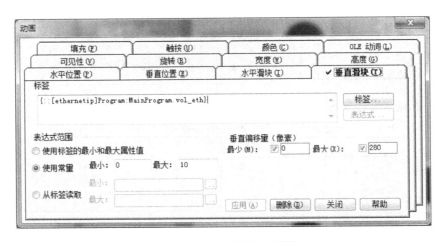

图 2-17-15　垂直滑块对话框

在标签中选择 vol 变量，变量 vol 表示的是电压的大小，其大小范围是[0，10]，所以在表达式范围中选择使用常量（最大 10，最小 0）。垂直偏移量表示滑块在屏幕上实际滑动的像素点距离，在分辨率为 1400*900 的显示器上选择最大 280。

⑦ 输入电压显示。

建立一个字符串显示，设置标签为 vol_eth，如图 2-17-16 所示。

图 2-17-16　字符常规选项卡

至此就建立好了图形 1。

2）图形 2 的建立步骤

首先绘制如图 2-17-17 所示的图形。

（1）按钮的建立。

① 调速方式二。

建立一个按钮，选择操作为"设置标签为 1"，选择标签为"mode_eth"，如图 2-17-18 所示。

图 2-17-17　图形 2 界面

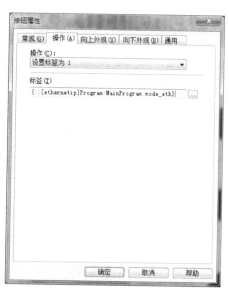

图 2-17-18　选择标签 mode_eth

② 启动。

建立一个按钮，选择操作为"切换标签值"，选择标签为"start_eth"，如图 2-17-19 所示。

③ 正转。

建立一个按钮，选择操作为"设置标签为 1"，选择标签为"DIR_1"，如图 2-17-20 所示。

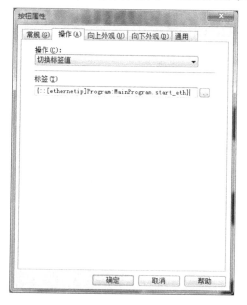

图 2-17-19　选择标签 start_eth

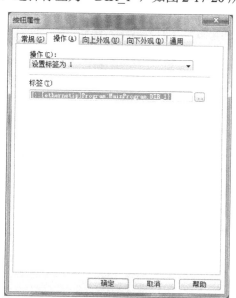

图 2-17-20　选择标签 DIR_ETH

④ 反转。

建立一个按钮，选择操作为"设置标签为 1"，选择标签为"DIR_1_ETH"，如图 2-17-21 所示。

⑤ CH1。

建立一个按钮，选择操作为"切换标签值"，选择标签为"CH1_ETH"，如图 2-17-22 所示。

 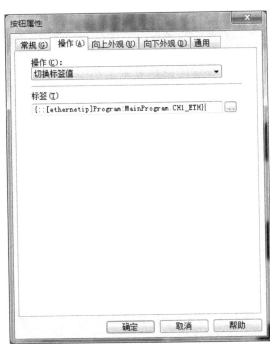

图 2-17-21  选择标签 DIR_1（3）           图 2-17-22  选择标签 CH1

同理可建立 CH2、CH3 按钮，标签分别为 CH2、CH3。

⑥ 退出。

当按下"退出"按钮时进行如下操作：

```
mode_eth=0
start_eth=0
DIR_1_eth=0
vol_eth=0
CH1_ETH=0
CH2_ETH=0
CH3_ETH=0
```

建立方法参考图形 1，如图 2-17-23 所示。

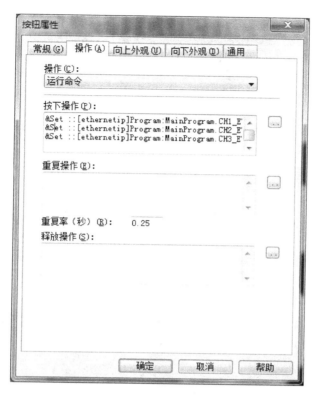

图 2-17-23　标签设置总图

按下操作里的代码如下：

```
&Set ::[ethernetip]Program:MainProgram.CH1_ETH 0
&Set ::[ethernetip]Program:MainProgram.CH2_ETH 0
&Set ::[ethernetip]Program:MainProgram.CH3_ETH 0

&Set ::[ethernetip]Program:MainProgram.vol_eth 0
&Set ::[ethernetip]Program:MainProgram.speed_eth 0
&Set ::[ethernetip]Program:MainProgram.mode_eth 0
&Set ::[ethernetip]Program:MainProgram.start_eth 0
```

（2）指示灯建立——CH1。

绘制一个圆形图案，右击"动画→颜色"，在打开界面中选择标签为 CH1，设置当变量 CH1=0 时图案为黑色，CH1=1 时图案为绿色，如图 2-17-24 所示。

同理可建立 CH2、CH2 指示灯，标签分别为 CH2、CH3。

至此就建立好了图形 2。

3）图形 1、图形 2 的 VBA 编程

已经建立好调速方式 1 和调速方式 2 的界面如图 2-17-25 所示。

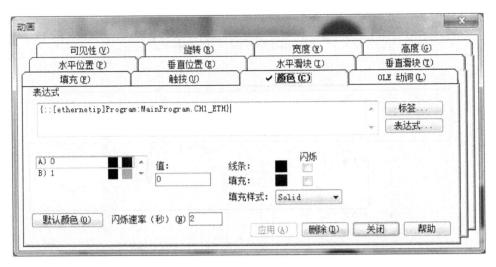

图 2-17-24 "颜色"选项卡

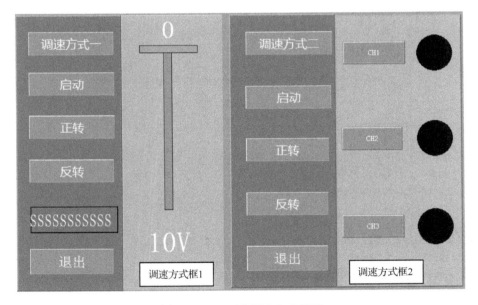

图 2-17-25 两种调速方式界面

调速方式运行机制如下。

单击"调速方式一"按钮,调速方式框 2 中的所有按钮被禁止,直到单击调速方式框 1 中的"退出"按钮为止。

单击"调速方式二"按钮,调速方式框 1 中的所有按钮被禁止,直到单击调速方式框 2 中的"退出"按钮为止。

由于基本设置方法无法完成如上的操作要求,所以选择 VBA 编程方式。

首先查看两种调速方式下各组件的名称,如图 2-17-26 所示。

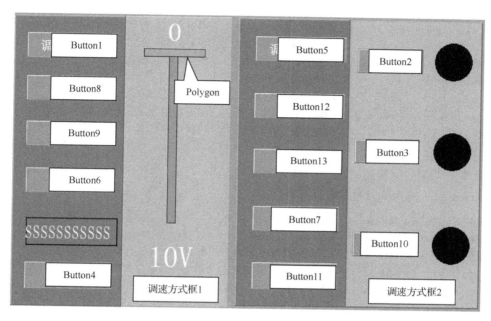

图 2-17-26　两种调速方式组件界面

（1）调速方式框 1 的 VBA 编程。

右键单击"调速方式一"按钮，选择 VBA 代码，打开如图 2-17-27 所示界面。

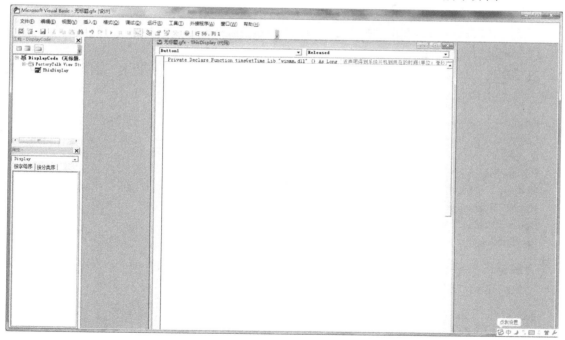

图 2-17-27　选择 VBA 代码界面

在代码输入框右上角选择 Released，输入如下代码：

```
Private Sub Button1_Released()    //当 Button1 被释放时
Button5.Enabled = False           //Button5 按钮被禁止，即调速方式二按钮被禁止
```

```
Button12.Enabled = False        //Button12 按钮被禁止，即禁止调速方式框 2 启动
Button13.Enabled = False        //Button13 按钮被禁止，即禁止调速方式框 2 正转
Button7.Enabled = False         //Button7 按钮被禁止，即禁止调速方式框 2 反转
Button2.Enabled = False         //Button2 按钮被禁止，即禁止调速方式框 2 CH1
Button3.Enabled = False         //Button3 按钮被禁止，即禁止调速方式框 2 CH2
Button10.Enabled = False        //Button10 按钮被禁止，即禁止调速方式框 2 CH3
Button11.Enabled = False        //Button12 按钮被禁止，即禁止调速方式框 2 退出
End Sub
```

右键单击"退出"按钮，选择 VBA 代码，打开 VBA 编程的界面，在代码输入框右上角选择 Released，输入如下代码：

```
Private Sub Button4_Released()   //当 Button1 被释放时
Button5.Enabled = True          //Button5 按钮被使能，即调速方式二按钮被使能
Button12.Enabled = True         //Button12 按钮被使能，即使能调速方式框 2 启动
Button13.Enabled = True         //Button13 按钮被使能，即使能调速方式框 2 正转
Button7.Enabled = True          //Button7 按钮被使能，即使能调速方式框 2 反转
Button2.Enabled = True          //Button2 按钮被使能，即使能调速方式框 2 CH1
Button3.Enabled = True          //Button3 按钮被使能，即使能调速方式框 2 CH2
Button10.Enabled = True         //Button10 按钮被使能，即使能调速方式框 2 CH3
Button11.Enabled = True         //Button12 按钮被使能，即使能调速方式框 2 退出

End Sub
```

至此调速方式框 1 的 VBA 编程完成。

（2）调速方式框 2 的 VBA 编程。

右键单击"调速方式二"按钮，选择 VBA 代码，打开 VBA 编程的界面，在代码输入框右上角选择 Released，输入如下代码：

```
Private Sub Button5_Released()
Polygon2.Visible = False
Button1.Enabled = False
Button8.Enabled = False
Button4.Enabled = False
Button9.Enabled = False
Button6.Enabled = False
End Sub
```

右键单击"退出"按钮，选择 VBA 代码，打开 VBA 编程的界面，在代码输入框右上角选择 Released，输入如下代码：

```
Private Sub Button11_Released()
Polygon2.Visible = True
Button1.Enabled = True
Button8.Enabled = True
Button4.Enabled = True
Button9.Enabled = True
Button6.Enabled = True
```

**End Sub**

至此调速方式框 2 VBA 编程完成。

代码运行界面如图 2-17-28 所示。

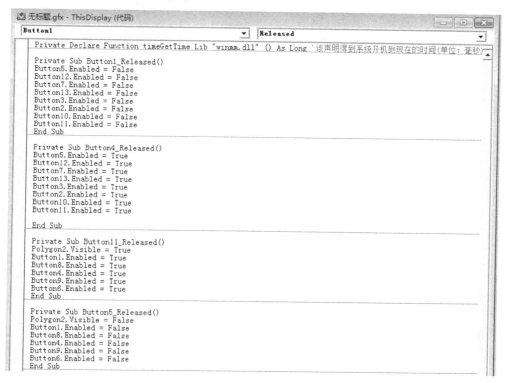

图 2-17-28　代码运行界面

**4）图形 3 的建立步骤**

图形 3 绘制成功后如图 2-17-29 所示。

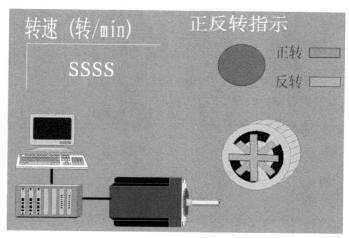

图 2-17-29　运行界面

（1）转速。

选择一个面板组件，设置背景样式为透明，选择一个字符串转速组件，设置标签为 speed，如图 2-17-30 所示。

图 2-17-30　字符串转速组件

（2）正/反转指示。

建立一个文本组件，输入正/反转指示字样，建立一个圆形组件，单击右键选择"动画→颜色"，选择标签为 DIR_1，当 DIR_1=0 时，显示为橙色，当 DIR_1=1 时，显示为绿色，如图 2-17-31 所示。

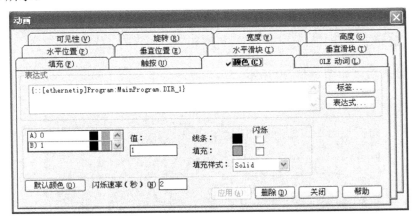

图 2-17-31　颜色设置对话框

（3）电动机的转动。

电机转动画面原理如下：

假设图 2-17-32 所示两个风叶是电动机的风叶，当把它们重叠在一起时风叶 1 和风叶 2 交替出现就会出现风叶转动的效果，本实验应用该原理实现风叶的转动。

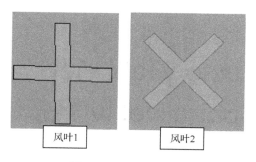

风叶1　　　　　风叶2

图 2-17-32　风叶界面

用右键单击风叶效果图，选择 VBA 代码，在代码框输入如下代码：

```
Public Function Sleep2(t As Long)                        //定时器函数
    Dim Savetime As Long
    Savetime = timeGetTime '记下开始时的时间
    While timeGetTime < Savetime + t '循环等待
        DoEvents '转让控制权
    Wend
End Function

Private Sub Display_AnimationStart()

While 1

Polygon181.Visible = True                                //风叶 1 为可见
Polygon180.Visible = False                               //风叶 2 不可见

Sleep2 (100)

Polygon181.Visible = False                               //风叶 1 不可见
Polygon180.Visible = True                                //风叶 2 为可见
Sleep2 (100)
```

上位机界面绘制完毕

### 4. 结果

（1）单击"调速方式一"按钮，此时调速方式二的诸按钮不可触摸，表示此时在调速方式一状态下。分别单击"启动→正转"，滑动速度调节滑块，此时电动机顺时针转动，转速与滑块的对应电压正相关。单击反转按钮，电动机逆时针转动。单击"调速方式一"框中的"退出"按钮，退出调速方式一。

（2）单击"调速方式二"按钮，此时调速方式一的诸按钮不可触摸，表示此时在调速方式二状态下。分别单击"启动→正转"，滑动速度调节滑块，此时电动机顺时针转动，转速与滑块的对应电压正相关。单击"反转"按钮，电动机逆时针转动。

单击 CH1、CH2、CH3 按钮，分别进入预设调速，电动机将以不同的转速转动。

单击"调速方式二"框中的"退出"按钮，退出调速方式二。

# 案例 18　FactoryTalk View 与 PLC 进行 ControlNet 网络通信

**案例硬件设备**

- L43 CPU。
- 1768-CNB ControlNet 通信主站模块。
- 1794-ACN15 及 ControlNet Flex I/O 模块。
- RSNetWorx for ControlNet 软件。
- 无刷直流电动机。

**案例学习目的**

在案例 12 的基础上，在主站和上位机编写程序实现在上位机进行对从站所接电动机的监控，主要包括以下功能。

- 数字量调速和模拟量调速方式的切换。
- 电动机的启动停止控制。
- 电动机正/反转切换。
- 电动机转速的显示。
- 电动机正/反转状态指示。

## 1. 硬件接线

硬件接线区域为"1769-IQ6XOW4 区"、"1794-IB10XOB6 区"、"1974-IE4XOE2 区"、"外部电源及扩展区"、"按钮与灯区域"与"电动机区域"，具体接线如表 2-18-1 所示。

表 2-18-1　硬件接线

| 1769-IQ6XOW4 区 | 1794-IB10XOB6 区 | 1794-IE4XOE2 区 | 外部电源及扩展区 | 按钮与灯区域 | 电动机区域 |
|---|---|---|---|---|---|
| VDC（红） | VDC（红） | PWR（红） | +24V（红） | | |
| COM（黑） | COM（黑） | COM（黑）<br>RET（黑） | COM（黑） | 灯1右（绿）<br>灯2右（绿）<br>灯3右（绿） | COM（黑） |
| OUT0（绿） | | | | 灯1左（绿） | |
| OUT1（绿） | | | | 灯2左（绿） | |
| OUT2（绿） | | | | 灯3左（绿） | |
| | | Vin0（蓝） | | | SPEED（蓝） |
| | | Vout0（蓝） | | | AVI（蓝） |

续表

| 1769-IQ6XOW4 区 | 1794-IB10XOB6 区 | 1794-IE4XOE2 区 | 外部电源及扩展区 | 按钮与灯区域 | 电动机区域 |
|---|---|---|---|---|---|
| | OUT0（绿） | | | | R/S（绿） |
| | OUT1（绿） | | | | DIR（绿） |
| | OUT2（绿） | | | | CH1 |
| | OUT3（绿） | | | | CH2 |
| | OUT4（绿） | | | | CH3 |

## 2．下位机项目

本案例是案例 12 的后续案例，下位机项目和案例 12 中仅标签创建及梯形图不同。

（1）双击 MainProgram 下的 Program Tags 图标，然后单击窗口左下角的 Edit Tags 分页栏，创建标签，如图 2-18-1 所示。

| Name ≡≡ △ | Alias For | Base Tag | Data Type | Description | External Acces | Constant | Style |
|---|---|---|---|---|---|---|---|
| ⊞ AVI | ACN15:1:O.Ch0OutputData(C) | ACN15:1:O.C... | INT | | Read/Write | ☐ | Decimal |
| CH_1 | ACN15:0:0.2(C) | ACN15:O.Dat... | BOOL | | Read/Write | ☐ | Decimal |
| CH_2 | ACN15:0:0.3(C) | ACN15:O.Dat... | BOOL | | Read/Write | ☐ | Decimal |
| CH_3 | ACN15:0:0.4(C) | ACN15:O.Dat... | BOOL | | Read/Write | ☐ | Decimal |
| CH1_CN | | | BOOL | | Read/Write | ☐ | Decimal |
| CH2_CN | | | BOOL | | Read/Write | ☐ | Decimal |
| CH3_CN | | | BOOL | | Read/Write | ☐ | Decimal |
| DIR | ACN15:0:0.1(C) | ACN15:O.Dat... | BOOL | | Read/Write | ☐ | Decimal |
| DIR_1_CN | | | BOOL | 转向 | Read/Write | ☐ | Decimal |
| EN_1 | | | BOOL | | Read/Write | ☐ | Decimal |
| EN_2 | | | BOOL | | Read/Write | ☐ | Decimal |
| light_1 | Local:2:O.Data.0(C) | Local:2:O.Da... | BOOL | 运行灯 | Read/Write | ☐ | Decimal |
| light_2 | Local:2:O.Data.1(C) | Local:2:O.Da... | BOOL | 正转灯 | Read/Write | ☐ | Decimal |
| light_3 | Local:2:O.Data.2(C) | Local:2:O.Da... | BOOL | 反转灯 | Read/Write | ☐ | Decimal |
| mode_cn | | | BOOL | | Read/Write | ☐ | Decimal |
| num_1 | | | REAL | | Read/Write | ☐ | Float |
| num_2 | | | REAL | | Read/Write | ☐ | Float |
| num_3 | | | REAL | | Read/Write | ☐ | Float |
| ONS_1 | | | BOOL | | Read/Write | ☐ | Decimal |
| ONS_2 | | | BOOL | | Read/Write | ☐ | Decimal |
| ONS_3 | | | BOOL | | Read/Write | ☐ | Decimal |
| ONS_4 | | | BOOL | | Read/Write | ☐ | Decimal |
| RS | ACN15:0:0.0(C) | ACN15:O.Dat... | BOOL | | Read/Write | ☐ | Decimal |
| ⊞ speed_cn | | | DINT | 速度检测 | Read/Write | ☐ | Decimal |
| start_1 | | | BOOL | | Read/Write | ☐ | Decimal |
| start_cn | | | BOOL | 启动 | Read/Write | ☐ | Decimal |
| ⊞ vol_1 | ACN15:1:I.Ch0InputData(C) | ACN15:1:I.Ch... | INT | | Read/Write | ☐ | Decimal |
| vol_cn | | | REAL | 电压值输入 | Read/Write | ☐ | Float |
| | | | | | | ☐ | |

图 2-18-1　创建标签

（2）添加如图 2-18-2 所示的梯形逻辑。

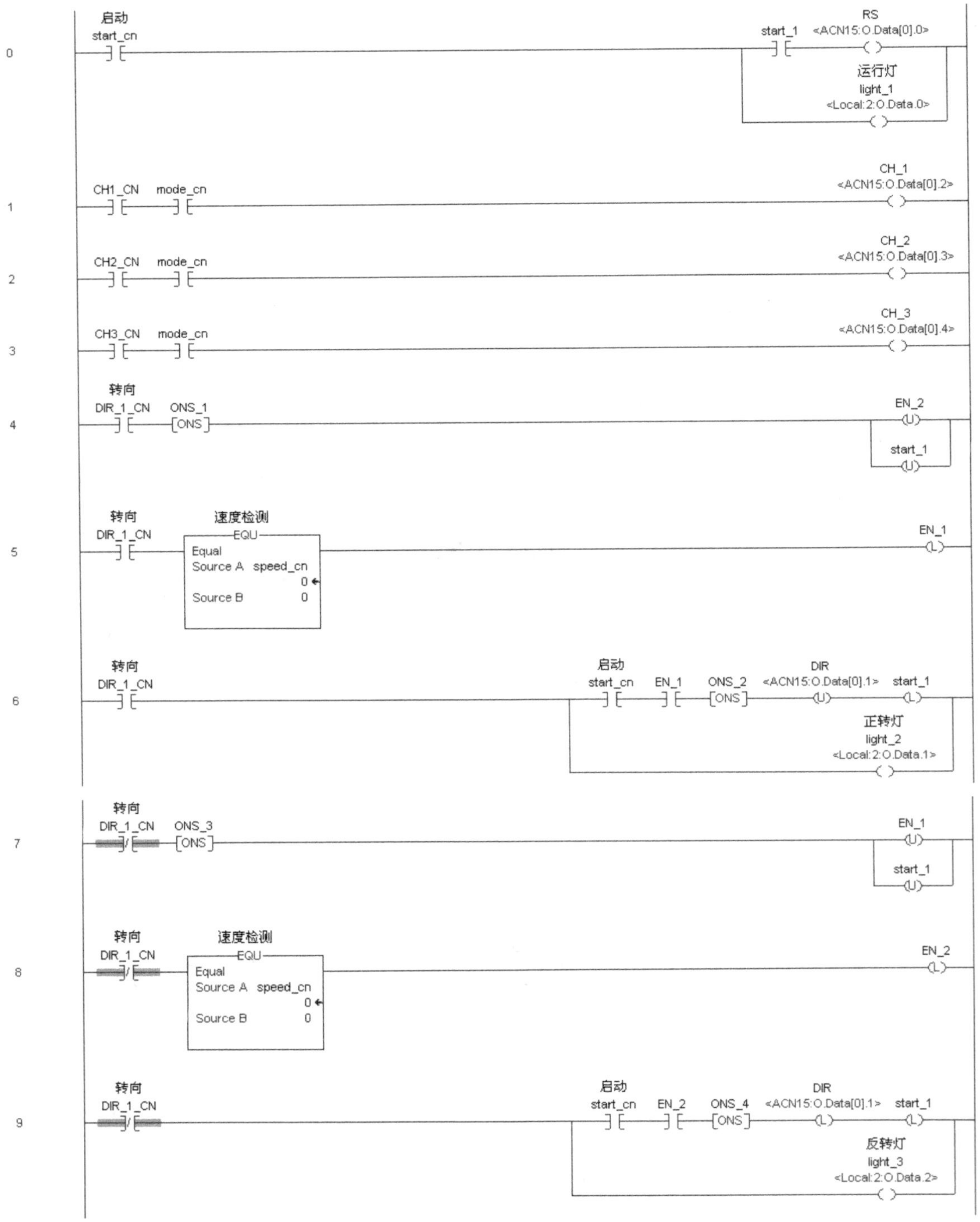


图 2-18-2　梯形逻辑

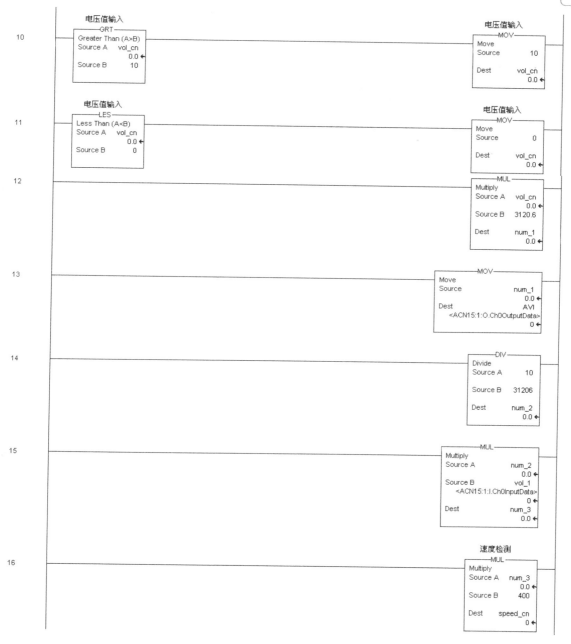

图 2-18-2　梯形逻辑（续）

（3）单击工具栏 Verify Controller 上的 图 图标，检查程序是否有误。如果存在错误应根据错误提示及时更正。

（4）将该程序下载到控制器中运行。下载前确认所使用的控制器钥匙处于"REM"位置，且程序处于离线状态。

### 3. 上位机界面设计

绘制 FactoryTalk View 画面，建立各组件与变量的连接。

进行 VBA 程序设计实现高级的画面效果。

打开 RSLinx 建立一个名为 controlnet OPC 的服务器，如图 2-18-3 所示。

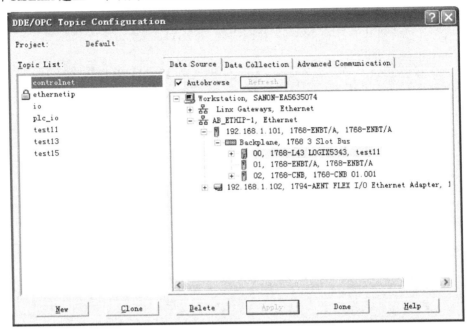

图 2-18-3　建立 controlnet OPC 服务器

打开 FactoryTalk View Studio，建立一个名为 ControlNet 的工程，如图 2-18-4 所示。

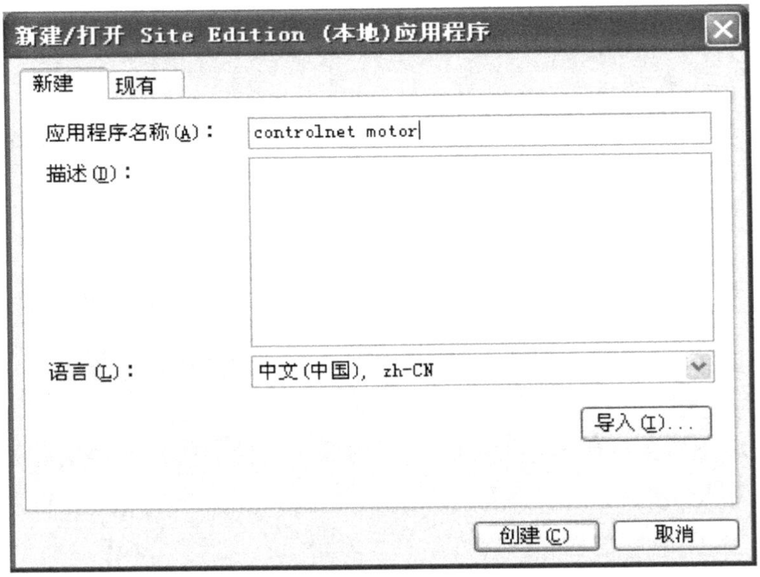

图 2-18-4　建立 ControlNet 工程

建立 OPC 服务器，名为 op；OPC Server name 是 RSLinx OPC Server，如图 2-18-5 所示。

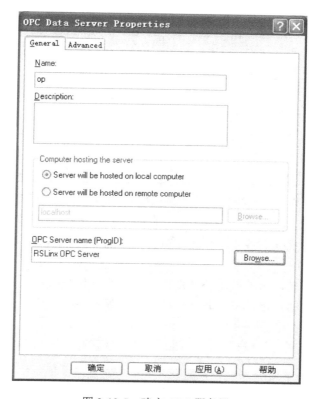

图 2-18-5　建立 OPC 服务器

新建一个画面，如图 2-18-6 所示。

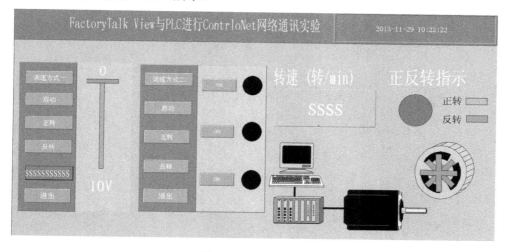

图 2-18-6　新建画面

上述画面绘制方法与案例 17 一致，只需将所连接的变量名更改即可，向量名称更改如表 2-18-2 所示。

表 2-18-2　变量表

| 原　变　量 | 更改后的变量 |
| --- | --- |
| mode_eth | mode_cn |
| start_eth | start_cn |
| DIR_1_ETH | DIR1_1_CN |
| CH1_ETH | CH1_CN |
| CH2_ETH | CH2_CN |
| CH3_ETH | CH3_CN |
| vol_eth | vol_cn |
| speed_eth | speed_cn |

#### 4．结果

（1）单击"调速方式一"按钮，此时调速方式二的诸按钮不可触摸，表示此时在调速方式一状态下。

分别单击启动→正转，滑动速度调节滑块，此时电动机顺时针转动，转速与滑块对应电压正相关。单击反转按钮，电动机逆时针转动。单击调速方式一框中的"退出"按钮，退出调速方式一。

（2）单击"调速方式二"按钮，此时调速方式一的诸按钮不可触摸，表示此时在调速方式二状态下。

分别单击启动→正转，滑动速度调节滑块，此时电动机顺时针转动，转速与滑块对应电压正相关。单击反转按钮，电动机逆时针转动。

单击 CH1、CH2、CH3 按钮，分别进入预设调速，电动机将以不同的转速转动。

单击调速方式二框中的"退出"按钮，退出调速方式二。

# 案例 19　FactoryTalk View 与 PLC 进行 DeviceNet 网络通信

**案例硬件设备**

- L43 CPU。
- 1769-SDN DeviceNet 扫描器通信主站模块。
- 1794-ADN 及 DeviceNet Flex I/O 模块。
- RSNetWorx for DeviceNet 软件。
- 无刷直流电动机。

**案例学习目的**

在案例 14 的基础上，在主站和上位机编写程序实现在上位机进行对从站所接电动机的监控，主要包括以下功能。

- 数字量调速和模拟量调速方式的切换。
- 电动机的启动停止控制。
- 电动机正/反转的切换。
- 电动机转速的显示。
- 电动机正/反转状态指示。

## 1. 硬件接线

硬件接线区域为"1769-IQ6XOW4 区"、"1794-IB10XOB6 区"、"1794-IE4XOE2 区"、"外部电源及扩展区"、"按钮与灯区域"与"电动机区域"，具体接线如表 2-19-1 所示。

表 2-19-1　硬件接线

| 1769-IQ6XOW4 区 | 1794-IB10XOB6 区 | 1794-IE4XOE2 区 | 外部电源及扩展区 | 按钮与灯区域 | 电动机区域 |
|---|---|---|---|---|---|
| VDC（红） | VDC（红） | PWR（红） | +24V（红） | | |
| COM（黑） | COM（黑） | COM（黑）<br>RET（黑） | COM（黑） | 灯1右（绿）<br>灯2右（绿）<br>灯3右（绿） | COM（黑） |
| OUT0（绿） | | | | 灯1左（绿） | |
| OUT1（绿） | | | | 灯2左（绿） | |
| OUT2（绿） | | | | 灯3左（绿） | |
| | | Vin0（蓝） | | | SPEED（蓝） |
| | | Vout0（蓝） | | | AVI（蓝） |

续表

| 1769-IQ6XOW4 区 | 1794-IB10XOB6 区 | 1794-IE4XOE2 区 | 外部电源及扩展区 | 按钮与灯区域 | 电动机区域 |
|---|---|---|---|---|---|
| | OUT0（绿） | | | | R/S（绿） |
| | OUT1（绿） | | | | DIR（绿） |
| | OUT2（绿） | | | | CH1 |
| | OUT3（绿） | | | | CH2 |
| | OUT4（绿） | | | | CH3 |

## 2．下位机项目

本案例是案例 14 的后续案例，下位机项目和案例 14 中仅标签创建及梯形图不同。

（1）双击 MainProgram 下的 Program Tags 图标，然后单击窗口左下角的 Edit Tags 分页栏，创建标签，如图 2-19-1 所示。

| Name | Alias For | Base Tag | Data Type | Description | External Acces | Constant | Style |
|---|---|---|---|---|---|---|---|
| AVI | Local:1:O.Data[0](C) | Local:1:O.Da... | DINT | | Read/Write | □ | Decimal |
| CH_1 | Local:1:O.Data[0].2(C) | Local:1:O.Da... | BOOL | | Read/Write | □ | Decimal |
| CH_2 | Local:1:O.Data[0].3(C) | Local:1:O.Da... | BOOL | | Read/Write | □ | Decimal |
| CH_3 | Local:1:O.Data[0].4(C) | Local:1:O.Da... | BOOL | | Read/Write | □ | Decimal |
| CH1_DN | | | BOOL | | Read/Write | □ | Decimal |
| CH2_DN | | | BOOL | | Read/Write | □ | Decimal |
| CH3_DN | | | BOOL | | Read/Write | □ | Decimal |
| DIR | Local:1:O.Data[0].1(C) | Local:1:O.Da... | BOOL | | Read/Write | □ | Decimal |
| DIR_1_DN | Local:1:I.Data[0].17(C) | Local:1:I.Dat... | BOOL | 转向 | Read/Write | □ | Decimal |
| EN_1 | | | BOOL | | Read/Write | □ | Decimal |
| EN_2 | | | BOOL | | Read/Write | □ | Decimal |
| light_1 | Local:2:O.Data.0(C) | Local:2:O.Da... | BOOL | 运行灯 | Read/Write | □ | Decimal |
| light_2 | Local:2:O.Data.1(C) | Local:2:O.Da... | BOOL | 正转灯 | Read/Write | □ | Decimal |
| light_3 | Local:2:O.Data.2(C) | Local:2:O.Da... | BOOL | 反转灯 | Read/Write | □ | Decimal |
| mode_dn | | | BOOL | | Read/Write | □ | Decimal |
| num_1 | | | REAL | | Read/Write | □ | Float |
| num_2 | | | DINT | | Read/Write | □ | Decimal |
| num_3 | | | DINT | | Read/Write | □ | Decimal |
| num_4 | | | DINT | | Read/Write | □ | Decimal |
| num_5 | | | DINT | | Read/Write | □ | Decimal |
| num_6 | | | DINT | | Read/Write | □ | Decimal |
| num_7 | | | REAL | | Read/Write | □ | Float |
| num_8 | | | DINT | | Read/Write | □ | Decimal |
| num_9 | | | REAL | | Read/Write | □ | Float |
| ONS_1 | | | BOOL | | Read/Write | □ | Decimal |
| ONS_2 | | | BOOL | | Read/Write | □ | Decimal |
| ONS_3 | | | BOOL | | Read/Write | □ | Decimal |
| ONS_4 | | | BOOL | | Read/Write | □ | Decimal |
| RS | Local:1:O.Data[0].0(C) | Local:1:O.Da... | BOOL | | Read/Write | □ | Decimal |
| Run | Local:1:O.CommandRegister.Run(C) | Local:1:O.Co... | BOOL | | Read/Write | □ | Decimal |
| speed_dn | | | DINT | 速度检测 | Read/Write | □ | Decimal |
| start_1 | | | BOOL | | Read/Write | □ | Decimal |
| start_dn | Local:1:I.Data[0].16(C) | Local:1:I.Dat... | BOOL | 启动 | Read/Write | □ | Decimal |
| vol_1 | Local:1:I.Data[1](C) | Local:1:I.Dat... | DINT | | Read/Write | □ | Decimal |
| vol_dn | | | REAL | 电压值输入 | Read/Write | □ | Float |

图 2-19-1　创建标签

（2）添加如图 2-19-2 所示的梯形逻辑。

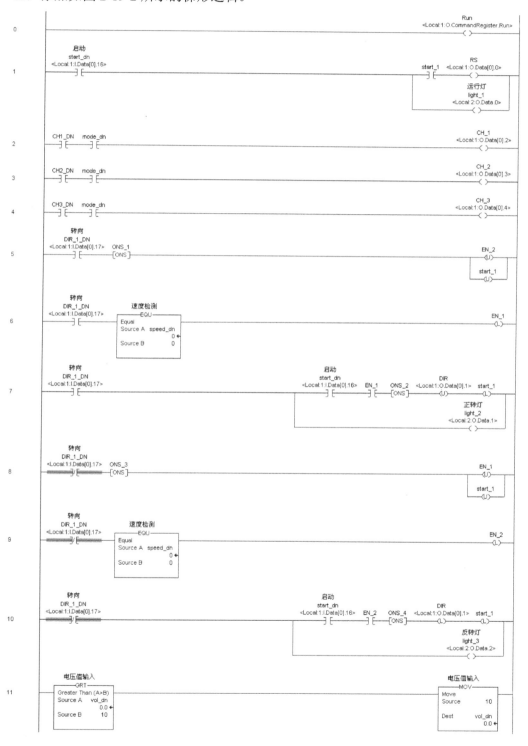

图 2-19-2　梯形逻辑

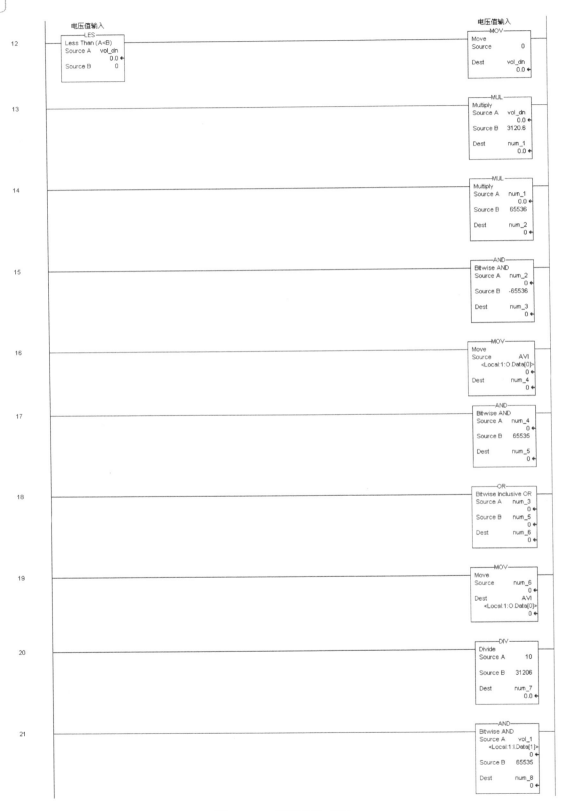

图 2-19-2  梯形逻辑（续）

图 2-19-2　梯形逻辑（续）

（3）单击工具栏 Verify Controller 上的 图标，检查程序是否有误。如果存在错误应根据错误提示及时更正。

（4）将该程序下载到控制器中运行。下载前确认所使用的控制器钥匙处于"REM"位置，且程序处于离线状态。

## 3．上位机界面设计

绘制 FactoryTalk View 画面，建立各组件与变量的连接。

进行 VBA 程序设计实现高级画面效果。

步骤如下。

（1）打开 RSLinx 建立一个名为 devicenet OPC 的服务器，如图 2-19-3 所示。

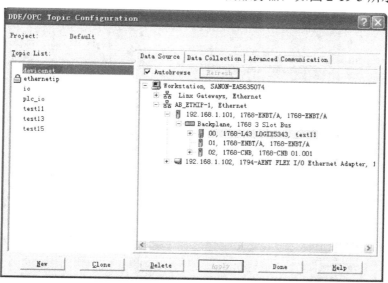

图 2-19-3　建立 devicenet OPC 服务器

（2）打开 FactoryTalk View Studio，建立一个名为 DeviceNet 的工程，如图 2-19-4 所示。

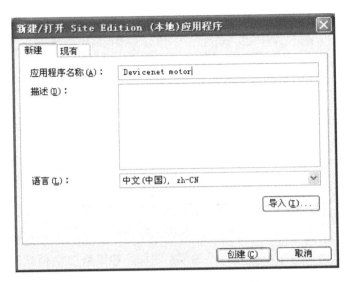

图 2-19-4　建立 DeviceNet 工程

（3）建立 OPC 服务器，名为 op；OPC Server name 是 RSLinx OPC Server，如图 2-19-5 所示。

图 2-19-5　建立 OPC 服务器

新建一个画面如图 2-19-6 所示。

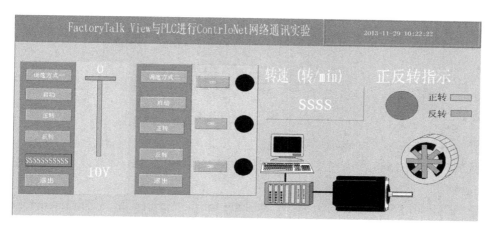

图 2-19-6　画面设置

上述画面绘制方法与案例 18 一致，只需将所连接变量名更改即可，变量名称更改如表 2-19-2 所示。

表 2-19-2　变量名

| 原变量 | 更改后的变量 |
| --- | --- |
| mode_eth | mode_cn |
| start_eth | start_cn |
| DIR_1_ETH | DIR1_1_DN |
| CH1_ETH | CH1_DN |
| CH2_ETH | CH2_DN |
| CH3_ETH | CH3_DN |
| vol_eth | vol_cn |
| speed_eth | speed_cn |

### 4．结果

（1）单击"调速方式一"按钮，此时调速方式二的诸按钮不可触摸，表示此时在调速方式一状态下。分别单击启动→正转，滑动速度调节滑块，此时电动机顺时针转动，转速与滑块对应电压正相关。单击反转按钮，电动机逆时针转动。单击调速方式一框中的"退出"按钮，退出调速方式一。

（2）单击"调速方式二"按钮，此时调速方式一的诸按钮不可触摸，表示此时在调速方式二状态下。分别单击启动→正转，滑动速度调节滑块，此时电动机顺时针转动，转速与滑块对应电压正相关。单击反转按钮，电动机逆时针转动。

单击 CH1、CH2、CH3 按钮，分别进入预设调速，电动机将以不同的转速转动。

单击调速方式二框中的"退出"按钮，退出调速方式二。

# 参考文献

[1] 甘永梅，李庆丰，刘晓娟. 现场总线技术及其应用. 北京：机械工业出版社，2004.

[2] 阮於东. IEEE1588 和高精度时间同步的方法. 国内外机电一体化技术， 2006.06，25-28.

[3] D. A. Vasko , S. R. Nair. Safety Networking for the Future[C]. the 9th international CAN Conference.

[4] 方晓柯. 现场总线网络技术的研究. 博士论文，东北大学，2005.

[5] ControlNet 同轴电缆规划和安装指南. Rockwell Automation，2003.

[6] ControlNet 光纤介质规划和安装指南. Rockwell Automation，2003.

[7] 凌志浩. 现场总线与工业以太网. 北京：机械工业出版社，2006.

[8] 冯冬芹，金建祥，诸健. 工业以太网及其应用技术讲座（1）. 自动化仪表，2003.04，vol.24，No.4:59-62.

[9] 王廷尧，马克城. 以太网知识讲座（2）——以太网介质接入控制方法和物理层性能标准规范. 天津通信技术，2002.06，55-62.

# 反侵权盗版声明

　　电子工业出版社依法对本作品享有专有出版权。任何未经权利人书面许可，复制、销售或通过信息网络传播本作品的行为，歪曲、篡改、剽窃本作品的行为，均违反《中华人民共和国著作权法》，其行为人应承担相应的民事责任和行政责任，构成犯罪的，将被依法追究刑事责任。

　　为了维护市场秩序，保护权利人的合法权益，我社将依法查处和打击侵权盗版的单位和个人。欢迎社会各界人士积极举报侵权盗版行为，本社将奖励举报有功人员，并保证举报人的信息不被泄露。

举报电话：（010）88254396；（010）88258888
传　　真：（010）88254397
E-mail：　dbqq@phei.com.cn
通信地址：北京市海淀区万寿路 173 信箱
　　　　　电子工业出版社总编办公室
邮　　编：100036

# 读者调查及征稿

1. 您觉得这本书怎么样？有什么不足？还能有什么改进？

_____

_____

_____

_____

_____

2. 您在什么行业？从事什么工作？需要哪些方面的图书？

_____

_____

_____

_____

3. 您有无写作意向？愿意编写哪方面的图书？

_____

_____

_____

4. 其他：

_____

_____

_____

**说明：**
针对以上调查项目，可通过电子邮件直接联系：bjcwk@163.com　　联系人：陈编辑

欢迎您的反馈和投稿！

电子工业出版社